普通高等教育“十三五”规划教材

矿建辅助系统

主　编　杨立云

副主编　吴仁伦　余德运

北　京

冶金工业出版社

2016

内 容 提 要

本书系统地介绍了矿井建设期间的辅助系统，主要包括4篇。第1篇：提升与运输，重点介绍了矿井建设期间的提升与运输设备；第2篇：通风与安全，重点介绍了矿建期间的通风与安全；第3篇：通信与信号，重点介绍了矿井中的通信系统与信号系统；第4篇：地面工业广场，重点介绍了地面工业广场的布置和地面建（构）筑物。

本书可作为高等院校土木（矿建方向）专业本科生教材，也可供从事土木、矿建等矿井建设工程领域的工程技术人员参考。

图书在版编目(CIP)数据

矿建辅助系统/杨立云主编. —北京：冶金工业出版社，2016.10

普通高等教育“十三五”规划教材

ISBN 978-7-5024-7333-4

Ⅰ.①矿… Ⅱ.①杨… Ⅲ.①矿山建设—辅助系统—高等学校—教材 Ⅳ.①TD2

中国版本图书馆CIP数据核字（2016）第235187号

出 版 人 谭学余

地　　址 北京市东城区嵩祝院北巷39号 邮编 100009 电话 (010)64027926

网　　址 www.cnmip.com.cn 电子信箱 yjcbs@cnmip.com.cn

责任编辑 赵亚敏 张耀辉 美术编辑 吕欣童 版式设计 杨 帆

责任校对 卿文春 责任印制 牛晓波

ISBN 978-7-5024-7333-4

冶金工业出版社出版发行；各地新华书店经销；三河市双峰印刷装订有限公司印刷

2016年10月第1版，2016年10月第1次印刷

787mm×1092mm 1/16；15.25印张；365千字；230页

36.00元

冶金工业出版社 投稿电话 (010)64027932 投稿信箱 tougao@cnmip.com.cn

冶金工业出版社营销中心 电话 (010)64044283 传真 (010)64027893

冶金书店 地址 北京市东四西大街46号(100010) 电话 (010)65289081(兼传真)

冶金工业出版社天猫旗舰店 yjgycbs.tmall.com

（本书如有印装质量问题，本社营销中心负责退换）

前　言

“矿建辅助系统”是土木工程专业矿井建设方向的一门专业课程，旨在满足现代化矿井建设的需要和满足学生将来从事与矿井建设行业相关工作岗位的任职需要，为学生介绍和讲授一些与矿井建设领域密切相关的其他专业知识和技术，培养全面复合型的现代矿井建设人才。

本书是在中国矿业大学（北京）近几年矿井建设辅助系统课程讲义的基础上，参考了兄弟院校的一些教材和研究成果编写而成，是定位于普通高等院校矿井建设课程的核心教材。本书力求涵盖国内外的提升与运输、通风与安全、井下通信与信号和地面工业广场等方面的设备、原理、技术与工艺知识内容，引导学生学以致用，掌握矿井建设领域多方面的知识，快速适应大型现代化矿井建设的业务和工作环境。

本书共分为4篇。第1篇（第1~8章：提升与运输）重点介绍了矿井建设期间的提升与运输设备；第2篇（第9~14章：通风与安全）重点介绍了矿建期间的通风与安全；第3篇（第15~16章：通信与信号）介绍了矿井中的通信系统与信号系统；第4篇（第17~18章：地面工业广场）重点介绍了地面工业广场的布置和地面建（构）筑物。

本书由中国矿业大学（北京）杨立云副教授主编。各章节分工为：余德运编写第1篇，吴仁伦编写第2篇，杨立云编写第3、4篇。全书由杨立云统稿和校订。

本书所参考的资料，不限于书后所列的文献资料，未能一一详尽提及。在此谨向提及与未提及的所有单位和文献作者表示感谢。

由于作者水平有限，书中难免存在疏漏和欠妥之处，敬请读者批评指正。

编　者

2016年5月

目　录

第2篇　通风与安全

第3篇 通信与信号

第4篇 地面工业广场

绪　论

矿井建设（mine construction）主要是指矿山的规划与设计、井筒和巷道的设计、施工、管理，涉及材料、爆破、测量、水文地质、岩土、工程管理等领域。国内大学设有矿井建设工程专业，将其归为大土木类，专业主干课程包括："矿山规划与设计"、"矿井建设工程"、"岩石力学"、"爆破工程"、"井巷特殊施工"、"土木工程地质"、"工程测量"、"土木工程制图"、"工程经济学"、"土木工程材料"、"土木工程地质"、"钢筋混凝土与钢结构设计原理"等。

可见，矿井建设包括整个矿井土建、机电、矿建三大工程。传统上习惯把矿建工程列为核心主体工程，主要涉及（主、副、风）井筒、马头门、井底车场、大巷直到顺槽和采煤工作面。其他工程（土建和机电工程）为辅助工程。

1. *矿建工程涵义*

矿建工程包括主副井筒、风井建设，井底车场，水仓，变电室、等候室等硐室，大巷，上下山等和煤矿开拓、准备部分的相关矿井基础建设（见图1）。根据各项工程建设的时间顺序，习惯上将矿建工程分为三个阶段：

一期工程：从施工井筒开始到井底车场施工前的全部井下工程。

二期工程：从施工井底车场开始，到进入采区车场施工前的工程，包括井底车场、石门、主要运输大巷、回风大巷、中央变电所、水泵房、水仓、井底煤仓、炸药库等。

三期工程：从施工采区车场开始到整个采区布置的工程，包括采区车场、采区上下山、采区变电所、采煤工作面、上下顺槽、切眼、运煤通道等。

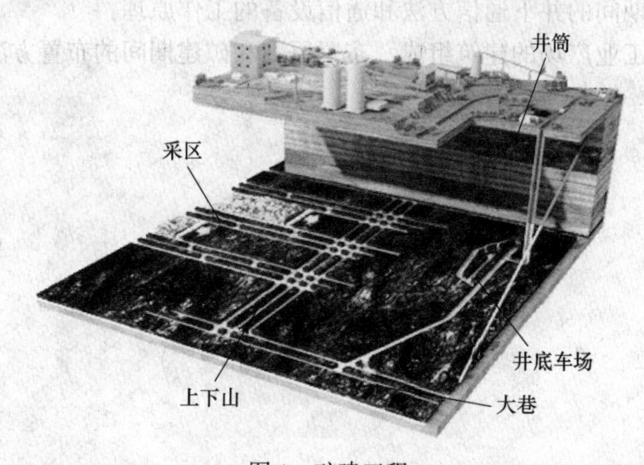

图1　矿建工程

2. *矿建辅助系统的主要内容*

从矿井建设的定义可知，矿井建设包括矿建、土建、机电安装三类工程项目，涉及地面和地下两大工程内容，工程建设环境条件差、工程条件复杂，施工安全要求高。因此，对施工技术人员提出了更高的要求，不仅要求施工技术人员掌握本专业的核心技术工作，也要掌握相关配套辅助系统的技术和知识，满足现代化大型矿井建设的需要。

矿井建设辅助系统的研究范畴是非常广泛的，几乎涵盖了矿山企业的方方面面。本教材中矿井建设辅助系统主要包括以下四个方面：

A　提升与运输

第1章，提升容器；第2章，提升机；第3章，斜井提升；第4章，提升钢丝绳；第5章，刮板输送机；第6章，带式输送机；第7章，窄轨运输；第8章，其他运输设备(包括单轨吊、卡轨车、齿轨车和无轨胶轮车等)。

B　通风与安全

第9章，矿井通风；第10章，矿井瓦斯；第11章，矿井火灾；第12章，矿尘；第13章，矿井水害防治；第14章，矿山救护。

C　通信与信号

第15章，井下通信；第16章，矿山信号。

D　地面工业广场

第17章，煤矿地面工业广场的建筑；第18章，煤矿地面工业广场的总体布置。

3. 本课程的学习方法

本课程主要采用理论教学的方法开展教学工作。基于课程的综合性、通识性等特点，学生需要掌握矿井基础知识，了解矿井建设核心内容，查阅相关资料。同时，学生需要掌握职业应用型人才所必需的矿建方面的相关基本概念、基本理论和基本方法等知识与技能，主要包括：

(1) 掌握国内外提升与运输机械的工作原理、选型方法；

(2) 掌握矿建期间井筒和平巷的局部通风基本原理和方法；

(3) 掌握矿建期间矿井的瓦斯、水、火、尘等灾害特点和治理预防原则及方法；

(4) 掌握矿建期间的井下通信方法和通信设备的工作原理；

(5) 掌握地面工业广场的建筑组成、布置原则和矿建期间的布置方法。

第1篇

提升与运输

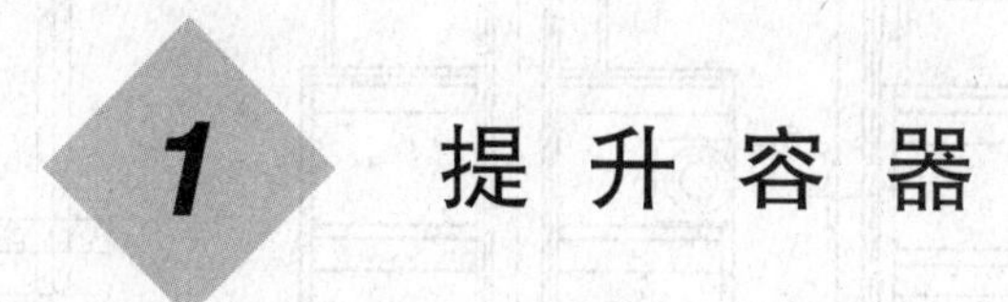

1 提升容器

矿井提升容器是直接提升矿石、废石，运送人员、材料及设备的用具。

按提升容器类型，提升容器分为箕斗、罐笼、箕斗罐笼、串车、台车、斜井人车和吊桶等。其中应用最为广泛的是罐笼和箕斗，其次是串车及斜井人车，后两种用于斜井，台车应用较少。凿井期间的主要提升容器为吊桶。

1.1 箕　斗

1.1.1 概述

箕斗是提升矿石或废石的单一容器。箕斗按卸载方式分为底卸式、翻转式和侧卸式箕斗。竖井提升主要采用底卸式和翻转式，其中多绳提升一般采用底卸式，单绳提升可采用底卸式，也可采用翻转式。

箕斗的优点是自重小，使提升机尺寸和电动机功率减小，效率高，井筒断面小，无须增大井筒断面就能在井下使用大尺寸矿车，箕斗装卸时间短，生产能力大，容易实现自动化，劳动强度较低。所以，一般日产量1000t以上、井深超过200m的矿山，大都在主井采用箕斗提升。

箕斗的缺点是必须在井下设置破碎系统，在井口设置矿仓，井下、井口设装卸载装置，井架高度增加，因此加大了投资。若需同时提升多种矿石时不易分类提升。另外箕斗不能运送人员，必须另设提升人员的副井。

1.1.2 箕斗结构

1.1.2.1 翻转式箕斗

翻转式箕斗的构造与卸载过程如图1-1所示。它主要由沿罐道运动的框架1与斗箱2组成（见图1-1（a））。框架用槽钢或角钢焊成，罐耳和连接装置都固定在框架上。斗箱用钢板铆成，外面用角钢、槽钢或带钢加固，以增加其强度和刚度。

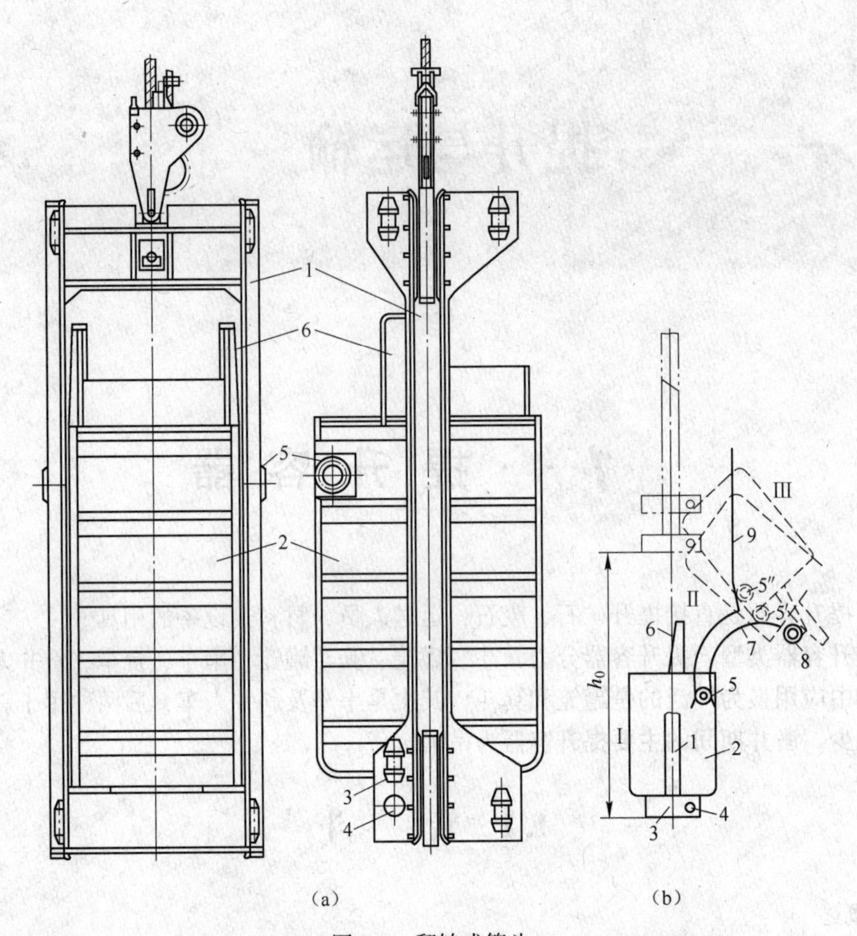

图1-1 翻转式箕斗
(a) 翻转式箕斗构造；(b) 翻转式箕斗卸载示意图
1—框架；2—斗箱；3—底座；4—旋转轴；5—卸载滚轮；6—角板；7—卸载曲轨；8—托轮；
9—过卷曲轨；Ⅰ—箕斗卸载前位置；Ⅱ—卸载位置；Ⅲ—过卷位置

翻转式箕斗卸载过程如图1-1（b）所示。当箕斗进入卸载位置时，滚轮5进入卸载曲轨7，并使斗箱2向着储矿仓方向倾倒，借旋转轴4作支点转动，直到斗箱翻转135°时，框架停止运行，矿石靠自重卸入储矿仓。当箕斗下放时，斗箱从曲轨中退出，沿曲轨回到原来垂直状态。

1.1.2.2 底卸式箕斗

活动底卸式箕斗的结构和卸载过程如图1-2所示。当箕斗进入卸载点时，框架立柱顶端进入楔形罐道，下部卸载导轨槽嵌入卸载导轨，使框架保持横向稳定。与此同时，装在斗箱上导轮挂钩的导轮垂直进入安装在井塔上的活动卸载直轨15（见图1-2（b））。卸载直轨通过导轮使钩子绕自身的支点转动，钩子与框架上的掣子脱开。当箕斗继续上升，框架上部的行程开关曲轨2作用于固定在井塔上的开关，使箕斗停止运行。这时，通过电磁气控阀使活动卸载直轨上的气缸动作，气缸通过卸载直轨将拉力作用在钩子的支承轴上，拉动斗箱往外倾斜。箕斗底的托轮8则沿着框架底部的托轮曲轨9移动，箕斗底打开，开始卸载。随着气缸的拉动，斗箱摆动至最外边时，箕斗底的倾角为50°。

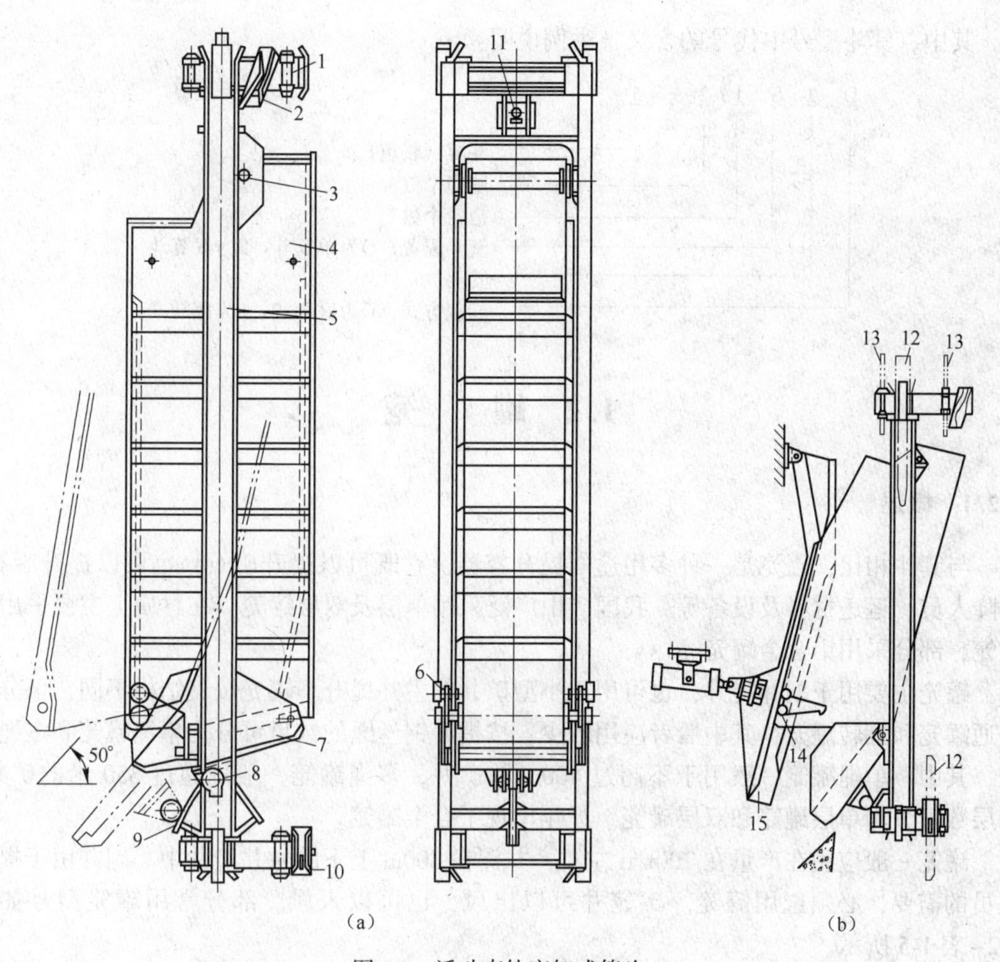

图 1-2 活动直轨底卸式箕斗

(a) 活动直轨底卸式箕斗结构；(b) 活动直轨底卸式箕斗卸载示意图

1—罐耳；2—行程开关曲轨；3—斗箱旋转轴；4—斗箱；5—框架；6—导轮挂钩；7—箕斗底；8—托轮；9—托轮曲轨；10—导轨槽；11—悬吊轴；12—楔形罐道及导轨；13—钢绳罐道；14—导轮挂钩；15—卸载直轨

卸载后，电磁气控阀反向，气缸推动活动直轨复位，使斗箱和箕斗底也恢复到关闭位置。此时，箕斗可以低速下放。在导轮挂钩的导轮离开卸载直轨后，钩子在自重的作用下回转，钩住框架上的鞶子，使斗箱与框架保持相对固定。

1.1.2.3 常用箕斗类型

国内常用箕斗类型见表 1-1。

表 1-1 国内常用竖井箕斗

型 号	容积/m³	断面/mm×mm	卸载方式	自重/t	载重/t
DJD1/2-3.2	3.2	1346×1214	底卸式	7.65	7
DJS1/2-5	5	1646×1204	底卸式	10.3	11
DJS2/3-9 Ⅰ	9	1800×1388	底卸式	15.08	19
DJD2/3-11 Ⅱ	11	1620×1808	底卸式	17.75	23.5
FTD2（4）	2	1100×1000	翻卸式		4
FTD4（8.5）	4	1400×1100	翻卸式		8.5

其中，箕斗型号中代号的含义，举例说明：

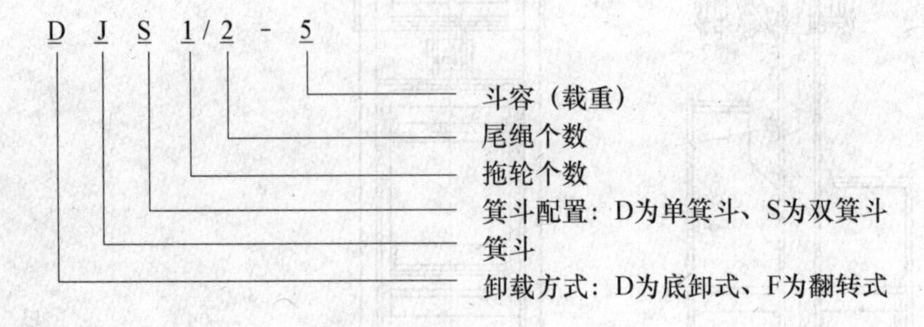

1.2　罐　笼

1.2.1　概述

与箕斗相比，罐笼是一种多用途的提升容器，它既可以提升矿石，也可以提升废石、升降人员、运送材料及设备等。我国矿山广泛采用单层及双层罐笼，在材质上主要采用钢罐笼，部分采用铝合金罐笼。

罐笼主要用于副井提升，也可用于小型矿井的主井提升。罐笼按其结构不同，可分为普通罐笼和翻转罐笼，其中后者应用较少；按提升钢丝绳的数目可分为单绳罐笼和多绳罐笼，其中，单绳罐笼一般用于不超过 400m 的矿井，多绳罐笼一般用超过 350 米的矿井。按层数可分为单层罐笼和双层罐笼。近年出现了合金罐笼。

罐笼一般应用在产量在 700t/d 左右，井深在 300m 上下的主井竖井中。副井由于提升人员的需要，必须选用罐笼。罐笼井可以出风，也可以入风。部分常用罐笼型号如表 1-2~表 1-5 所示。

表 1-2　煤矿类单绳罐笼系列

产品名称	型　号	矿车数/辆	提升绳直径/mm	允许乘人数	进出车方向	质量/kg
1t 单层单车罐笼	GLG（S）-1×1×1	1	31	12	双向	3630
1t 双层单车罐笼	GLG（S）-1×2×1	1	35	12	双向	4350
1t 单层单车罐笼	GLG（S）-1×1×1	1	31	12	双向	3160
1t 双层单车罐笼	GLG（S）-1×2×1	1	35	12	双向	4438
3t 单层单车罐笼	GLG（S）-3×1×1	1	35	28	双向	6534
3t 双层单车罐笼	GLG（S）-3×2×1	1	55	28	双向	8541
1t 双层单车罐笼	GLG（S）-1×2×2	2	37	11		3428
1. 5t 双层单车罐笼	GLG（S）-1. 5×2×2	2	43	17	单向	5471

表 1-3　煤矿类多绳系列

罐笼型号	矿车数量/辆	允许乘人数	罐体自重/kg	最大终端载荷/kN	提升直径/mm	钢丝绳根数
GDG-1/6/1/2	2	23	4656	157~279	22~32	4
GDG-1/6/2/2	2	20	4281	158~267	22~32	4
GDG-1/6/2/4	4	46	7959	282~381	28~32	4

表 1-4 冶金类罐笼

型 号	层 数	断面尺寸/mm×mm	适用矿车型号
1号	1层或2层	1300×980	YGC 0.5、YFC 0.5
2号	1层或2层	1800×1150	YGC 0.5、YGC 0.7、YFC 0.5
3号	1层或2层	2200×1350	YGC 1.2、YCC 1.2、YFC 0.5、YFC 0.7
4号	1层或2层	3300×1450	YGC 2、YCC 2、YFC 0.5×2、YFC 0.5×4
5号	1层或2层	4000×1450	YFC 0.7×2

表 1-5 冶金类多绳罐笼

型 号	层 数	断面尺寸/mm×mm	适用矿车型号
1号	1层或2层	1300×980	YGC 0.5、YFC 0.5
2号	1层或2层	1800×1150	YGC 0.5、YGC 0.7、YFC 0.5
3号	1层或2层	2200×1350	YGC 1.2、YCC 1.2、YFC 0.5、YFC 0.7
4号	1层或2层	3300×1450	YGC 2、YCC 2、YFC 0.5×2、YFC 0.5×4
5号	1层或2层	4000×1450	YFC 0.7×2、YGC 1.2×2

1.2.2 罐笼的结构

罐笼主要由罐体、连接（悬挂）装置、导向装置、防坠落装置等组成，并配有承接装置。图 1-3 所示为双层罐笼。

(1) 罐体。罐体是由槽钢、角钢等构件焊接或铆接而成的金属框架，其两侧焊有带孔的钢板，上面设有扶手，以供升降人员之用。

(2) 防坠落装置。升降人员的单绳提升罐笼必须装设安全可靠的防坠器。防坠器一般由开动机构、传动机构、抓捕机构和缓冲机构四部分组成。防坠器的形式与罐道类型有关。目前广泛采用的是制动绳防坠器。

(3) 连接装置。又称为悬挂装置，是指钢丝绳与提升容器之间的连接器具。一般采用双面夹紧自动调位楔形绳卡连接装置。

图 1-3 双层罐笼实物图

(4) 导向装置。罐笼的导向装置一般称为罐耳，有滑动和滚动两种。罐笼借助罐耳沿着装在井筒中的罐道运动，导向装置与罐道配合，使提升容器在井筒中稳定运行，防止其发生扭转或摆动。罐道有木质、金属（钢轨和型钢组合）、钢丝绳三种。钢丝绳罐道由于具有结构简单、节省钢材、通风阻力小、便于安装、维护简便等优点，已经获得越来越广泛地使用。

1.3 吊 桶

1.3.1 概述

吊桶是竖井开凿和延深时使用的提升容器。吊桶依照构造可分为座钩式、挂钩式与底卸式，可供升降人员、提运物料，在矿山竖井施工、竖井延深中广泛使用。

座钩式（见图1-4（a））、挂钩式吊桶用来提升矸石、上下人员、运送材料。底卸式吊桶（见图1-4（b））用来向井下运送砌壁材料，如混凝土、灰浆等。常用的规格型号见表1-6和表1-7。

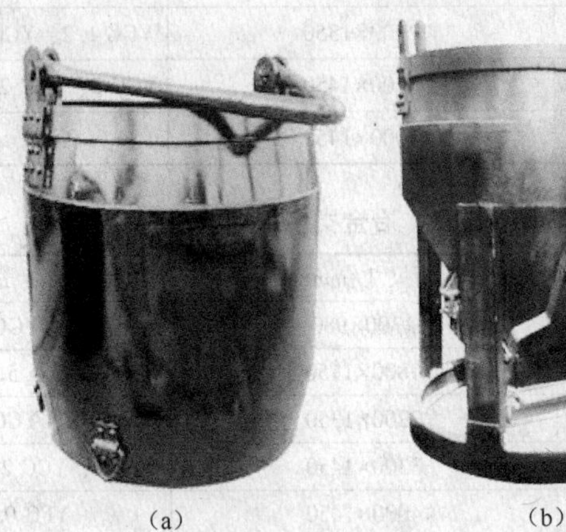

图1-4　吊桶

（a）座钩式吊桶；（b）底卸式吊桶

表1-6　底卸式吊桶技术参数

型号	容积/m^3	桶体外径/mm	桶口直径/mm	桶体高/mm	吊桶全高/mm	桶梁直径/mm	出料口尺寸/mm×mm	质量/kg
TD-1.0	1.0	ϕ1450	ϕ1288	1520	2550	ϕ70	380×380	600
TD-1.5	1.5	ϕ1450	ϕ1320	1930	2900	ϕ75	400×400	800
TD-2.0	2.0	ϕ1650	ϕ1450	1930	3170	ϕ80	470×470	1063
TD-2.4	2.4	ϕ1650	ϕ1450	2180	3420	ϕ80	440×440	1106
TD-3.0	3.0	ϕ1850	ϕ1630	2225	3600	ϕ90	470×470	1280

表1-7　座钩式吊桶技术参数

吊桶形式	型号	容积/m^3	桶体外径/mm	桶口直径/mm	桶体高/mm	吊桶全高/mm	桶梁直径/mm	质量/kg
挂钩式	TG-0.5	0.5	ϕ850	ϕ725	1100	1730	ϕ40	194
	TG-1	1.0	ϕ1150	ϕ1000	1150	2005	ϕ55	348
	TG-1.5	1.5	ϕ1280	ϕ1150	1280	2270	ϕ65	478
	TG-2	2.0	ϕ1450	ϕ1320	1300	2430	ϕ70	601
	TG-3	3.0	ϕ1650	ϕ1450	1600	2840	ϕ80	740
座钩式	TZ-1	1.0	ϕ1150	ϕ1000	1220	2080	ϕ55	428
	TZ-1.5	1.5	ϕ1280	ϕ1150	1370	2360	ϕ65	578
	TZ-2	2.0	ϕ1450	ϕ1320	1350	2480	ϕ70	728
	TZ-3	3.0	ϕ1650	ϕ1450	1650	2890	ϕ80	1049
	TZ-4	4.0	ϕ1850	ϕ1630	1700	3080	ϕ90	1530
	TZ-5	5.0	ϕ1850	ϕ1630	2100	3480	ϕ90	1690

随着井筒直径的增大，近几年中煤三建公司研制了$6m^3$、$7m^3$、$8m^3$座钩式吊桶和$4m^3$底卸式吊桶，分别如图1-5和图1-6所示。新型吊桶的技术参数见表1-8。

图1-5 座钩式吊桶

图1-6 底卸式吊桶

表1-8 新型吊桶的技术参数

吊桶形式	规格型号	吊桶容积 $/m^3$	吊桶外径 D_2/mm	桶口直径 D_1/mm	桶体高 h_1 /mm	吊桶全高 h_2 /mm	吊桶质量 /kg
底卸式	TD-4.0	4.0	$\phi2200$	$\phi1980$	2569	4175	1750
座钩式	TZ-6.0	6.0	$\phi2050$	$\phi1830$	2200	3766	2121
座钩式	TZ-7.0	7.0	$\phi2050$	$\phi1830$	2500	4068	2349
座钩式	TZ-8.0	8.0	$\phi2200$	$\phi1916$	2550	4177	2735

1.3.2 吊桶附属结构

吊桶主要附属装置包括钩头及连接装置、滑架、缓冲器等。

(1) 钩头及连接装置。钩头位于提升钢丝绳的下端，用来吊挂吊桶。钩头应有足够的强度，摘挂钩应方便，其连接装置中应设缓转器，以减轻吊桶在运行中的旋转。其构造如图1-7所示。目前国内钩头的技术参数见表1-9。

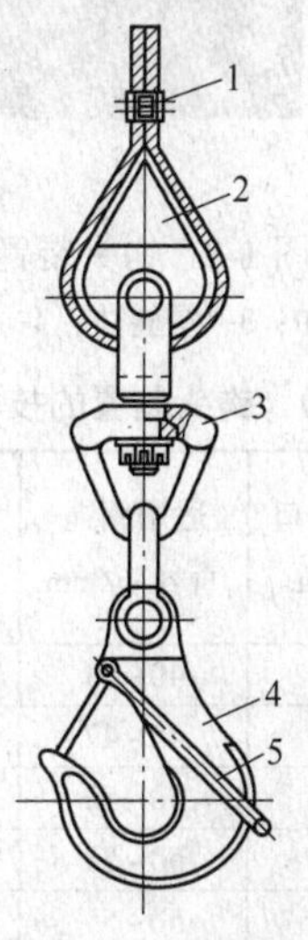

图1-7 钩头和连接装置

1—绳卡；2—护绳环；3—缓转器；4—钩头；5—保险卡

表 1-9　钩头装置技术参数

型号	设计载荷 /t(kN)	外形尺寸 $L\times B$/mm×mm	吊钩开口直径 ϕ/mm	推力轴承型号	钩头装置质量/kg	连接的钢丝绳直径/mm	连接用板卡直径 n /副	配套使用吊桶规格	
								座/挂钩 /m³	底卸 /m³
G5	5(50)	1290×460	90	51311	76.5	26~28	6×250	2.0	1.5
G7	7(70)	1495×515	100	51313	106	30~34	7×250	3.0	2.0
G9	9(90)	1750×570	120	51413	193	36~40	—	4.0	3.0
G11	11(110)	1850×630	120	51315	229	40~42	—	5.0	4.0

随着吊桶载荷的增加，原来凿井用的钩头装置（国内最大 11t）已不能满足大吊桶的提升要求。中煤三建公司研制了新型钩头装置 G11、G13、G15、G18、G21 和 G25，如图 1-8 所示。具体技术参数见表 1-10。

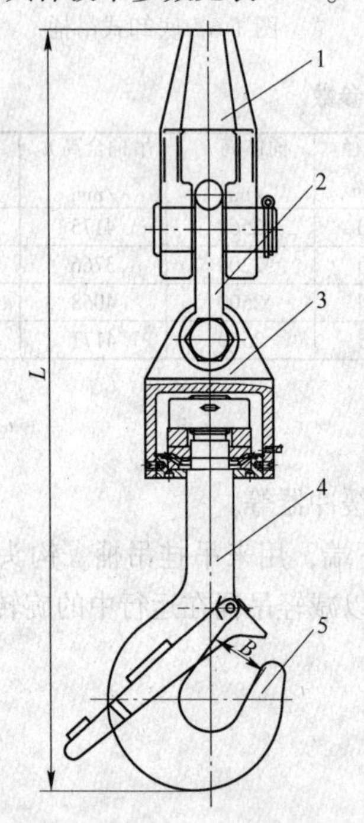

图 1-8　钩头装置

1—索节；2—卸扣；3—缓转体；4—保险卡；5—吊钩

表 1-10　钩头装置的技术参数

型号	允许载荷 /t	总高度 L/mm	吊钩开口 B/mm	适用钢绳直径 ϕ/mm	质量 /kg	轴承型号	适用吊桶	
							挂/座钩式 /m³	底卸式 /m³
G11	11	1347.5±10	110	40~43	156	29412	5.0	3.0
G13	13	1451.5±10	115	45~47	210	29413	6.0	4.0
G15	15	1601±10	115	50~53	249	29415	7.0	
G18	18	1728±10	120	50~53	289	29416	8.0	
G21	21	1803.5±10	137.5	50~55	360	51417		
G25	25	1910±10	137.5	50~55	412	514120		

（2）滑架。滑架位于吊桶上方，用以防止吊桶沿稳绳运行时发生摆动。滑架上设保护伞，防止落物伤人，以保护乘桶人员安全。滑架的构造如图 1-9 所示。

（3）缓冲器。缓冲器位于提升绳连接装置上端和稳绳的下端两处，是为了缓冲钢丝绳连接装置与滑架之间、滑架与稳绳下端之间的冲击力量而设的。缓冲器构造如图 1-10 所示。

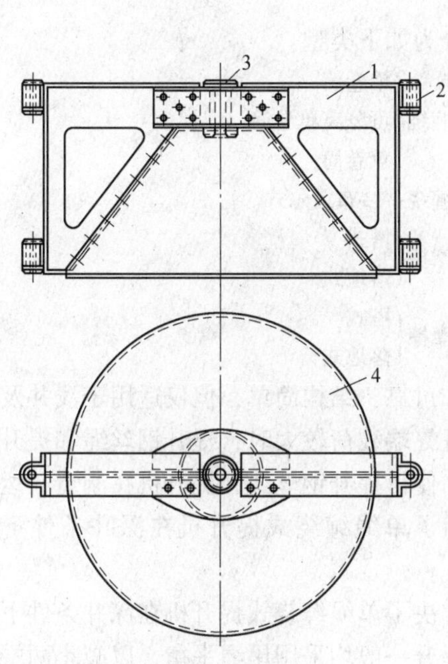

图 1-9 滑架

1—架体；2—稳绳定向滑套；
3—提升绳定向滑套；4—保持伞

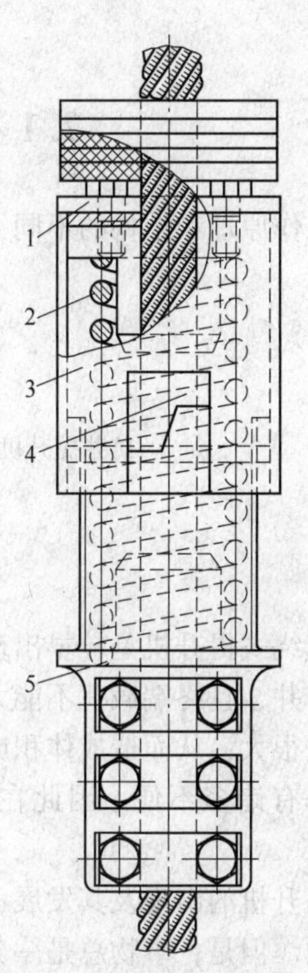

图 1-10 提升钢绳缓冲器

1—压盖；2—弹簧；3，4—外壳；5—弹簧座

2 提 升 机

2.1 提升机的类型与特点

根据工作原理和结构的不同，矿井提升机可分为如下类型：

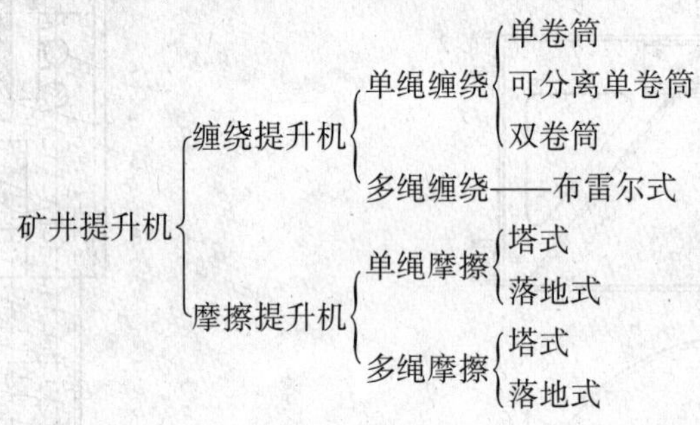

单绳缠绕式提升机是较早出现的品种，它工作可靠，结构简单，但仅适用于浅井及中等深度的矿井，且终端载荷不能太大。对于深井且终端载荷较大时，提升钢丝绳和提升机卷筒的直径很大，从而造成体积庞大，重力猛增，使得提升钢丝绳和提升机在制造、运输和使用上都有诸多不便。因此在一定程度上限制了单绳缠绕式提升机在深井条件下的使用。

摩擦提升机的出现及其发展，在一定程度上解决了单绳缠绕式提升机在深井条件下所出现的问题。但是，事物总是一分为二的。摩擦提升一般均采用尾绳平衡，以减小两端张力差，提高运行的可靠性。因此，在容器与提升钢丝绳连接处的钢丝绳断面上，静应力将随容器的位置变化而变化。当容器位于井口卸载位置时，尾绳的全部重力及容器的重力均作用在该断面上；当容器抵达井底装载位置前，该断面仅承受容器的重力。也就是说，在整个提升过程中，与容器连接处的提升钢丝绳断面中要承受一个幅值为 $\sigma_j = qH/S_0$ 的静应力变化。式中：q 为尾绳每米重力，N/m；H 为提升高度，m；S_0 为提升钢丝绳横截面积，cm^2。一些国家的使用经验表明：为了保证提升钢丝绳的必要使用寿命，在提升钢丝绳任意断面处的应力波动值一般不应大于 $165N/mm^2$，否则会影响其使用寿命。由此可知，矿井越深，静应力的波动值越大，其许用极限值为 $\sigma_j = 165N/mm^2$，因此，摩擦提升在深井的使用亦受到一定的限制。

缠绕式提升机一般不设平衡尾绳，故在提升钢丝绳与容器连接处断面的应力波动值要比摩擦提升小，为此，Robert Blair 设计了一种多绳缠绕式提升机，称为布雷尔式提升机。多绳缠绕式提升机的工作原理与单绳缠绕式相同，不同的是，几根提升钢丝绳同时缠绕在一个分段的卷筒上，它属于多绳多层缠绕式，主要用于深井和超深井中，其工作原理如图 2-1 所示。

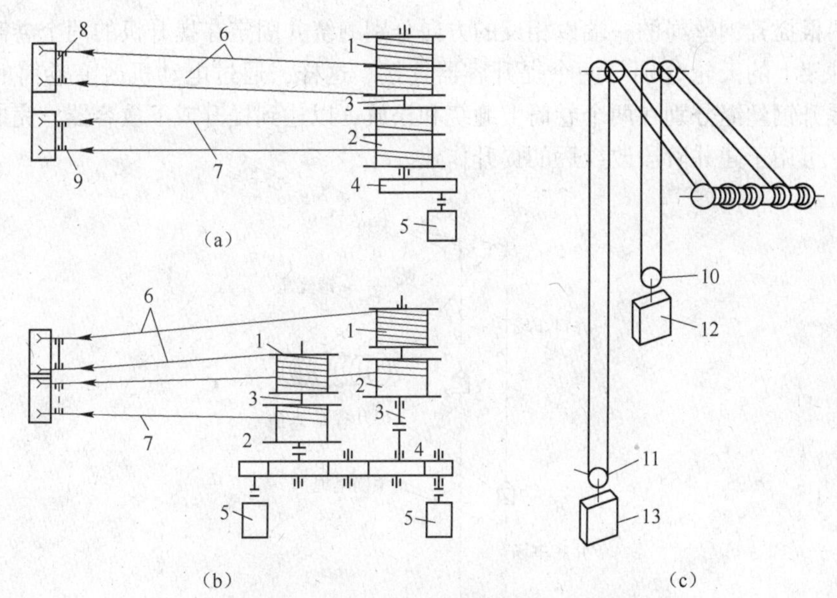

图 2-1 双绳布雷尔式提升机工作原理图

(a) 单机驱动俯视图；(b) 双机驱动俯视图；(c) 单机驱动立面图

1—卷筒；2—卷筒；3—连接轴；4—减速器；5—电动机；6，7—提升钢丝绳；

8—井架；9—天轮；10，11—平衡轮；12，13—容器

2.2 单绳缠绕式提升机

单绳缠绕式提升机是较早出现的一种提升机，如图 2-2 所示。单绳缠绕式提升机也是建井阶段应用最多的提升机类型。根据卷筒数目单绳缠绕式提升机可分为单卷筒和双卷筒两种：

图 2-2 单绳缠绕式提升机

(1) 单卷筒提升机，一般做单钩提升。钢丝绳的一端固定在卷筒上，另一端绕过天轮与提升容器相连。卷筒转动时，钢丝绳向卷筒上缠绕或放出，带动提升容器升降。

(2) 双卷筒提升机，做双钩提升，如图 2-3 所示。两根钢丝绳各固定在一个卷筒上，分别从卷筒上、下方引出。卷筒转动时，一个提升容器上升，另一个容器下降。其工作原

理是：将两根提升钢丝绳的一端以相反的方向分别缠绕并固定在提升机的两个卷筒上，另一端绕过井架上的天轮分别与两个提升容器连接。这样，通过电动机改变卷筒的转动方向，可将提升钢丝绳分别在两个卷筒上缠绕和松放，以达到提升或下放容器，完成提升任务的目的。可用于建井阶段改绞后的提升作业。

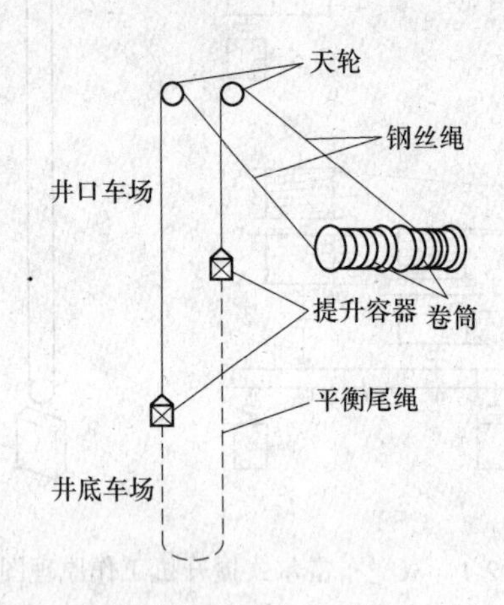

图 2-3　等直径双卷筒提升系统示意图

双卷筒提升机的两个卷筒在与轴的连接方式上有所不同：其中一个卷筒通过楔键或热装与主轴固接在一起，称为固定卷筒，又称为死卷筒；另一个卷筒滑装在主轴上，通过离合器与主轴连接，故称之为游动卷筒，又称为活卷筒。采用这种结构的目的是考虑到在矿井生产过程中提升钢丝绳在终端载荷作用下产生弹性伸长，或在多水平提升中提升水平的转换，需要两个卷筒之间能够相对转动，以调节绳长，使得两个容器分别对准井口和井底水平。

缠绕式提升机的主要部件有主轴、卷筒、主轴承、调绳离合器、减速器、深度指示器和制动器等。中国制造的卷筒直径为 2~5m。随着矿井深度和产量的加大，钢丝绳的长度和直径相应增加，卷筒的直径和宽度也随之增大，故缠绕式提升机不适用于深井提升。

我国目前现有矿井立井施工凿井提升机广泛使用 JK 型单绳缠绕式单、双滚筒提升机，其技术性能参数见表 2-1。为了提高凿井提升机提升能力，对传统的 JK 型提升机进行技术改造及结构改进设计，开发了 JKZ 型凿井提升机，其技术性能参数较 JK 型提升机有一定提高，其技术参数见表 2-2。

2.3　多绳摩擦提升机

由于单绳缠绕式提升机的提升高度受到滚筒容绳量及提升动力的限制，提升能力又受到单根钢丝绳强度的限制，因此对于产量大的矿井，单绳缠绕式提升机已不能满足提升的需要，多采用多绳摩擦式提升机。摩擦提升是靠摩擦力提升重物，其工作原理与缠绕提升有显著区别：钢丝绳不是缠绕在井筒上，而是搭在摩擦轮上，两端各悬挂一个提升容器，借助安装在摩擦轮上的衬垫与钢丝绳之间的摩擦力来传动钢丝绳，使提升容器上下移动，从而完成提升或下放重物的任务，如图 2-4 所示。

表 2-1　JK 型提升机技术性能参数

型号	卷筒			钢丝绳			提升高度				最大提升速度	减速机		电动机		配套电控
	个数	直径	宽度	钢丝绳最大静张力	钢丝绳最大静张力差	最大直径	一层	二层	三层	四层		型号	速比	功率	转速	
	个	m				kN			mm		m/s			kW	r/min	
JK-2/11.5											655		11.5	153	720	
JK-2/20	1	2	1.5	60	60 40	26	278	597	893	—	5, 3.7	ZHLR-115 ZHLR-115K	20	348, 256	960, 720	TKDA-1286 电阻调速
JK-2/30											3.3, 2.5		30	207, 174	960, 720	
JK-2.5/11.5											8.23, 6.6, 5.5		11.5	850, 687, 575	720, 580, 480	
JK-2.5/20	1	2.5	2	90	90 55	31	411	890	1335		4.7, 3.8	ZHLR-115 ZHLR-115K	20	487, 394	720, 580	TKDA-1286, 电阻调速
JK-2.5/30											3.14, 25		30	326, 260	720, 580	
2JK-2/11.5											6.55		11.5	300	720	
2JK-2/20	2	2	—	60	40	26	159	346	565	790	5, 3.7	ZHLR-115 ZHLR-115K	20	230, 170	960, 720	TKDA-1286 电阻调速
2JK-2/30											3.3, 2.5		30	153, 115	960, 720	
2JK-2.5/11.5											8.2, 6.6, 5.5		11.5	520, 420, 350	720, 580, 480	
2JK-2.5/20	2	2.5	1.2	90	55	31	213	456	739	—	4.7, 3.8	ZHLR-130 ZHLR-130K	20	300, 240	720, 580	TKDA-1286 电阻调速
2JK-2.5/30											3.14, 2.5		30	197, 160	720, 580	
2JK-3/11.5											10.8, 6.6		11.5	924, 740, 610	720, 580, 480	
2JK-3/20	2	3	1.5	130	80	37	283	598	970		5.6, 4.5	ZHLR-115 ZHLR-115K	20	517, 415	720, 580	TKDA-1286 电阻调速
2JK-3/30											3.7		30	342, 277	720, 580	

续表 2-1

型号	卷筒			钢丝绳			提升高度				最大提升速度	减速机		电动机		配套电控
	个数	直径	宽度	钢丝绳最大静张力	钢丝绳最大静张力差	最大直径	一层	二层	三层	四层		型号	速比	功率	转速	
	个	m		kN		mm	mm				m/s			kW	r/min	
2JK-3.5/11.5	2	3.5	1.7	170	115	43	330	670	—	—	11.4, 9.25 7.65	ZHLR-170Ⅱ ZHO_2R-170K ZHD_2R-180	11.5	<1000 101, 512, 251, 510	720, 580, 480	TKDA-1286 电阻调速
2JK-3.5/20											8.5, 6.85	ZHLR-170Ⅱ	15.5	1225, 910, 755	720, 580, 480	TKDA-1286 电阻调速
2JK-3.5/30											5.67, 6.6 5.3, 4.4	ZHLR-170K	20	875, 705, 585	720, 580, 480	
2JK-4/10.5	2	4	1.8	180	125	47.5	351	753	—	—	11.6, 9.6		10.5	16, 751, 385	580, 480	
2JK-4/11.5											0.5, 8.7	ZHD2R-180 ZLR-200	11.5	15, 151, 255	580, 480	TKDA-1286 电阻调速
2JK-4/20											6.1, 5.1		20	880, 785	580, 480	
2JK-5/10.5	2	5	2.3	230	160	52	565	—	—	—	11.95	ZD-2×220	10.5	2200	480	TKDA-1286 电阻调速
2JK-5/11.5																

表 2-2 JKZ 凿井提升机技术性能及参数表

型 号	卷筒			钢丝绳最大静张力	钢丝绳最大静张力差	钢丝绳最大直径	提升高度		
	个数	直径	宽度				一层	二层	三层
	个	m		kN		mm	mm		
JKZ-2. 8×2. 2	1	2. 8	2. 2	150	150	40	380	795	1255
JKZ-3. 2×3	1	3. 2	3	180	180	42	594	1231	1917
JKZ-3. 6×3	1	3. 6	3	200	200	44	640	1321	2063
JKZ-4×3. 5	1	4	3. 5	250	250	52	713	1465	2283
2JKZ-3×1. 8	2	3	1. 8	170	140	40	322	677	1077
2JKZ-3. 6×1. 85	2	3. 6	1. 85	210	180	46	383	799	1268
2JKZ-4×2. 65	2	4	2. 65	240	185	48	566	1169	1834

型 号	最大提升速度	减速机传动比	配套电机		电控方式
			功率	转速	
	m/s			r/min	
JKZ-2. 8×2. 2	5. 48	15. 5			TKD-PC 系列双 PLC 系列电控为真空开关
JKZ-3. 2×3	5. 53	18		600	TKD-PC 系列双 PLC 系列电控为真空开关
JKZ-3. 6×3	7. 18	15. 5			TKD-PC 系列双 PLC 系列电控为真空开关
JKZ-4×3. 5	6. 7	15. 5		500	TKD-PC 系列双 PLC 系列电控为真空开关
2JKZ-3×1. 8	5. 88	15. 5		600	TKD-PC 系列双 PLC 系列电控为真空开关
2JKZ-3. 6×1. 85	7	13. 23		500	TKD-PC 系列双 PLC 系列电控为真空开关
2JKZ-4×2. 65	8. 1	15		600	TKD-PC 系列双 PLC 系列电控为真空开关

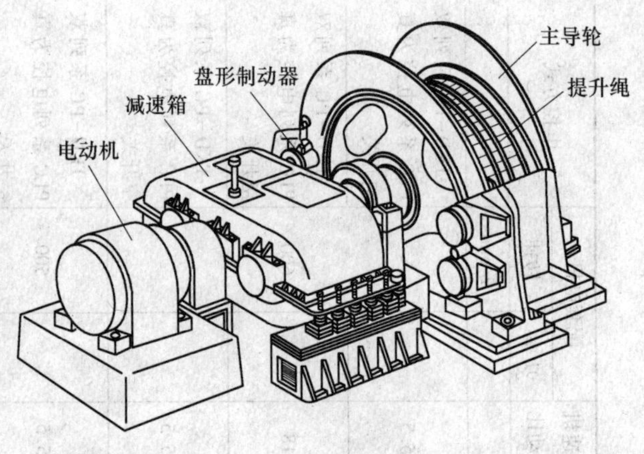

图2-4 多绳摩擦式提升机

多绳摩擦式提升机按布置方式可分为塔式与落地式两大类（见图2-5、图2-6）。我国多采用塔式多绳摩擦提升，其优点是：（1）工业场地集中，节省土地；（2）省去天轮；（3）全部载荷垂直向下，井架稳定性好。但塔式较落地式的设置费要昂贵得多。因为提升塔较普通井架更为庞大且复杂，需要更多的钢材。

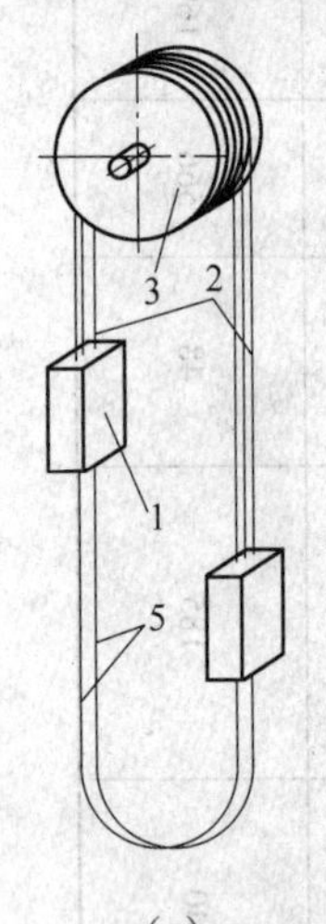

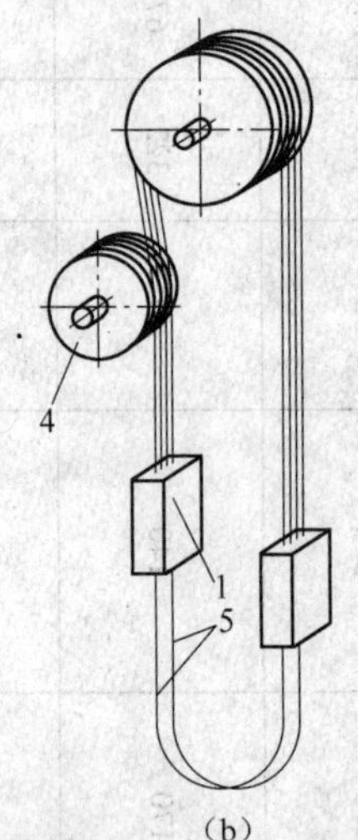

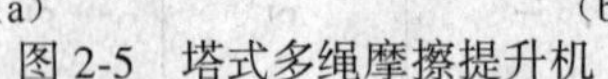

图2-5 塔式多绳摩擦提升机

（a）无导向轮的多绳摩擦提升系统；
（b）有导向轮的多绳摩擦提升系统
1—提升容器或平衡锤；2—提升钢丝绳；
3—摩擦轮；4—导向轮；5—尾绳

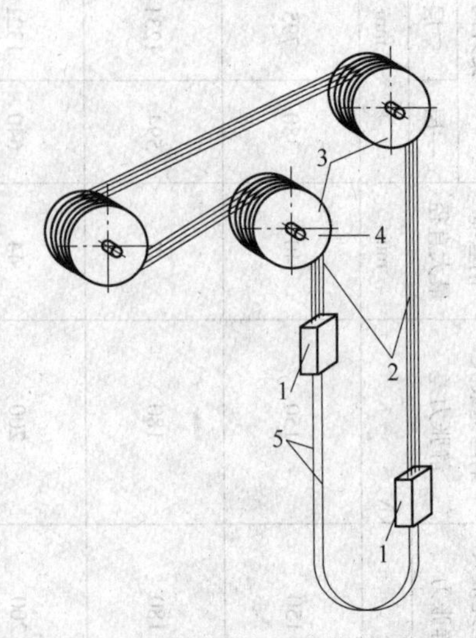

图2-6 落地式多绳摩擦提升机
1—提升容器或平衡锤；2—提升钢丝绳；
3—摩擦轮；4—导向轮；5—尾绳

塔式多绳摩擦提升机又可分为无导向轮系统（见图2-5（a））和有导向轮系统（见图2-5（b））。前者结构简单，后者的优点是使提升容器在井筒中的中心距不受主导轮直径的限制，减小井筒的断面，同时可以加大钢丝绳在主导轮上的围包角；缺点是使钢丝绳产生了反向弯曲，直接影响钢丝绳的使用寿命。

多绳摩擦提升机在煤矿、金属矿竖井既可作为主井提升又可作为副井提升，多绳摩擦提升机可用于长箕斗双罐笼提升系统，也可用于带平衡锤的单容器提升系统。我国应用比较多的是应用于主井箕斗提升系统。

2.3.1 多绳摩擦提升机的组成

多绳摩擦提升设备的工作原理与单绳缠绕时提升设备不同。因为是“多绳”，就产生了数根钢丝绳张力如何平衡的问题，又因为其传动原理为“摩擦传动”，也产生了如何防滑的问题。以上两个问题构成了多绳摩擦提升机的特殊问题，因而其机械结构也有其特殊性。多绳摩擦提升及由主轴装置、制动装置、减速器、深度指示器、车槽装置及其他辅助设备组成。其中，制动装置、操纵台等与JK型单绳缠绕式提升机基本相同。

2.3.2 多绳摩擦提升机的特点

目前，国内外多绳摩擦提升机在向大型、全自动和遥控方向发展，并研究各种新型和专用提升设备，发展落地式和斜井多绳摩擦式提升机。多绳摩擦式提升机具有以下特点：

(1) 由于钢丝绳不是缠绕在摩擦轮上，对摩擦轮无容绳量要求，因而摩擦轮的宽度较缠绕式卷筒小，可适应深度和载荷较大矿井的使用要求。

(2) 由于提升容器是由数根提升钢丝绳共同悬挂的，故提升钢丝绳直径比相同载荷下单绳提升的小，摩擦轮直径也小。因而在同样提升载荷下，多绳提升机具有体积小、质量轻、节省材料、制造容易、安装和运输方便等优点。同时在发生事故的情况下多根钢丝绳同时断裂的可能性极小，因而安全可靠性较高，不需要再在提升容器上装设断绳防坠器，这也给采用钢丝绳作为罐道的矿井提供了有利条件。

(3) 由于多绳提升机的运动质量小，故拖动电动机的容量与耗电量均相应减小。在卡罐和过卷的情况下，钢丝绳有打滑的可能性，因而可以避免断绳。维护（调整、检验绳）较复杂。同时，为了保证每根钢丝绳运行中的受力相等（或趋于相等），除了在提升容器上要设平衡装置外，对提升钢丝绳的质量和结构的要求都比较高；当提升钢丝绳中有一根需要更换时，必须将提升钢丝绳全部同时更换，且要求换用具有同样弹性模量、规格和强度的钢绳，以保证在实际运动中的钢丝绳具有相同的伸长性能。

(4) 多绳摩擦提升机一般安装在井塔上，简化了提升系统及井口地面的布置，减少了占地面积，也改善了井塔建筑的受力情况。因此，无须设置为了抵消斜向拉力的支撑腿，节约了钢材和建筑材料。但是，多绳摩擦式提升机安装在井塔上时，设备吊运的工作量较大，给安装和维修都带来不便。

(5) 由于多绳提升机采用数根提升钢丝绳，一般都采用偶数，因而可以用相同数量的左捻和右捻钢丝绳。提升钢丝绳在运动中产生的扭力可以相互抵消，从而减轻了提升容器因钢丝绳扭力而产生的对罐道的压力，既降低了运动中的摩擦力，也可减轻罐道间的单向磨损，延长了罐道与罐耳的使用寿命。

(6) 多绳摩擦式提升机是依靠提升钢丝绳在摩擦轮的衬垫上产生的摩擦力提升的，因而对衬垫的质量要求较高，既需要具有较高的摩擦系数，又要求具有较高的耐磨性和一定的弹性。为了保证提升钢丝绳与衬垫之间具有足够的摩擦系数，提升钢丝绳不能使用普通的钢丝绳润滑油，而使用特殊的润滑油脂，增加了成本。

(7) 多绳摩擦式提升机安装在井塔上时，提升钢丝绳承受的弯曲次数也减少了，延长了钢丝绳的使用寿命。同时，同于提升钢丝绳只在井筒中运行，不与室外空气接触，因而几乎不受天气变化（雨、雪、结冰及气温骤然变化）的影响。但是，由于是使用数根直径较细的钢丝提升，因而钢丝绳的外露面积增加了，在井筒中受矿井腐蚀性气体侵蚀的面积相应增大，加上由于钢丝绳直径较小，钢丝绳的绳股中钢丝直径也较小，耐腐蚀性能显著降低，这些因素对钢丝绳的使用寿命产生不利的影响。

（8）多绳摩擦式提升机的提升钢丝绳两端分别固定在两个提升容器（或一个提升容器，另一个是平衡锤）上，钢丝绳的长度是固定的，只能适用于一个生产水平，不能使用双容器提升为多水平的生产服务。

3 斜 井 提 升

斜井提升有斜井串车、斜井箕斗及斜井胶带输送机三种提升方式。

3.1 斜井串车提升

斜井串车提升有单钩及双钩之分，图 3-1 所示为斜井单钩串车提升系统图。按车场形式不同又分为采用甩车场的串车提升及采用平车场的串车提升。

斜井串车提升具有投资少和建井速度快的优点。采用单钩串车提升时，井筒断面较小、建井工程量少，更能节约初期投资。但单钩串车提升能力较低，故年产量较大时(大于 21 万吨)，宜采用双钩串车提升。

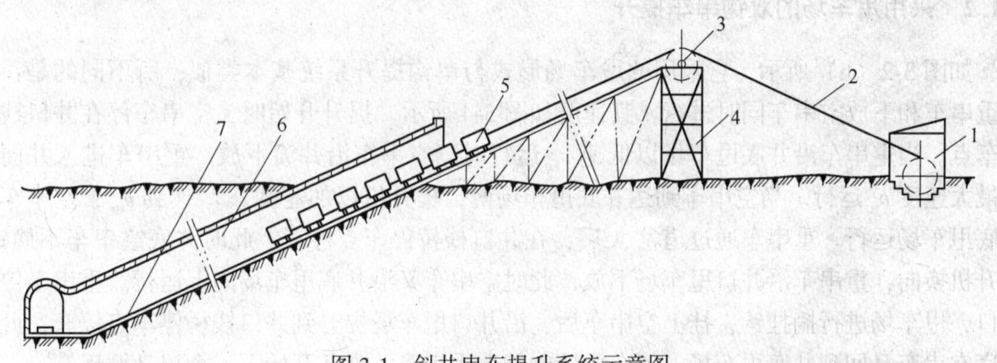

图 3-1 斜井串车提升系统示意图

1—提升机；2—钢丝绳；3—天轮；4—井架；5—矿车；6—矿井；7—轨道

3.1.1 采用甩车场的单钩串车提升

采用甩车场的单钩串车提升如图 3-2 (a) 所示，在井底及井口均设甩车道。提升开始时，重车在井底车场沿重车甩车道运行。由于甩车道的坡度是变化的，而且又是弯道，为了防止矿车掉道，要求初始加速度 $a_0 \leqslant 0.3\text{m/s}^2$；速度 $v_m \leqslant 1.5\text{m/s}$。其速度图如图 3-3 所示。

当全部重串车提过井底甩车场进入井筒后，加速至最大速度 v_m，并以最大速度 v_m 等速运行。在到达井口停车点前，重串车以减速度 a_3减速。全部重串车提过道岔 A 后停车，重串车停在栈桥停车点。扳动道岔 A

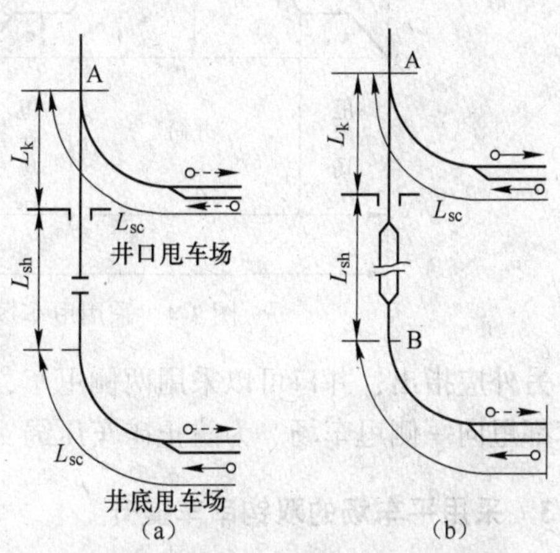

图 3-2 采用甩车场的串车提升系统

(a) 单钩提升；(b) 双钩提升

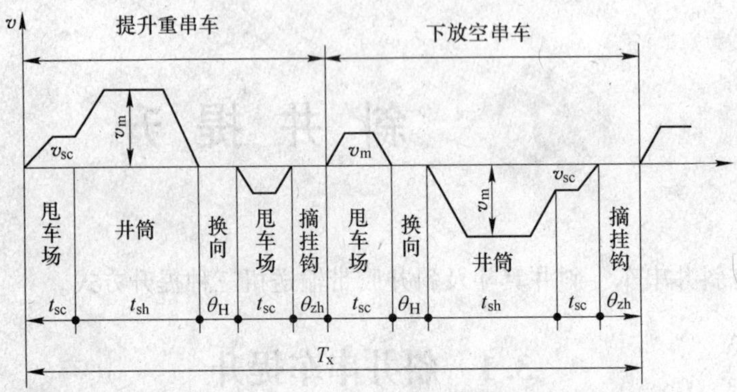

图 3-3　采用甩车场的单钩串车提升速度图

后，提升机换向，重串车以低速 v_{sc} 沿井口甩车场重车道运行。停车后，重串车摘钩并挂上空串车。提升机把空串车以低速 v_{sc} 沿井口甩车场提过道岔 A 后在栈桥停车。扳过道岔 A，提升机换向，下放空串车到井底甩车场。空串车停车后进行摘挂钩，挂上重串车后开始下一提升循环。整个提升循环包括提升重串车及下放空串车两部分。

3.1.2　采用甩车场的双钩串车提升

如图 3-2（b）所示，它采用的甩车场形式与单钩提升系统基本类似，所不同的是：提升重串车和下放空串车同时进行，其速度如图 3-4 所示。提升开始时，空串车停在井口栈桥停车点。当重串车沿井底甩车场以低速 v_{sc} 运行时，空串车沿井筒下放。重串车进入井筒后以最大速度 v_m 运行。当空串车到达井底甩车场前，提升机以加速度 a_3 减速到 v_{sc}，空串车沿井底甩车场运行。重串车通过道岔 A 后，在井口栈桥停车点停车，此时井底空串车不摘钩。提升机换向，重串车沿井口甩车场下放，此时空串车又沿井底甩车场向上运行。重串车停在井口，甩车场进行摘挂钩，挂上空串车后，沿井口甩车场提升到井口栈桥停车点停车，此时井底空串车又回到井底甩车场，停车后摘钩挂上重串车，准备开始下一个提升循环。

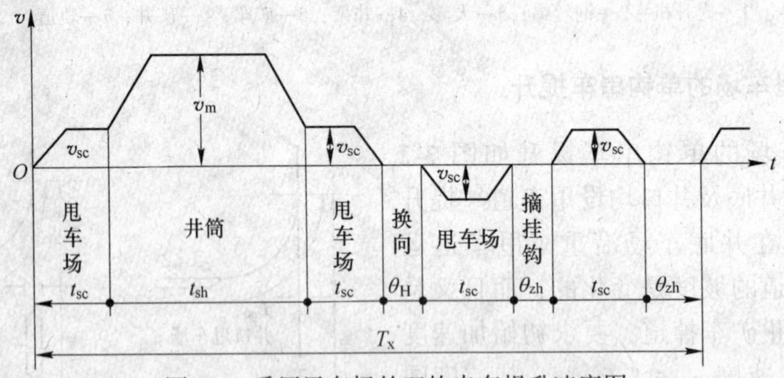

图 3-4　采用甩车场的双钩串车提升速度图

另外应指出，井口可以采用两侧甩车，也可以采用单侧甩车。单侧甩车即将左右两钩串车都甩向一侧甩车场。为防止矿车压绳，单侧甩车场应设置压绳道岔。

3.1.3　采用平车场的双钩串车提升

平车场一般多用于双钩串车提升，如图 3-5 所示。提升开始时，在井口平车场空车线上的空串车，由井口推车器向下推送。同时井底重串车向上提升（与空串车运行相适应），此时加速度为 a_0，速度为 $v_{pc} \leqslant 1.0\text{m/s}$ 。当全部重串车进入井筒后，提升机加速到最大速度 v_m 并以 v_m 等速运行。重串车运行至井口，而空串车运行至井底时，提升速度减至 v_{pc}，空、重串车以速度 v_{pc} 在井下和井上车场运行，最后减速停车。井口平车场内重串车在重车线上借助惯性继续前进，当钩头行到摘挂钩位置时迅速将钩头摘下，并挂上空串车，与此同时井下也进行摘挂钩工作。

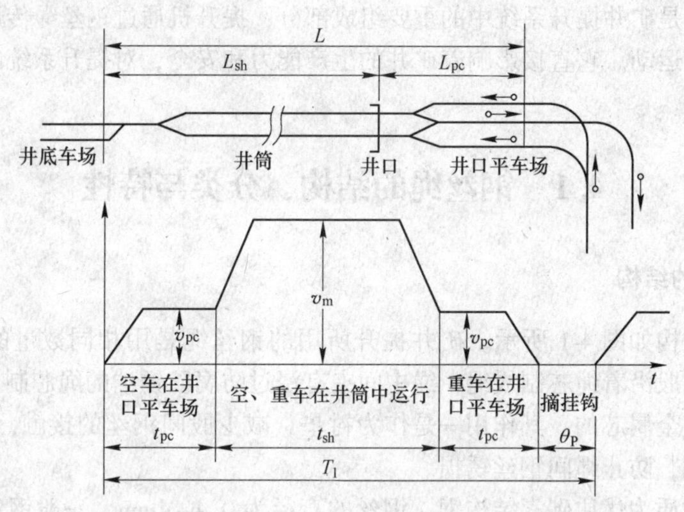

图 3-5　采用平车场的双钩串车提升示意图及速度图

3.2　斜井箕斗提升

斜井箕斗（见图 3-6）提升具有生产能力大、装卸载自动化等优点，但需安设装卸载设备和煤仓，故较串车提升投资大、设备安装时间长。此外，为了解决矸石、材料设备和人员的运送问题，还需设一套副井提升设备。因此产量较小的斜井多采用串车提升。但年产量在 30 万～60 万吨的斜井，倾角在 20°～35°时可考虑采用斜井箕斗提升。斜井箕斗多采用双钩提升系统。

图 3-6　斜井提升箕斗实物图

3.3　斜井带式输送机提升

这种提升方式具有安全可靠、运输量大等优点，但初期投资较大，设备安装时间较长，并需安装卸载煤仓等设备。年产量在 60 万吨以上、倾角小于 18°的斜井，只要技术经济条件合理，可以选用带式输送机提升方式。相关内容见后续章节。

4 提升钢丝绳

提升钢丝绳是矿井提升系统中的重要组成部分，提升机通过钢丝绳传递动力，吊装上下容器并做上下运动。它直接影响着矿井的生产能力和安全，对提升系统的安全运行起着极为重要的作用。

4.1 钢丝绳的结构、分类与特性

4.1.1 钢丝绳的结构

钢丝绳的结构如图 4-1 所示。矿井提升所用的钢丝绳是用相同数量的细钢丝捻成绳股，再用若干绳股沿着绳芯制成绳，绳中间夹有浸过防腐防锈油的绳芯制成，绳芯多为纤维制成的，也有金属芯的。其作用一是作为衬垫，减少股间钢丝的接触，缓和弯曲应力；二是储存润滑油，防止绳间钢丝锈损。

钢丝绳的材质为优质碳素结构钢，钢丝的直径为 0.4~4mm，一般钢丝绳的抗拉强度为 1400~2000MPa。优质钢丝绳钢丝的公称抗拉强度为 1570MPa、1670MPa、1770MPa 三个等级，抗拉强度大的钢丝绳可弯曲性差。设计选用时，一般竖井提升时选 1650MPa 左右、大于 1520MPa 的公称强度为宜；斜井则应选用靠近 1520MPa 为宜。

钢丝按耐受反复弯曲和扭转的次数的不同分特号、Ⅰ号、Ⅱ号三种，对于用来提升人员或物料和人混合提升的钢丝绳，应用特号钢丝制成的钢丝绳；只作为提升物料用时可选用Ⅰ号钢丝制成的钢丝绳。

4.1.2 钢丝绳的分类、特性及应用

4.1.2.1 按钢丝绳股的捻法分类

钢丝绳中丝和股的捻制方向用两位字符字母“Z”和“S”来表示。用字母“Z”表示右向捻，“S”表示左向捻，第一位字母表示钢丝绳中股的捻向，第二位字母表示股中丝的捻向，这样钢丝绳可以分为右交互捻 ZS，左交互捻 SZ，右同向捻 ZZ，左同向捻 SS 四种，如图 4-1 中图（a）、（b）、（c）、（d）所示。同向捻表示绳中股的捻向与股中丝的捻向相同，股是右捻叫右同向捻，反之叫左同向捻；交互捻是指绳中股的捻向与股中丝的捻向相反，股是右捻的称右交互捻，反之称左交互捻。

股的捻向应与钢丝绳在卷筒上缠绕的方向一致，以防缠绕时钢丝绳松劲，从而影响钢丝绳的使用寿命。国产提升机的绳槽均为右车槽，因此应选股是右捻向的钢丝绳。

同向捻钢丝绳柔软，表面光滑，接触面大，耐弯曲，使用寿命长，断丝后丝头即翘起，易发现，所以在立井缠绕式提升和多绳摩擦式提升中经常使用，只是多绳摩擦式提升左捻向和右捻向各占一半。由于同向捻钢丝绳易松捻（扭转）和反驳打卷，甚至因打结

而不能使用。所以在斜井串车提升中因需要经常摘挂钩，钢丝绳一端成为自由端，为防止同向捻钢丝绳松捻（扭转）和反驳打卷、打结等现象的发生，多采用结构较稳定的交互捻钢丝绳。

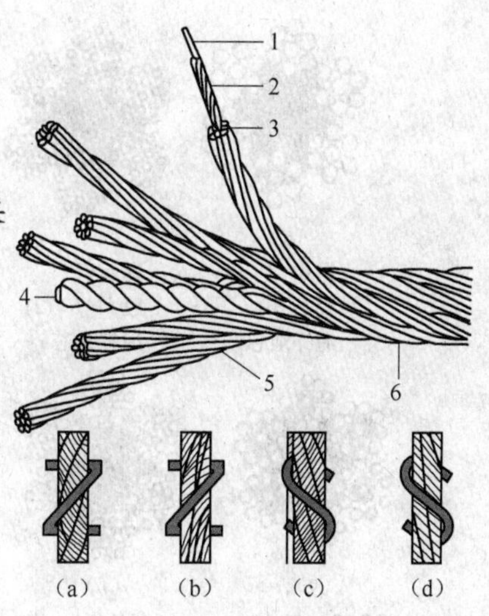

图 4-1 钢丝绳的结构与钢丝绳的捻法
（a）交互右捻；（b）同向右捻；
（c）交互左捻；（d）同向左捻
1—股芯；2—内层钢丝；3—外层钢丝；
4—绳芯；5—绳股；6—钢丝绳

4.1.2.2 按钢丝绳股中丝与丝的接触形式分类

在钢丝绳中各层钢丝之间都有点、线、面三种接触形式，所以分为点、线、面接触钢丝绳。

A 点接触钢丝绳

点接触钢丝绳股内的各层钢丝捻距不等，各层钢丝中呈点接触，如图 4-2 中（a）~（d）所示。

虽然这种钢丝绳造价较低，但钢丝绳间接触应力大，特别在钢丝绳经过滚筒和天轮时，钢丝受到二次弯曲、拉伸和横向挤压，受力情况复杂，所以使用寿命较短。

B 线接触钢丝绳

线接触钢丝绳如图 4-2（e）~（i）所示。其绳股各层由不同直径的钢丝捻成，层间钢丝呈线性接触。

C 面接触钢丝绳（代号为“T”）

面接触钢丝绳是由线接触钢丝绳发展来的，钢丝加工压制成特殊形状后捻成，呈面接触，如图 4-2（j）、（k）、（l）所示。图 4-2（l）所示为 6 股 7 丝面接触钢丝绳的股，这种钢丝绳具有结构紧密、间隙小、不易变形、股内丝与丝间接触面积大、刚性强和更耐磨损等优点。

4.1.2.3 按股的断面形状分类

股的断面形状除了有圆形股外，还有三角股（代号“V”）和椭圆股（代号为“Q”）等，如图 4-2（m）、（n）所示。

圆形股易于制造，价格低，所以被普遍使用。

三角股钢丝绳比圆形股表面光滑，与天轮及滚筒的接触面大，给每根钢丝分担的压力小，耐磨损，实际证明其寿命要比点接触圆股高 2~3 倍，但价格只高 50%左右。

椭圆股钢丝绳也具备三角股钢丝绳的特点，但较三角股钢丝绳稳定性稍差。

罐道常用的密封钢丝绳，如图 4-3（a）所示；做尾绳用的扁钢丝绳和不旋转钢丝绳，分别如图 4-3（b）、（c）所示。在选择使用钢丝绳时要注意以下几点：

（1）对于单绳缠绕式提升，一般宜选用光面右同向捻，断面形状为圆形股或三角形股、接触形式为点或线接触的钢丝绳，且多采用价格较低的 6 股 19 丝的普通圆股钢丝绳；对于矿井淋水大、酸或碱度高和在出风井的井筒中使用，为防钢丝绳锈蚀，宜选用镀锌钢丝绳。

（2）对于斜井，因钢丝绳与地辊、地面摩擦，为了抗磨损和腐蚀，宜选用绳股表层钢丝较粗、有纤维芯的钢丝绳，一般多采用 6 股 7 丝的普通型圆股钢丝绳，或线接触式的西鲁式 6 股 19 丝钢丝绳，选用时以股的外层钢丝直径比内层粗为好。

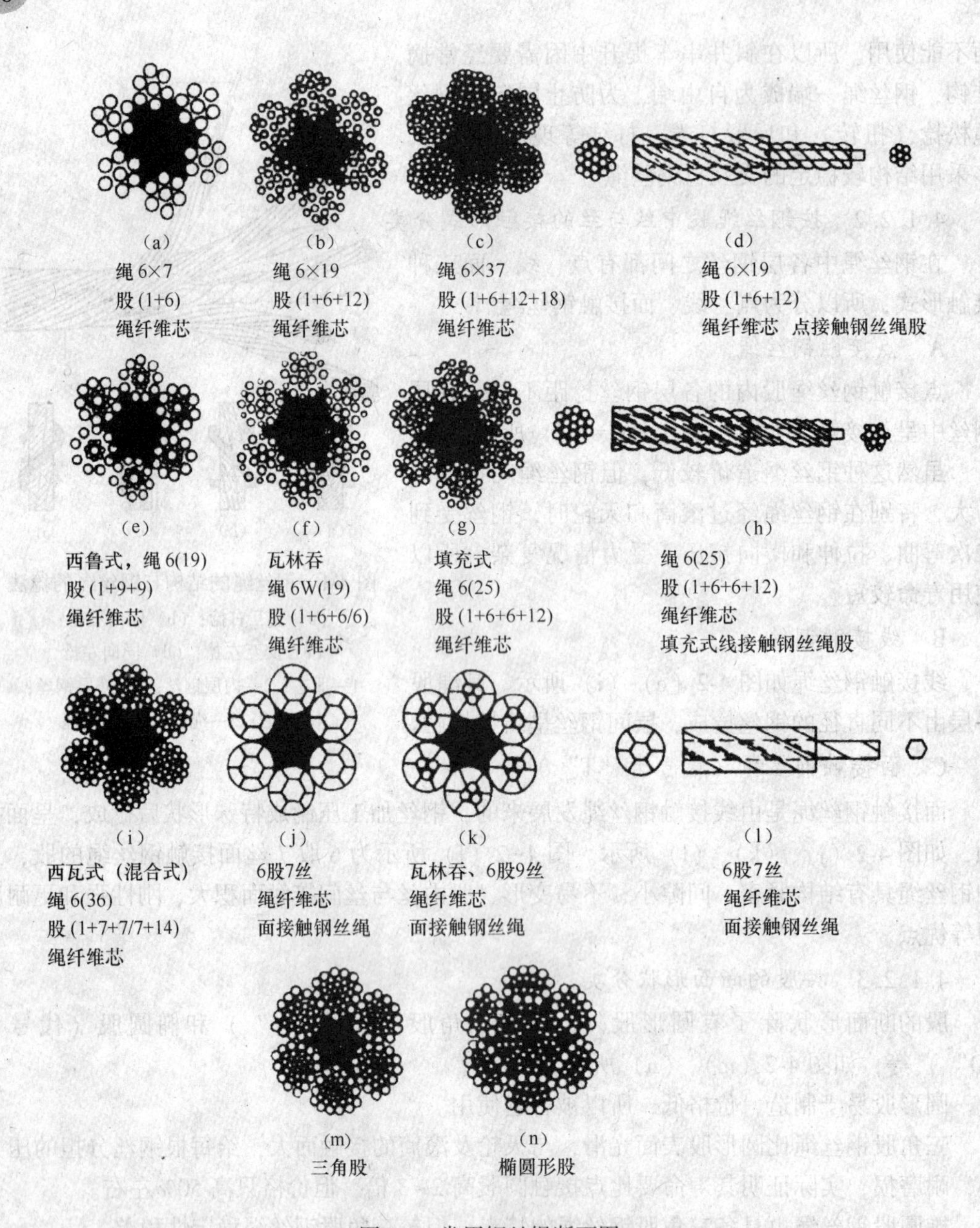

图 4-2 常用钢丝绳断面图

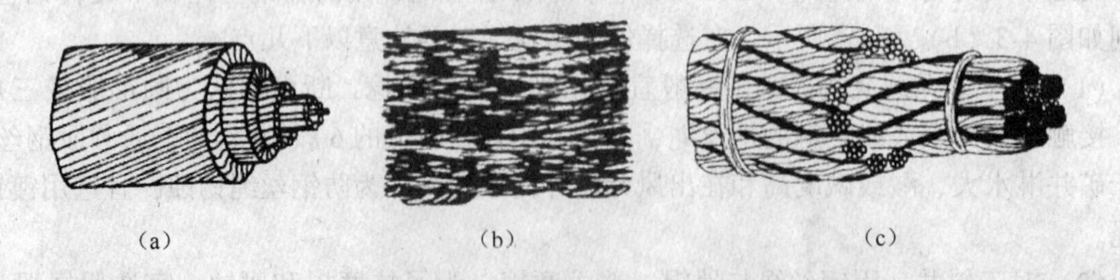

图 4-3 其他种类的钢丝绳

(a) 密封钢丝绳；(b) 扁钢丝绳；(c) 不旋转钢丝绳

(3) 对于多绳摩擦式提升，一般宜选用镀锌同向捻（左右捻各半）的钢丝绳，断面形状最好是三角股。

4.1.2.4 按钢丝绳的股数与股外层钢丝的数目分类

根据国家标准《重要用途钢丝绳》（GB 8918—2006）的规定，国产优质钢丝绳按其股数和股外层钢丝的数目分类，见表4-1。

表4-1 国产优质钢丝绳分类表

组别	类别		分类原则	典型结构		直径范围/mm
				钢丝绳	股绳	
1	圆股钢丝绳	6×7	6个圆股，每股外层丝可到7根，中心丝（或无）外捻制1~2层钢丝，钢丝等捻距	6×7 6×9W	(6+1) (3/3+3)	8~36 14~36
2		6×19	6个圆股，每股外层丝可到8~12根，中心丝外捻制2~3层钢丝，钢丝等捻距	6×19S 6×19W 6×25Fi 6×26SW 6×31SW	(9+9+1) (6/6+6+1) (12+6F+6+1) (10+5/5+5+1) (12+6/6+6+1)	12~36 12~40 12~44 20~40 22~46
3		6×37	6个圆股，每股外层丝可到14~18根，中心丝外捻制3层或3层以上钢丝，钢丝等捻距	6×36SW 6×41SW 6×49SW 6×55SW	(14+7/7+7+1) (16+8/8+8+1) (16+8/8+8+8+1) (18+9/9+9+9+1)	12~52 32~48 36~60 36~64
4		8×19	8个圆股，每股外层丝可到8~12根，中心丝外捻制2~3层钢丝，钢丝等捻距	8×19S 8×19W 8×25Fi 8×26SW 8×31SW	(9+9+1) (6/6+6+1) (12+6F+6+1) (10+5/5+5+1) (12+6/6+6+1)	11~44 10~48 18~52 16~48 14~46
5		8×37	8个圆股，每股外层丝可到14~18根，中心丝外捻制3层或3层以上钢丝，钢丝等捻距	8×36SW 8×41SW 8×49SW 8×55SW	(14+7/7+7+1) (16+8/8+8+1) (16+8/8+8+8+1) (18+9/9+9+9+1)	14~60 40~56 44~64 44~64
6		18×7	钢丝绳中有17个或18个圆股，在纤维芯或钢芯外捻制2层股	17×7 18×7	(6+1) (6+1)	16~60 20~60
7		34×7	钢丝绳中有34个或36个圆股，在纤维芯或钢芯外捻制3层股	34×7 36×7	(6+1) (6+1)	16~44 16~44
8		6×24	6个圆股，每股外层丝12~16根，股纤维芯外捻制2层钢丝	6×24 6×24S 6×24W	(15+9+FC) (12+12+FC) (8/8+8+FC)	8~40 10~44 10~44
9		6×19（a）	6个圆股，每股外层丝12根，股纤维芯外捻制2层钢丝	6×19	(12+6+1)	3~7
10		6×37（b）	6个圆股，每股外层丝18根，股纤维芯外捻制3层钢丝	6×37	(18+12+6+1)	5~11

续表 4-1

组别	类别		分类原则	典型结构		直径范围/mm
				钢丝绳	股绳	
11	异型股钢丝绳	6V×7	6个三角形股，每股外层丝7~9根，三角形股芯外捻制1层钢丝	6V×18	(9+ /3×2+3/)	20~36
12		6V×19	6个三角形股，每股外层丝10~15根，三角形股芯或纤维芯外捻制2层钢丝	6V×21 6V×33	(12+9+FC) (12+12+ /3×2+3/)	11~36 28~44
13		4	6个三角形股，每股外层丝7~9根，三角形股芯外捻制1层钢丝	6V×36 6V×37S 6V×39 6V×43	(15+12+ /3×2+3/) (15+12+ /1×7+3/) (18+12/3×2+3/) (18+15+/1×7+3/)	32~52 32~52 52~58 52~58
14		4V×39	4个扇形股，每股外层丝15~18根，纤维芯外捻制3层钢丝	4V×39S 4V×48S	(15+15+9+FC) (18+18+12+FC)	8~36 20~40
15		6Q×19+ 6V×21	钢丝绳中有12~14个股，在6个三角形股外，捻制6~8个椭圆形股	6Q×19+6V×21 6Q×33+6V×21	外股（14+5） 内股（12+9+FC） 外股（15+13+5） 内股（12+9+FC）	40~58 40~58

注：1. 8组、10组、14组、15组和12组中结构为6V×21的钢丝绳仅为纤维绳芯；6组和7组钢丝绳由供方选用纤维芯或钢芯；其余组别的钢丝绳可由需方指定纤维芯或钢芯，其中14组和15组中结构为6Q×19+6V×21和6Q×33+6V×21以及12组中结构为6V×21的钢丝绳仅为合成纤维芯。

2. 结构为绳6×29Fi、股（14+7F+7+1）的钢丝绳归为第2组6×19（a）类，结构为绳6×37S股（15+15+6+1）的钢丝绳归为第3组6×37（a）类。

3. 三角形股芯的结构可以互相代替，或改用其他结构的三角形股芯。但应在合同中注明。

4.1.2.5 按钢丝的表面状态分类

钢丝的表面状态有光滑的和镀锌的两种，镀锌的又分为A级镀锌（代号为ZAA），AB级镀锌（代号为ZAB），B级镀锌（代号为ZBB）。缠绕式提升机多采用光面钢丝绳，但使用时应定期涂油以防腐蚀。在钢丝绳上涂一般的油会降低摩擦系数，因此摩擦式提升机多采用镀锌钢丝绳（镀锌的优点是可以防止生锈和腐蚀，缺点是钢丝绳强度有所下降）。

4.1.3 钢丝绳的标记方法

根据国家标准《钢丝绳标记代号》（GB 8707—88）的规定，钢丝绳结构及基本特性的标记方法（详见国标《钢丝绳术语、标记和分类》(GB/T 8706—2006)）如下：

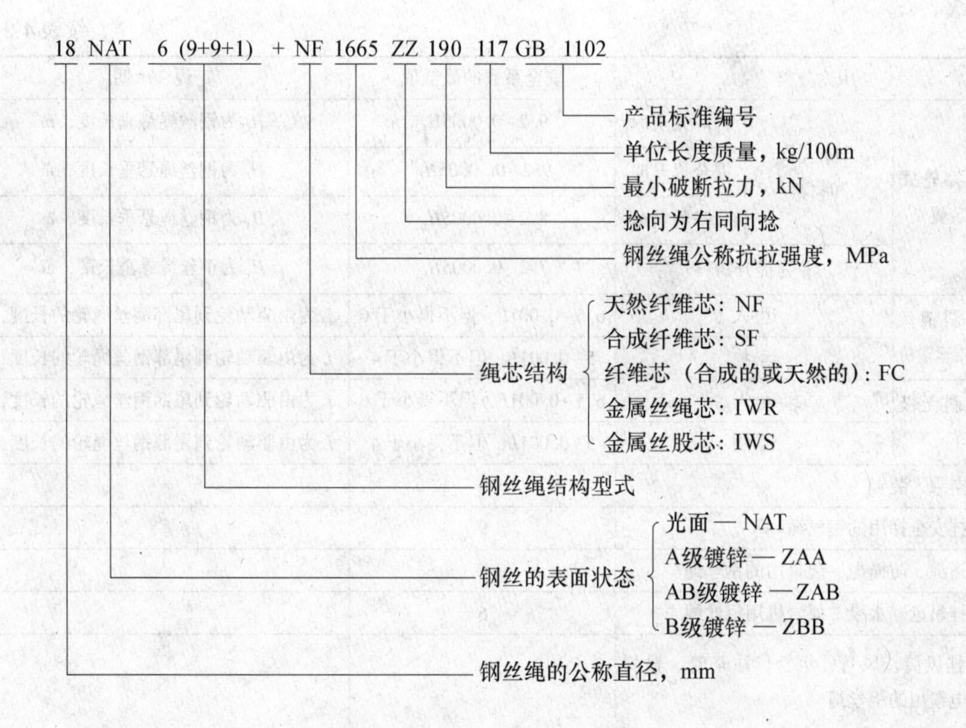

4.2　选型计算

提升钢丝绳的选择计算是提升设备选型设计中的关键环节之一。我国是按《煤矿安全规程》的规定来设计的，其原则是：钢丝绳应按最大静载荷并考虑一定的安全系数来进行计算。

安全系数是指钢丝绳钢丝拉断力的总和与钢丝绳的计算静拉力之比。但是应当注意，安全系数并不代表钢丝绳真正具有的强度储备，只不过表示经过实践证明在此条件下钢丝绳可以安全运行。我国《煤矿安全规程》对提升钢丝绳的安全系数规定如表4-2所示。应当说明的是，由于较长的钢丝绳具有较大的吸收冲击应力的能力，以及深井提升时终端载荷与钢丝绳本身重力之比减少等因素，许多国家都采用随井深增加而降低安全系数值的概念，我国由于摩擦提升钢丝绳多用于较深的矿井，故也采用这种随井深变化的安全系数。

表4-2　提升和悬挂用的新钢丝绳在悬挂时的安全系数值

用途分类			安全系数的最低值	说　明
单绳缠绕式提升装置	专为升降人员		9	
	升降人员和物料	升降人员时	9	多层罐笼同一次提升人员和物料
		混合提升时	9	
		升降物料时	7.5	
	专为提升物料		6.5	
	专为升降人员		$9.2 \sim 0.0005H_C$	H_C为钢丝绳悬垂长度，m

续表 4-2

用途分类			安全系数的最低值	说　明
摩擦轮式提升装置	升降人员和物料	升降人员时	$9.2 \sim 0.0005H_C$	H_C为钢丝绳悬垂长度，m
		混合提升时	$9.2 \sim 0.0005H_C$	H_C为钢丝绳悬垂长度，m
		升降物料时	$8.2 \sim 0.0005H_C$	H_C为钢丝绳悬垂长度，m
	专为提升物料		$7.2 \sim 0.0005H_C$	H_C为钢丝绳悬垂长度，m
倾斜钢丝绳皮带运输机	运人		$6.5 \sim 0.001L$，但不得小于 6	L为由驱动轮到尾部钢丝绳轮的长度，m
	运物		$5 \sim 0.001L$，但不得小于 4	L为由驱动轮到尾部钢丝绳轮的长度，m
倾斜无极绳绞车	运人		$6.5 \sim 0.001L$，但不得小于 6	L为由驱动轮到尾部钢丝绳轮的长度，m
	运物		$5 \sim 0.001L$，但不得小于 4	L为由驱动轮到尾部钢丝绳轮的长度，m
架空乘人装置			6	
悬挂安全梯用的钢丝绳			9	
罐道绳、防撞绳、起重用的钢丝绳			6	
悬挂吊盘、水泵、抓岩机用钢丝绳			6	
悬挂风筒、风管、水管、注浆管、输料管、电缆用的钢丝绳			5	
拉紧用的钢丝绳			5	
防坠器的制动绳和缓冲绳			3	按动载荷计算

4.2.1 单绳缠绕式（无尾绳）立井提升钢丝绳选择计算

图 4-4 所示为一立井单绳提升钢丝绳计算示意图，由图可见，钢丝绳的最大静拉力作用于 A 点处，其值为：

$$Q_{max} = Qg + Q_z g + pH_C \tag{4-1}$$

式中 Q_{max}——钢丝绳承受的最大计算静载荷，N；

Q——一次提升的有益载荷，kg；

Q_z——容器质量（包括与钢丝绳的连接装置），kg；

p——钢丝绳每米重力，N/m；

H_C——钢丝绳悬垂长度，m。

其中，$H_C = H_j + H_s + H_z$

式中 H_j——井架高度，m（在井架高度未确定之前可按下面数值选取：罐笼提升 $H_j = 15 \sim 25$m，箕斗提升 $H_j = 30 \sim 35$m）；

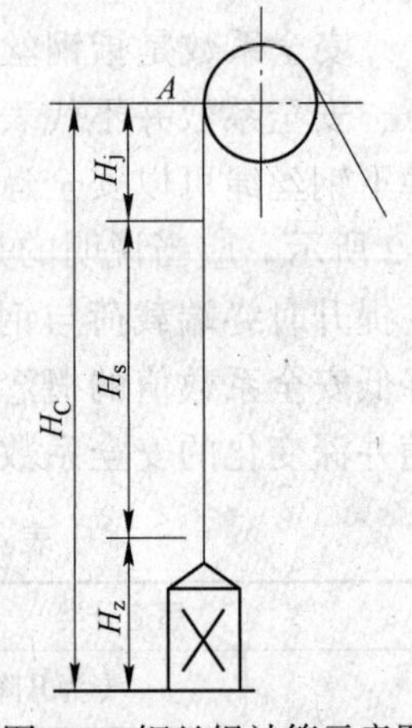

图 4-4　钢丝绳计算示意图

H_s——矿井深度，m；

H_z——容器装载高度（罐笼提升时 $H_z = 0$，箕斗提升时 $H_z = 18 \sim 25$m），m。

设 σ_B 为钢丝绳的抗拉强度，单位为 N/cm^2，S_0 为钢丝绳中所有钢丝断面积之和，单位为 cm^2。根据《煤矿安全规程》对安全系数的规定，必须满足下式：

$$\frac{\sigma_B S_0}{Qg + Q_z g + pH_C} \geqslant m_a \tag{4-2}$$

式中，M_a 为新钢丝绳的安全系数（见表4-2）。

式（4-2）中 p 和 S_0 为未知数，为了求解式（4-2），必须首先求出 p 和 S_0 的关系。令 γ_0 表示钢丝绳的比重，单位为 N/cm^3，$\gamma_0 = \gamma_g \beta$。此处 γ_g 为钢的比重，其值为 0.078N/cm^3，β 是一个大于 1 的系数（由于捻绕关系，每米钢丝绳中所用钢丝的实际长度大于 1m）。一般钢丝绳的平均比重近似取 0.09N/cm^3，于是有式（4-3）：

$$p = 100\gamma_0 S_0 \tag{4-3}$$

将式（4-3）代入式（4-2）并化简整理得：

$$p \geqslant \frac{Qg + Q_z g}{\dfrac{\sigma_B}{100\gamma_0 S_0 m_a} - H_C} \tag{4-4}$$

代入 γ_0 的值后，得出选择每米钢丝绳重的公式为：

$$p \geqslant \frac{Qg + Q_z g}{\dfrac{0.11}{m_a} - H_C} \tag{4-5}$$

由上式计算出 p 值后，可从钢丝绳规格表中选取每米钢丝绳重等于或稍大于 p 值的钢丝绳。由于实际所选钢丝绳的 γ_0 不一定是 0.09N/cm^3，因此判断所选钢丝绳是否满足安全系数的要求必须将其每米绳重代入式（4-6）进行验算，即所选绳的实际安全系数为：

$$m_a = \frac{Q_q}{Qg + Q_z g + pH_C} \tag{4-6}$$

式中　Q_q ——所选钢丝绳所有钢丝拉断力之和，N；

　　p ——所选绳的每米重力，N/m。

如果式（4-6）不能满足安全系数的要求（见表4-2），必须重选钢丝绳，但应首先考虑选取大一级的公称抗拉强度值（在允许范围内）和改变钢丝绳结构类型，最后才考虑选大一级的钢丝绳，重新验算，直至满足规定。

4.2.2　多绳摩擦式提升钢丝绳计算特点

图4-5所示为多绳摩擦提升钢丝绳计算示意图。

多绳摩擦提升主绳为 n_1 根，钢丝绳每米重力为 p N/m，每根绳承受终端载荷为 $(Q+Q_z)/n_1$；为了满足防滑要求，多绳摩擦提升有 n_2 根尾绳，尾绳的每米重力为 q N/m。

根据主绳与尾绳每米重力的不同，分为（1）等重尾绳 $n_1 p = n_2 q$；（2）重尾绳 $n_1 p < n_2 q$；（3）轻尾绳 $n_1 p > n_2 q$。

一般情况下采用等重尾绳，重尾绳也有应用，轻尾绳几乎没有使用的。

（1）等重尾绳情况。计算方法与单绳（无尾绳）相同，只要注意有 n 根主绳，并在最大悬垂长度 H_C 中包括 H_h，即：

$$H_C = H_j + H_s + H_z + H_h$$

计算公式为：

$$p \geqslant \frac{\frac{1}{n}(Q + Q_z)g}{\frac{0.11\sigma_B}{m_a} - H_C} \tag{4-7}$$

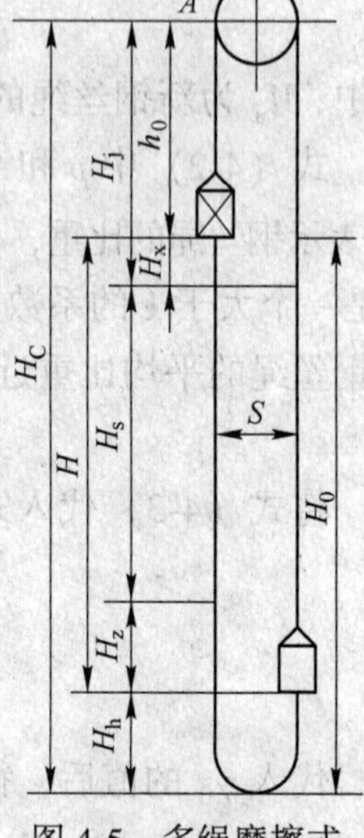

图 4-5　多绳摩擦式提升钢丝绳计算示意图

验算公式为：

$$m_a = \frac{Q_q}{\frac{1}{n}(Q + Q_z)g + pH_C} \tag{4-8}$$

（2）重尾绳情况。设主、尾绳每米重力差为 Δ（一般 Δ = 1.5 ~ 2N/m），即 $np = n_1 q + 1$。由图 4-5 可见，当容器位于卸载位置时，主绳在 A 点有最大静拉力，其值为：

$$Q_{max} = \frac{1}{n}(Q + Q_z)g + ph_0 + \frac{n_1 q}{n}H_0$$

$$= \frac{1}{n}(Q + Q_z)g + \frac{\Delta \cdot H_0}{n} + p(h_0 + H_0) \tag{4-9}$$

所以　$Q_{max} = \frac{1}{n}[(Q + Q_z)g + \Delta \cdot H_0] + pH_C$

因为把 $\Delta \cdot H_0$ 也看作主绳终端载荷的一部分，所以计算就与等重尾绳的情况一样，其计算公式和验算公式分别为：

$$p \geqslant \frac{\frac{1}{n}(Qg + Q_z g + \Delta \cdot H_0)}{\frac{0.11\sigma_B}{m_a} - H_C} \tag{4-10}$$

$$m_a = \frac{Q_q}{\frac{1}{n_1}(Qg + Q_z g + \Delta \cdot H_0) + pH_C} \tag{4-11}$$

要注意式（4-11）中的 Δ 和 p 值为所选绳的实际值。

4.2.3　斜井提升钢丝绳的计算特点

图 4-6 所示为斜井提升钢丝绳计算示意图，对于斜井提升钢丝绳的计算，只要考虑到井筒的倾角以及容器和钢丝绳沿斜井运行的阻力，其他与单绳立井提升钢丝绳计算相同。其计算公式为：

$$p \geqslant \frac{(Q + Q_z)g(\sin\alpha + \omega_1\cos\alpha)}{\frac{0.11\sigma_B}{m_a} - L(\sin\alpha + \omega_2\cos\alpha)} \tag{4-12}$$

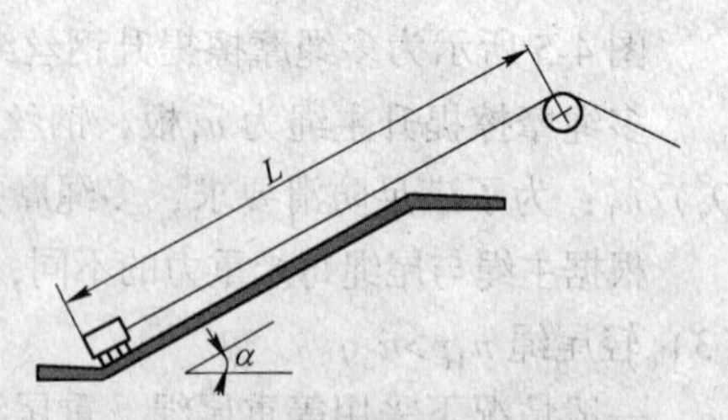

图 4-6　斜井提升钢丝绳计算示意图

$$m_a = \frac{Q_q}{(Q + Q_z)gL(\sin\alpha + \omega_1\cos\alpha) + pL(\sin\alpha + \omega_2\cos\alpha)} \tag{4-13}$$

式中　L——钢丝绳的最大长度，m；

α——井筒倾角；

ω_1——容器运行阻力系数，可取 0.01~0.015；

ω_2——钢丝绳运行时与托辊和底板间的阻力系数（若钢丝绳全部支承在托辊上，其值为 0.15~0.20；若钢丝绳局部支承在托辊上，其值为 0.25~0.40；若钢丝绳全部在底板上运行，其值为 0.40~1.60）。

4.3 某井筒施工凿井设备选型计算实例

4.3.1 基本数据

某井筒设计净直径为 ϕ6.0m，井筒全深为 1118.997m。井筒利用永久井架改造后施工，临时凿井天轮平台的水平高度为 26.14m。主提升采用 JKZ-3.2/18 凿井专用绞车，使用 5.0/4.0/3.0m^3 吊桶，DX-3.0m^3 底卸式吊桶下放混凝土，采用 11t 钩头装置；副提升采用 JKZ-2.8/15.5 凿井专用绞车，使用 5.0/4.0/3.0m^3 吊桶，DX-3.0m^3 底卸式吊桶下放混凝土，采用 11t 钩头装置。

4.3.2 钢丝绳的选择计算

4.3.2.1 主提升钢丝绳的选择

A 钢丝绳悬垂长度

$$H_C = H_{sh} + H_j = 1118.997 + 26.14 = 1145.137\text{m，取 } 1160\text{m}$$

式中 H_{sh}——井筒深度，m；

H_j——井口水平至井架天轮平台悬垂高度，m。

B 钩头、滑架、缓冲器重量

$$Q_z = Q_1 + Q_2 = 2109 + 1923 + 245 = 4277\text{N}$$

式中 Q_1——11t 钩头及连接装置重量为 2109N；

Q_2——滑架及缓冲器装置重量，1923+245=2168N。

C 终端荷重

（1）5m^3 吊桶提升矸石时：

$$\begin{aligned} Q_{矸} &= g \times [G + K_m \cdot V \cdot \gamma_g + 0.9 \times (1 - 1/K_s) V \cdot \gamma_s] + Q_z \\ &= 9.81 \times [1690 + 0.9 \times 5 \times 1600 + 0.9 \times (1 - 1/2) \times 5 \times 1000] + 4277 \\ &= 9.81 \times (1690 + 7200 + 2250) + 4277 \\ &= 113560\text{N} \end{aligned}$$

式中 G——5m^3 座钩式吊桶重量，G=1690kg；

K_m——装满系数，取 K_m=0.9；

V——吊桶容积，V=5m^3；

γ_g——松散矸石容重，取 γ_g=1600kg/m^3；

γ_s——水容重，取 γ_s=1000kg/m^3；

K_s——岩石松散系数，取 K_s=2.0。

（2）4m³吊桶提升矸石时：

$$Q_{矸} = g \times [G + K_m \cdot V \cdot \gamma_g + 0.9 \times (1 - 1/K_s) V \cdot \gamma_s] + Q_z$$
$$= 9.81 \times [1530 + 0.9 \times 4 \times 1600 + 0.9 \times (1 - 1/2) \times 4 \times 1000] + 4277$$
$$= 9.81 \times (1530 + 5760 + 1800) + 4277$$
$$= 93450\text{N}$$

式中 G——4m³座钩式吊桶重量，$G=1530$kg；

K_m——装满系数，取 $K_m=0.9$；

V——吊桶容积，$V=4\text{m}^3$；

γ_g——松散矸石容重，取 $\gamma_g=1600\text{kg/m}^3$；

γ_s——水容重，取 $\gamma_s=1000\text{kg/m}^3$；

K_s——岩石松散系数，取 $K_s=2.0$。

（3）3m³吊桶提升矸石时：

$$Q_{矸} = g \times [G + K_m \cdot V \cdot \gamma_g + 0.9 \times (1 - 1/K_s) V \cdot \gamma_s] + Q_z$$
$$= 9.81 \times [1049 + 0.9 \times 3 \times 1600 + 0.9 \times (1 - 1/2) \times 3 \times 1000] + 4277$$
$$= 9.81 \times (1049 + 4320 + 1350) + 4277$$
$$= 70190\text{N}$$

式中 G——3m³座钩式吊桶重量，$G=1049$kg；

K_m——装满系数，取 $K_m=0.9$；

V——吊桶容积，$V=3\text{m}^3$；

γ_g——松散矸石容重，取 $\gamma_g=1600\text{kg/m}^3$；

γ_s——水容重，取 $\gamma_s=1000\text{kg/m}^3$；

K_s——岩石松散系数，取 $K_s=2.0$。

（4）下放SJZ-6.7型伞钻时：

$$Q_{伞钻} = Q_{SZ} + Q_2 = 76518 + 4277 = 80795\text{N}$$

式中 Q_{SZ}——SJZ-6.7型伞钻重量，取76518N；

Q_2——钩头、滑架及缓冲器装置重量，取4277N。

（5）3m³底卸式吊桶下放混凝土时：

$$Q_{dxs} = g \times (G + K_m \cdot V \cdot \gamma_g) + Q_z$$
$$= 9.81 \times (1650 + 0.9 \times 3 \times 2675) + 4277$$
$$= 91316\text{N}$$

式中 G——3m³底卸式吊桶自重，$G=1650$kg；

K_m——装满系数，取 $K_m=0.9$；

V——吊桶容积，$V=3\text{m}^3$；

γ_g——混凝土容重，取 $\gamma_g=2675\text{kg/m}^3$。

D 提升钢丝绳单位长度重量 P_s

（1）按最大荷载提5m³矸石计算，$Q_0=113560$N，$H_0=800$m。

$$P_s = \frac{Q_0}{\dfrac{110\sigma_B}{9.81m_a} - H_0} \Big/ g = \frac{113560}{\dfrac{110 \times 1870}{9.81 \times 7.5} - 800} \Big/ 9.81 = 5.8\text{kg/m}$$

（2）按最大荷载提4m³矸石计算，$Q_0=93450\text{N}$，$H_0=1000\text{m}$。

$$P_s=\frac{Q_0}{\dfrac{110\sigma_B}{9.81m_a}-H_0}\Big/g=\frac{93450}{\dfrac{110\times1870}{9.81\times7.5}-1000}\Big/9.81=5.3\text{kg/m}$$

（3）按最大荷载提3m³矸石计算，$Q_0=70190\text{N}$，$H_0=1160\text{m}$。

$$P_s=\frac{Q_0}{\dfrac{110\sigma_B}{9.81m_a}-H_0}\Big/g=\frac{70190}{\dfrac{110\times1870}{9.81\times7.5}-1160}\Big/9.81=4.37\text{kg/m}$$

式中 σ_B——钢丝绳公称抗拉强度，取$\sigma_B=1870\text{MPa}$；

m_a——安全系数，取$m_a=7.5$。

根据计算选18×7+FC-42-1870特型多层股不旋转钢丝绳，其标准每米重量$P_{SB}=6.88\text{kg/m}$，钢丝破断力总和$Q_d=1308660\text{N}$。

E 钢丝绳安全系数校核

（1）主提升5m³矸石时，提升高度800m：

$$m_a=\frac{Q_d}{Q_0+P_{SB}\times H_0\times g}=\frac{1308660}{113560+6.88\times800\times9.81}=7.57>7.5\text{，符合规定。}$$

（2）主提升4m³矸石时，提升高度1000m：

$$m_a=\frac{Q_d}{Q_0+P_{SB}\times H_0\times g}=\frac{1308660}{93450+6.88\times1000\times9.81}=7.81>7.5\text{，符合规定。}$$

（3）主提升3m³矸石时，提升高度1160m：

$$m_a=\frac{Q_d}{Q_0+P_{SB}\times H_0\times g}=\frac{1308660}{70190+6.88\times1160\times9.81}=8.38>7.5\text{，符合规定。}$$

（4）提人时按每次提升12人考虑，每人重100kg（带工具）：

$$Q_R=9.81\times(12\times100+1690)+4277=32678\text{N}$$

$$m_a=\frac{Q_d}{Q_R+P_{SB}\times H_0\times g}=\frac{1308660}{32678+6.88\times1160\times9.81}=11.19>9\text{，符合规定。}$$

4.3.2.2 副提升钢丝绳的选择

A 钢丝绳悬垂长度

$$H_c=H_{sh}+H_j=1118.997+26.14=1145.137\text{m，取}1160\text{m}$$

式中 H_{sh}——井筒深度，m；

H_j——井口水平至井架天轮平台悬垂高度，m。

B 钩头、滑架、缓冲器重量

$$Q_z=Q_1+Q_2=2109+1923+245=4277\text{N}$$

式中 Q_1——11t钩头及连接装置重量，取2109N；

Q_2——滑架及缓冲器装置重量，取1923+245=2168N。

C 终端荷重

5m³、4m³、3m³矸石吊桶荷载，3m³底卸式吊桶荷载按上述方法计算数据。

D　提升钢丝绳单位长度重量 P_s

（1）按最大荷载提 4m³ 吊桶计算，$Q_0 = 93450\text{N}$，$H_0 = 800\text{m}$；

$$P_s = \frac{Q_0}{\dfrac{110\sigma_B}{9.81m_a} - H_0} \Big/ g = \frac{93450}{\dfrac{110 \times 1870}{9.81 \times 7.5} - 800} \Big/ 9.81 = 4.77\text{kg/m}$$

（2）按 5m³ 吊桶计算，Q₀ = 113560N，$H_0 = 500\text{m}$；

$$P_s = \frac{Q_0}{\dfrac{110\sigma_B}{9.81m_a} - H_0} \Big/ g = \frac{113560}{\dfrac{110 \times 1870}{9.81 \times 7.5} - 500} \Big/ 9.81 = 5.04\text{kg/m}$$

（3）按 3m³ 底卸式吊桶计算，$Q_0 = 91316\text{N}$，$H_0 = 1160\text{m}$。

$$P_s = \frac{Q_0}{\dfrac{110\sigma_B}{9.81m_a} - H_0} \Big/ g = \frac{91316}{\dfrac{110 \times 1870}{9.81 \times 7.5} - 1160} \Big/ 9.81 = 5.68\text{kg/m}$$

式中　σ_B——钢丝绳公称抗拉强度，取 $\sigma_B = 1870\text{MPa}$；

m_a——安全系数，取 $m_a = 7.5$。

根据计算选 18×7+FC−40−1870 特型多层股不旋转钢丝绳，其标准每米重量 $P_{SB} = 6.24\text{kg/m}$，钢丝破断力总和 $Q_d = 1190624\text{N}$。

E　钢丝绳安全系数校核

（1）提物时，按 4.0m³ 吊桶，提升高度 800m：

$$m_a = \frac{Q_d}{Q_0 + P_{SB} \times H_0 \times g} = \frac{1190624}{93450 + 6.88 \times 800 \times 9.81} = 8.08 > 7.5\text{，符合规定。}$$

（2）提物时，按 5.0m³ 吊桶，提升高度 500m：

$$m_a = \frac{Q_d}{Q_0 + P_{SB} \times H_0 \times g} = \frac{1190624}{113560 + 6.88 \times 500 \times 9.81} = 8.08 > 7.5\text{，符合规定。}$$

（3）提物时，按 3.0m³ 吊桶，提升高度 1160m：

$$m_a = \frac{Q_d}{Q_0 + P_{SB} \times H_0 \times g} = \frac{1190624}{70190 + 6.88 \times 1160 \times 9.81} = 8.02 > 7.5\text{，符合规定。}$$

（4）提人时，按每次提升 10 人考虑，每人重 100kg（带工具）：

$$Q_R = 9.81 \times (10 \times 100 + 1049) + 3967 = 24068\text{N}$$

$$M_a = \frac{Q_d}{Q_R + P_{SB} \times H_0 \times g} = \frac{1190624}{24068 + 6.88 \times 1160 \times 9.81} = 11.63 > 9\text{，符合规定。}$$

4.3.3　提升机的验算

4.3.3.1　主提升机的选择

（1）卷筒直径：

$$D \geq 60d = 60 \times 42 = 2520\text{mm}（d \text{ 为钢丝绳直径}）$$

（2）选定提升机型号。考虑到井筒深度，为了提高提升能力以及后期临时改进施工的需要，决定选用 JKZ-3.2/18 新型凿井专用提升机，其主要指标如下：

卷筒直径 $D=3200\text{mm}$；卷筒宽度 $B_T=3000\text{mm}$；卷筒个数为 1；钢丝绳最大静张力差 $F_j=180\text{kN}$。

（3）校验卷筒宽度：

$$B=\left(\frac{H+30}{\pi D}+3\right)(d+\varepsilon)=\left(\frac{1160+30}{3.14\times3.2}+3\right)\times(42+3)=5464\text{mm}$$

缠绕层数 $n=B/B_T=5464/3000=1.82$ 层，需要缠两层钢丝绳。

式中　H——提升高度，取 $H=1160\text{m}$；

30——试验绳长度，取 30m；

ε——绳圈间隙，取 3；

d——绳径，取 42mm；

n——缠绳层数；

D——卷筒直径，mm。

（4）验算主提升机的强度：

1）最大静张力验算（按绳端荷重提 5m^3 吊桶时）

$F_j=Q_0+P_{SB}\times H_0\times g=113560+6.88\times800\times9.81=167554\text{N}<180000\text{N}$，符合规定。

2）最大静张力验算（按绳端荷重提 4m^3 吊桶时）：

$F_j=Q_0+P_{SB}\times H_0'\times g=93450+6.88\times1000\times9.81=160943\text{N}<180000\text{N}$，符合规定。

3）最大静张力验算（按绳端荷重提 3m^3 吊桶时）：

$F_j=Q_0+P_{SB}\times H_0\times g=70190+6.88\times1160\times9.81=148482\text{N}<180000\text{N}$，符合规定。

注明：3m^3 底卸式吊桶在 800m 后换成 2m^3 底卸式吊桶。

（5）电动机功率估算：

$$W=\frac{(Q+Q_z+P_{SB}\times H_0)\times V_{mB}}{102\times\eta}=\frac{172812/9.81\times5.33}{102\times0.85}=1083\text{kW}$$

式中　V_{mB}——提升机最大速度，$V_{mB}=5.33\text{m/s}$；

η——传动效率，取 $\eta=0.85$。

提升机配备电机为 YR630-12/1250kW，满足施工需要。

4.3.3.2　副提升机的选择

（1）卷筒直径：

$$D\geqslant60d=60\times40=2400\text{mm}(d\text{ 为钢丝绳直径})$$

（2）选定提升机型号。考虑到井筒深度，为了提高提升能力，决定选用 JKZ-2.8/15.5 提升机做为主提升机，其主要指标如下：卷筒直径 $D=2800\text{mm}$；卷筒宽度 $B_T=2200\text{mm}$；钢丝绳最大静张力 $F_j=150\text{kN}$。

（3）校验卷筒宽度：

$$B=\left(\frac{H+30}{\pi D}+3\right)\cdot(d+\varepsilon)=\left(\frac{1160+30}{3.14\times2.8}+3\right)\times(40+3)=5949\text{mm}$$

缠绕层数 $n=B/B_T=5949/2200=2.7$ 层，需要缠绕两层钢丝绳，为此在使用中应采取加高绞车滚筒挡绳板等措施来确保安全使用。

式中　H——提升高度，取 $H=1160\text{m}$；

30——试验绳长度 30m；

ε——绳圈间隙，取 3；

d——绳径，取 $d = 40$mm；

n——缠绳层数；

D——卷筒直径，mm。

（4）验算副提升机的强度：

1）最大静张力验算，提升 $5m^3$ 吊桶 500m：

$F_j = Q_0 + P_{SB} \times H_0 \times g = 113560 + 6.24 \times 500 \times 9.81 = 144167 < F_j = 150000\ (5m^3)$，符合规定。

2）最大静张力验算，提升 $4m^3$ 吊桶 800m：

$F_j = Q_0 + P_{SB} \times H_0 \times g = 93450 + 6.24 \times 800 \times 9.81 = 142422 < F_j = 150000\ (4m^3)$，符合规定。

3）最大静张力验算，提升 $3m^3$ 吊桶 1160m：

$F_j = Q_0 + P_{SB} \times H_0 \times g = 70190 + 6.24 \times 1160 \times 9.81 = 141199 < F_j = 150000\ (3m^3)$，符合规定。

注：$3m^3$ 底卸式吊桶在 800m 后换成 $2m^3$ 底卸式吊桶。

（5）电动机功率估算：

$$W = \frac{(Q + Q_z + P_{SB} \times H_0) \times V_{mB}}{102 \times \eta} = \frac{148482/9.81 \times 5.48}{102 \times 0.85} = 957\text{kW}$$

式中　V_{mB}——提升机最大速度，$V_{mB} = 5.48$m/s；

η——传动效率，取 $\eta = 0.85$。

提升机配备电机为 YR630-12/1000kW，完全满足施工需要。

5 刮板输送机

5.1 概　述

刮板输送机（见图5-1）是一种采用挠性牵引机构的连续输送机械，是为采煤工作面和采区巷道运煤布置的设备。它的牵引构件是刮板链，承载装置是中部槽，刮板链安置在中部槽的槽面。工作原理：由绕过机头链轮和机尾链轮的无极循环刮板链作为牵引机构，以溜槽作为承载机构。电动机经过联轴器、减速器驱动链轮旋转，使链轮带动与之啮合的刮板链连续运转，将装在溜槽上的货载从机尾运到机头处卸载。

图5-1　刮板输送机实体图

一般的刮板输送机适用于长壁工作面的回采工艺，轻型适用于炮采工作面，中型主要用于普采工作面，重型主要用于综采工作面，也可用于采区上、下山和运输平巷运输。其中，向上运输时的最大倾角不大于25°，向下运输时最大倾角不大于20°；兼作采矿机行走轨道的刮板运输机，当工作面倾角超过10°时，应采取防滑措施。

刮板输送机的优点：

（1）结构强度高，运输能力大，可爆破装煤，运输能力不受载货的块度和湿度的影响；

（2）机身低矮，占空间小；

（3）机身可弯曲，便于推移；

（4）可以作为采煤机的运行轨道和推移液压支架的支点；

（5）推移输送机时，铲煤板可以自动清扫机道浮煤；

（6）挡煤板可以增加装煤断面积，防止煤跑到采空区，它后面的电缆槽架可装设供电、信号、通信、照明、冷却、喷雾等系统的管线，并起保护作用。

刮板输送机的缺点：

（1）工作阻力大，耗电量高；

（2）溜槽磨损严重，链条易被拉断；

（3）使用维护不当时易出现掉链、漂链、卡链、断链事故；

（4）运输效率低，运输中货载破碎性大；

（5）运动速度不均匀而引起动力载荷；

（6）质量较大。

常用的刮板输送机的型号系列包括：SGB 系列、SGD 系列。具体见表 5-1。

表 5-1　刮板输送机型号

名　称	型　号	额定功率/kW	输送量/t · h^{-1}	链速/m · s^{-1}	总质量/t
刮板输送机	SGB 420/22A	22	60	0.825	9.264
刮板输送机	SGB-620/40（SGW 40T）	40	150	0.86	17.6
刮板输送机	SGB-620/40（SGW 80T）	80	150	0.86	35.37
刮板输送机	SGB 630/150D	150	250	0.868	9.8
刮板输送机	SGB 630/220	2×110	450	1	109
刮板输送机	SGD 630/220	2×110	450	1	107

刮板输送机的型号：

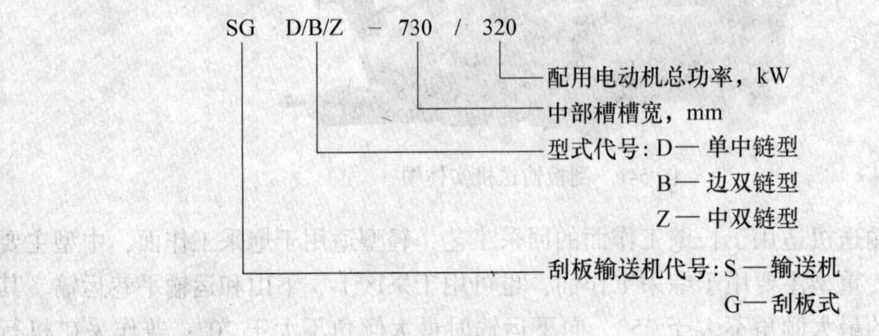

5.2　主要部件的结构和技术要求

刮板输送机由机头部、机尾部、中部槽及其附属部件、刮板链、紧链装置、推移装置和锚固装置组成。

机头部由机头架、链轮、减速器、盲轴、联轴器和电动机组成，是将电动机的动力传递给刮板链的装置。

机尾部分为有驱动装置和无驱动装置两种。有驱动装置的机尾部，因尾部不需卸载高度，除了尾部架与机头架有所不同外，其他部件与机头部相同；无驱动装置的机尾部，尾架上只有供刮板链改向用的尾部轴部件。

推移装置是在采煤工作面内将刮板输送机向煤壁推移的机械。综采工作面使用液压支架上的推移千斤顶，非综采矿用单体液压推溜器或手动液压推溜器。

锚固装置是刮板输送机在倾角较大的工作面工作有下滑可能时，用以固定、防滑之用。它由单体液压支架和锚固架组成，锚固架与机头架、机尾架连接，使用液压支架的泵站。

5.2.1　中部槽及附属部件

中部槽是刮板输送机的机身，由槽帮钢和中板焊接而成，如图 5-2 所示。上槽是装运物料的承载槽，下槽底部敞开供刮板链返程用。为减小刮板链返程的阻力，或在底板松软的条件下使用时防止槽体下陷，在槽帮钢下加焊底板构成封底槽。

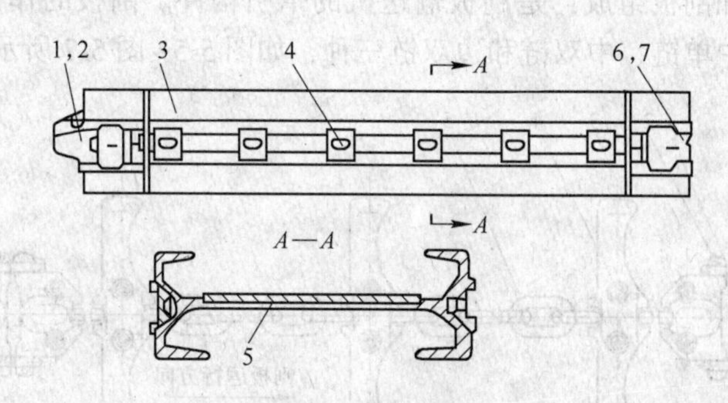

图 5-2　中部槽

1，2—高锰钢凸端头；3—槽帮钢；4—支座；5—中板；6，7—高锰钢凹端头

中部槽的形式列入标准的有中单链型、边双链型、中双链型三种，如图 5-3 所示。除了用于轻型刮板输送机的中单链型采用冷压槽帮钢外，其他都用热轧槽帮钢制成。

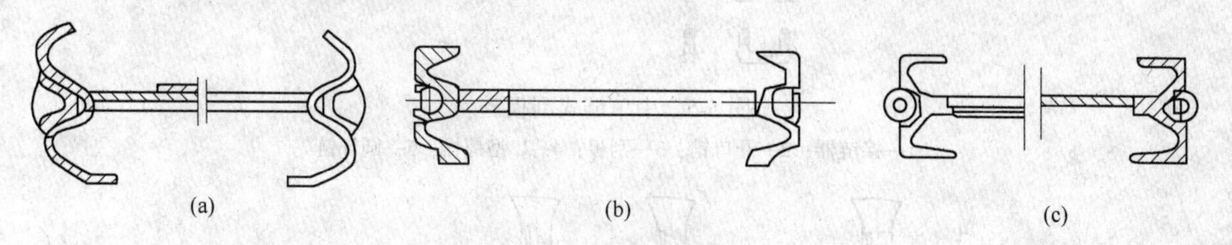

图 5-3　标准中部槽的断面

（a）中单链型压制中部槽；（b）中单链、中双链轧制中部槽；（c）边双链型轧制中部槽

中部槽除了标准长度以外，为适应采煤工作面长度变化的需要，设有 500mm 和 1000mm 长的调节槽。

机头过渡槽和尾部过渡槽是与机头架和尾部架连接的特殊槽，它的一端与中部槽连接，另一端与机头架或尾部架连接。为了使从下槽脱出的刮板链在运行中回到槽内，可在尾部过渡槽的下翼缘装设上链器。

中部槽的槽帮钢已有定型标准，规定的形式有 D 型、E 型和 M 型三种，其断面形状如图 5-4 所示。D 型为中单链刮板输送机用热轧槽帮钢，E 型为中单链和中双链用、边双链也可使用的热轧槽帮钢，M 型为边双链用的热轧槽帮钢。E 型与 M 型相比不仅中板宽度减小从而增大了刚度，而且还增强了中板与槽帮钢的焊缝强度，便于焊接。

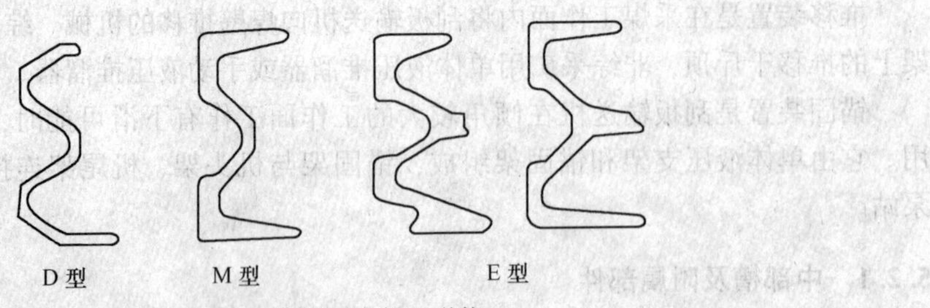

图5-4 槽帮钢的断面形状

5.2.2 刮板链

刮板链由链条和刮板组成，是刮板输送机的牵引构件。刮板的作用是刮推槽内的物料。目前使用的有中单链、中双链和边双链三种，如图5-5~图5-7所示。

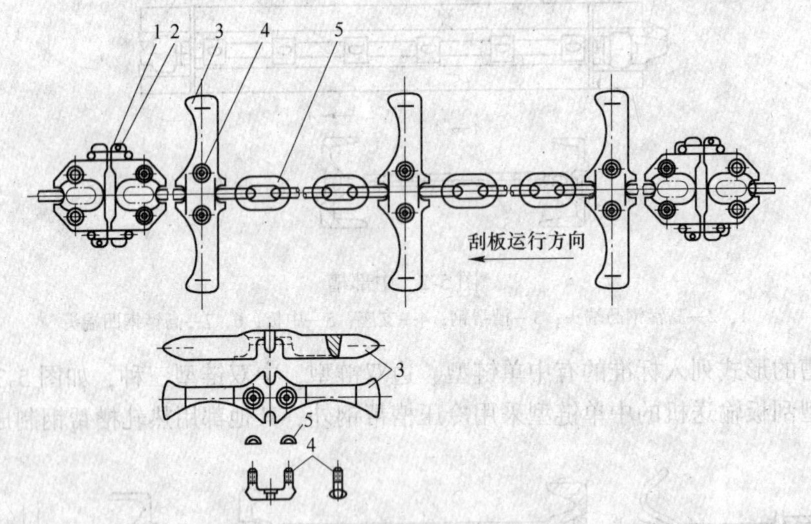

图5-5 中单链式刮板链

1—接链器；2—开口销；3—刮板；4—U型螺栓；5—圆环链

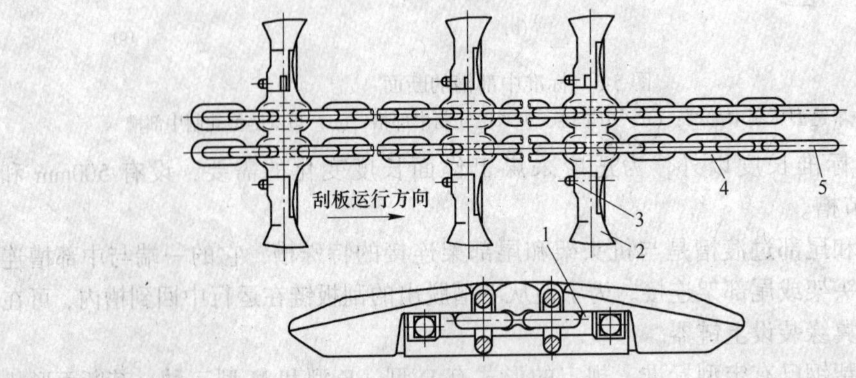

图5-6 中双链式刮板链

1—卡链横梁；2—刮板；3—螺栓；4—圆环链；5—接链环

目前使用的三种刮板链可作如下比较：边双链的拉煤能力强，特别适于拉大块较多的硬煤，但边双链两条链受力不均，特别是中部槽在弯曲状态下运行时更为严重；中单链用

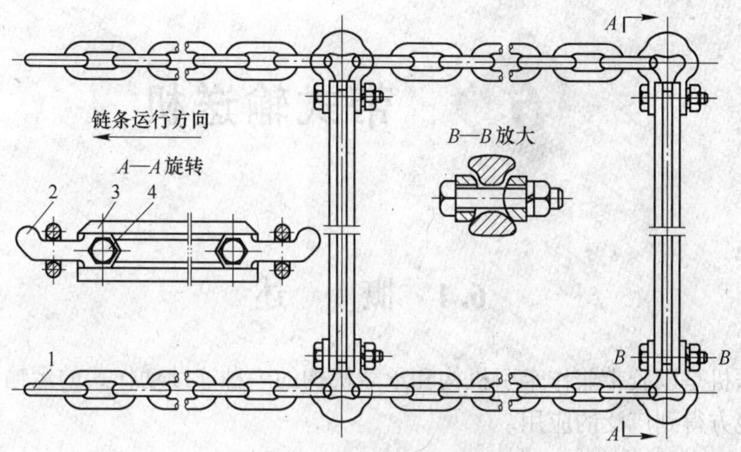

图 5-7 边双链式刮板链
1—圆环链；2—连接环；3—刮板；4—螺栓

大直径圆环链，强度很高且没有受力不均问题，断链事故少，刮板遇到刮卡阻塞时可偏斜通过，刮板变形时不会导致过链轮时跳链，中单链的缺点是因链环尺寸大，所用链轮直径增大，机头、机尾的高度相应增加，拉煤能力不如边双链，特别是对大块较多的硬煤；中双链能较好地克服边双链受力不均的缺点，显示出它的优越性。

5.2.3 紧链装置

刮板链安装时，要给予一定的预紧力，使它运行时在张力最小点不会发生链条松弛或堆积。给刮板链施加张紧力的装置叫紧链装置。目前应用的方式有三种：一种是将刮板链一端固定在机头架上，另一端绕经机头链轮，用机头部的电动机使链轮反转，将链条拉紧，如图 5-8 所示，电动机停止反转时，立即用一种制动装置将链轮刹住，防止链条回松；另一种方式与第一种基本相同，只是不用电动机反转紧链，而用专设的液压马达紧链；第三种方式是采用专用的液压缸紧链。

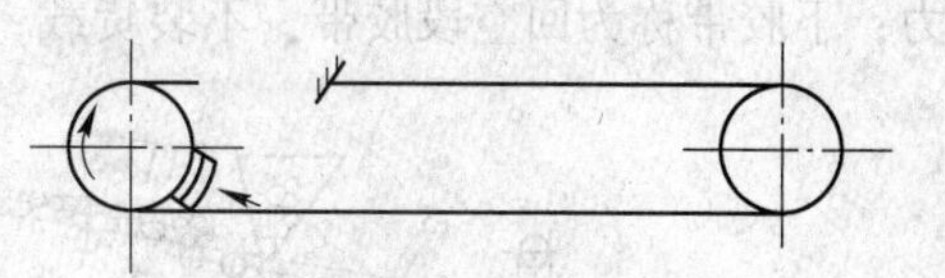

图 5-8 链轮反转紧链示意图

6 带式输送机

6.1 概　　述

带式输送机是以胶带兼作牵引机构和承载机构的一种连续动作式的运输设备。在煤矿和其他许多地方得到广泛的应用。

6.1.1 带式输送机的工作原理

如图 6-1 所示，胶带 1 绕经主动滚筒（传动滚筒）2 和机尾换向滚筒 3 形成一个无级环形带。上、下两胶带都支撑在托辊 4 上，托辊装在机架 6 上。拉紧装置 5 给胶带正常运转所需的张紧力。工作时，电动机传递转矩给主动滚筒，主动滚筒通过与胶带间的摩擦力带动胶带及货载一同运行，当胶带绕经端部卸载滚筒时卸载。利用专门的卸载装置也可在中部任意位置卸载。

胶带输送机的上胶带称为重段胶带，由槽形托辊支撑，以增大货载断面，提高输送能力；下胶带称为回空段胶带，不装货载，用平行托辊支撑。

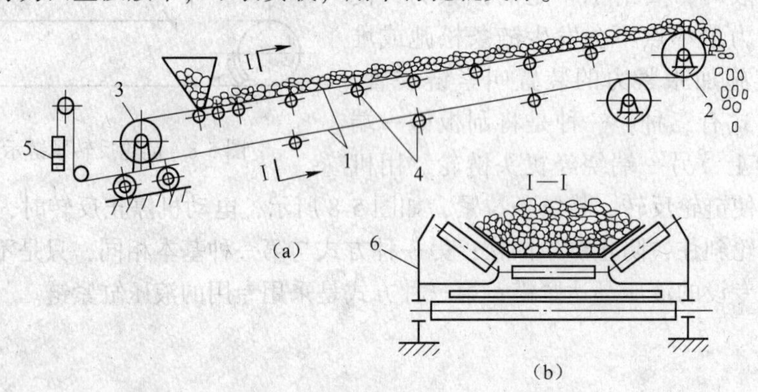

图 6-1　带式输送机工作原理图

1—胶带；2—主动滚筒；3—机尾换向滚筒；4—托辊；5—拉紧装置；6—机架

6.1.2 带式输送机的适用条件

6.1.2.1　适用倾角

带式输送机可用于水平及倾斜运输。倾斜向上运输时，运送原煤时，允许倾角不大于 20°，运送块煤时，倾角不大于 18°；向下运输时，倾角不大于 15°。若运送附着性和黏结性大的物料时，倾角还可大一些。

6.1.2.2　适用地点

(1) 采区顺槽多采用可伸缩胶带输送机。

（2）采区上、下山及主要运输平巷采用绳架吊挂式或落地可拆式带式输送机。

（3）平硐和主斜井采用固定式钢绳芯式胶带输送机或钢丝绳牵引式胶带输送机。

（4）地面选煤厂采用普通型固定式胶带输送机。

6.1.3　带式输送机的特点

（1）优点。带式输送机运输能力大，工作阻力小，耗电量低，约为刮板输送机耗电量的1/5~1/3；货载与胶带一起移动，磨损小，货载破碎性小，工作噪声低；结构简单，铺设长度大，减少转载次数，节省人员和设备。

（2）缺点。胶带成本高，初期投资大；强度低，易损坏，不能承受较大的冲击与摩擦；机身高，需专门的装载设备；不能用于弯曲巷道。

6.1.4　带式输送机的分类

带式输送机可分为：普通型胶带输送机、绳架吊挂式胶带输送机、可伸缩胶带输送机、钢丝绳牵引式胶带输送机。

6.1.4.1　普通型胶带输送机

机架固定在底板或基础上，适用于运输距离不长的永久使用地点。这种输送机由于拆装不便而不能满足机械化采煤工作面推进速度快的采区运输的需要。

6.1.4.2　绳架吊挂式胶带输送机

用于采区顺槽、集中平巷和采区上、下山运输。吊挂式胶带输送机结构如图6-2所示，结构特点：

（1）机身结构为绳架式。由两根平行钢丝绳代替刚性机架。结构简单，节省钢材，可利用废旧钢丝绳，节约设备投资，安装、拆卸、调整均很方便。

（2）机架是用中间吊架吊挂在巷道顶梁上，机身高度可调节。适应底板起伏不平，便于清扫巷道。

（3）间隔60m安装一个紧绳托架，以张紧机架钢丝绳。

图6-2　吊挂式胶带输送机

6.1.4.3　可伸缩胶带输送机

可伸缩胶带输送机是机械化采煤工作面顺槽中的主要运煤设备，也可用于掘进工作面的运输，结构如图6-3所示。特点：随工作面推进可灵活伸缩，具有储带、收放胶带功能；中间机身采用螺栓管架结构，拆卸方便。

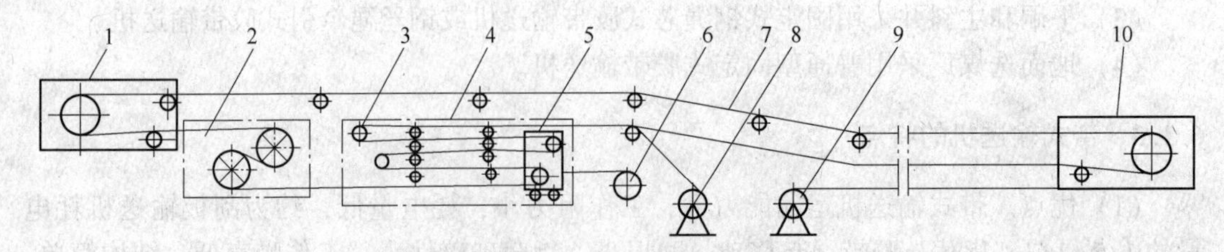

图6-3 可伸缩胶带输送机

1—卸载端；2—传动装置；3—固定滚筒；4—储带装置；5—活动小车及活动滚筒；6—拉紧装置；7—胶带；8—胶带收放装置；9—机尾牵引装置；10—机尾

回空段胶带在储带装置内经活动滚筒5和固定滚筒3往返4次，实现胶带机的伸缩储带。储带长度100m，故活动滚筒与固定滚筒之间最大间距为25m。当储带装置储满时，利用胶带收放装置8可将胶带成卷取出或送入。有的储带装置只有一个固定滚筒和一个活动滚筒，回空段胶带可折返两次，储带长度约为一卷带长的1/2。

6.1.4.4 钢丝绳牵引带式输送机

钢丝绳牵引带式输送机是一种强力带式输送机。这种输送机的特点是以钢丝绳作为牵引机构，胶带只起承载作用，不承受牵引力。钢丝绳牵引带式输送机如图6-4所示。胶带18自由落地搭在两根并行钢丝绳上，通过两端换向滚筒形成环形系统。而钢丝绳4经过摩擦绳轮2及张紧绳轮14或钢丝绳张紧车15形成另一个环形系统，钢丝绳4由中间拖绳轮组9来支承。传动轮由电动机带动，借助于传动轮与钢丝绳间的摩擦力带动钢丝绳，通过钢丝绳与胶带间的摩擦力带动胶带，从而将胶带上的货载从一端连续地输送到另一端。

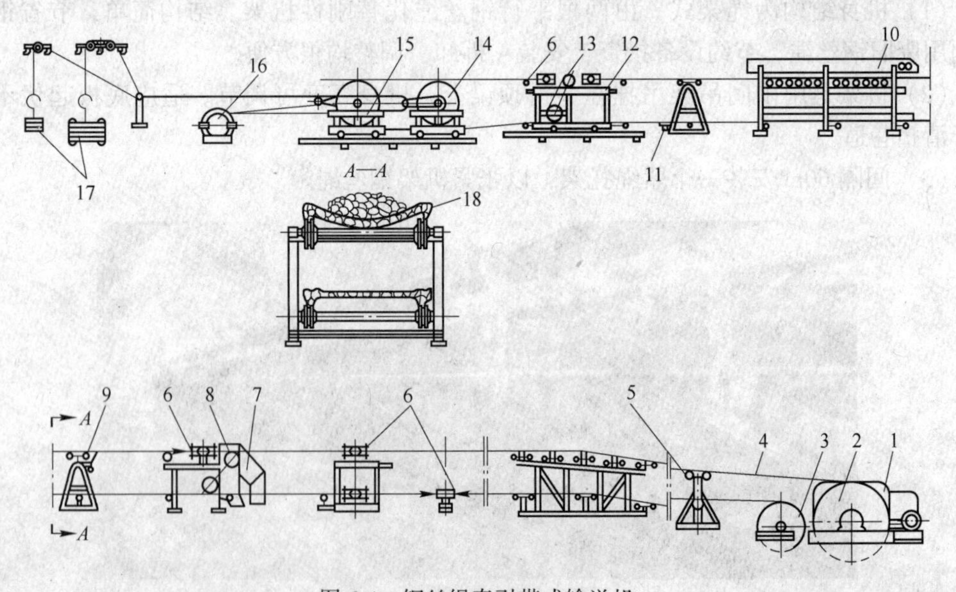

图6-4 钢丝绳牵引带式输送机

1—钢丝绳驱动装置；2—摩擦绳轮；3—导向绳轮；4—牵引钢丝绳；5—转向绳轮组；6—分绳轮；7—卸载斗；8—卸载滚筒；9—中间拖绳轮组；10—装载装置；11—机械保护装置；12—胶带张紧车；13—胶带张紧滚筒；14—钢丝绳张紧绳轮；15—钢丝绳张紧车；16—拉紧绞车；17—胶带和钢丝绳张紧重锤；18—胶带

主要用于平硐、主斜井、大型矿井的主要运输巷道及地面，作为长距离、大运量的运煤设备。特点：靠钢丝绳牵引运行，带体只承载物料，不承受拉伸力，带体刚度大，不伸长，抗冲击，耐磨损，适用于长距离、高载量条件下输送物料。主要可用于煤炭、矿山等领域输送物料。

钢丝绳牵引带式输送机与普通带式输送机相比较，其优点是：

（1）输送距离长，输送能力大。由于胶带只做承载机构，不做牵引机构，胶带所受张力较小，因此输送距离长。国内输送机输送距离已达2.6 km，输送能力已达1000t/h。

（2）功率消耗少。因牵引钢丝绳支承在托绳轮上，故其运行阻力较小，所以降低了电动机功率消耗。

（3）运行平稳。因胶带本身有横向钢条，故刚性好，在胶带下面又有钢丝绳支撑，胶带运行平稳物料撒落情况减少。

（4）由于单机长度大，转载次数少，操作简单，故便于实现自动化。

但是，由于该种设备基建投资大，钢丝绳及托绳轮衬垫寿命低，维护量大，运转维护费用高。因此，此种输送机一直未大批生产。

6.2　带式输送机的结构组成

带式输送机有多种类型，以适应在不同条件下使用的需要。但其基本组成部分相同，只是具体结构有所区别。图6-5所示为带式输送机的结构。带式输送机的基本组成部分有输送带、托辊、驱动装置（包括传动滚筒）、机架、拉紧装置和清扫装置。

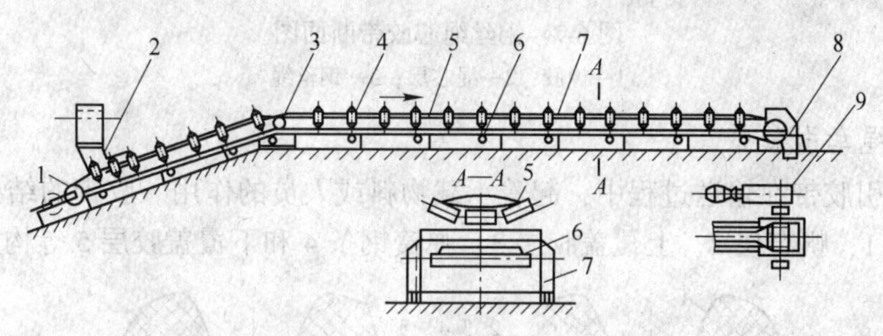

图6-5　带式输送机的结构

1—拉紧装置；2—装载装置；3—改向滚筒；4—上托辊；5—输送带；6—下托辊；7—机架；8—清扫装置；9—驱动装置

6.2.1　输送带

输送带由能承受拉力并具有一定宽度的柔性带芯、上下覆盖层及边缘保护层构成。我国目前生产的输送带有以下几种。

A　橡胶输送带

橡胶输送带简称胶带，它是由若干层帆布组成带芯，层与层之间用橡胶粘在一起，并在外面覆以橡胶保护层。上面覆的橡胶称为上保护层，也是承载面，厚度为3~6mm；下面覆的橡胶称为下保护层，厚度为1.5mm。带芯的帆布可以是棉、维尼龙、尼龙等纤维纺织品，也可以是由混纺织品组成的。尼龙帆布强度较大，由其制成的胶带属于高强度带。普通橡胶带结构如图 6-6 所示。

B　塑料输送带

塑料输送带使用维尼龙和棉混纺织物编织成整体平带芯，外面覆以聚氯乙烯塑料，整芯塑料输送带生产工艺简单、生产率高、成本低、质量好。这种输送带具有耐油、耐酸、耐腐蚀等优点，大多用于温度变化不大的场所，如化工及矿山等工业部门。

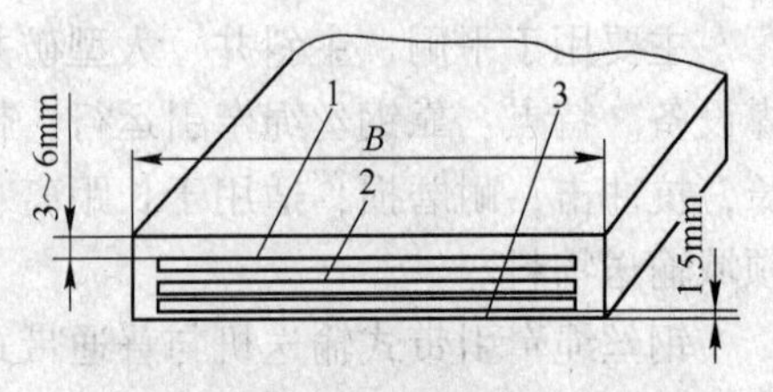

图 6-6　普通橡胶带结构图

1—上保护层；2—帆布层；3—下保护层

C　钢丝绳芯胶带

钢丝绳芯胶带是一种高强度的输送带，其主要特点是使用钢丝绳代替帆布层。钢丝绳芯胶带可分为无布层和有布层两种类型。我国目前生产的均为无布层的钢丝绳芯胶带。这种胶带所用的钢丝绳是由高强度的钢丝顺绕制成的，中间有软钢芯，钢芯强度已达到 60000N/cm，其结构如图 6-7 所示。

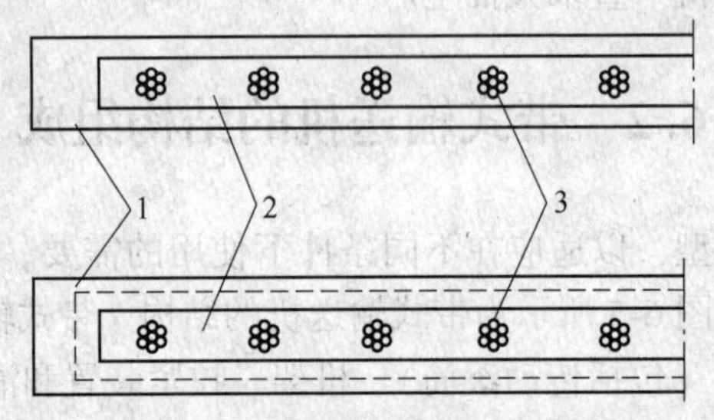

图 6-7　钢丝绳芯胶带断面图

1—橡胶；2—绳芯层；3—钢丝绳

D　钢丝绳牵引胶带

钢丝绳牵引胶带在输送过程中，起着承载物料或人员的作用。胶带的结构如图 6-8 所示，它由耳槽 1、帆布层 2、上覆盖胶层 3、弹簧钢条 4 和下覆盖胶层 5 等构成。

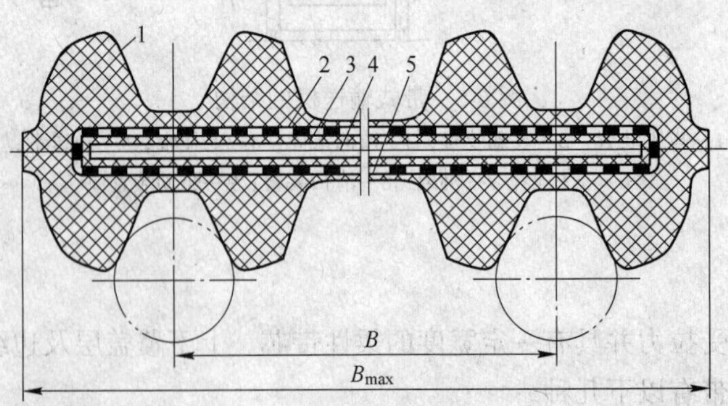

图 6-8　钢丝绳牵引胶带的结构

1—耳槽；2—帆布层；3—上覆盖胶层；4—弹簧钢条；5—下覆盖层

E　输送带的连接

输送带限于运输的条件，出厂时一般制成 100m 的带段，使用时，需要将若干条带段连接在一起。输送带的连接方式有机械法、硫化法和冷粘法三种。

机械法连接接头有铰接合页、铆钉夹板和钩状卡三种，如图6-9所示。用机械法连接时，输送带接头处的强度被削弱的情况很严重，一般只能相当于原来强度的30%~40%，且使用寿命短。但在便拆装式的带式输送机上还只能采用这种连接方式。

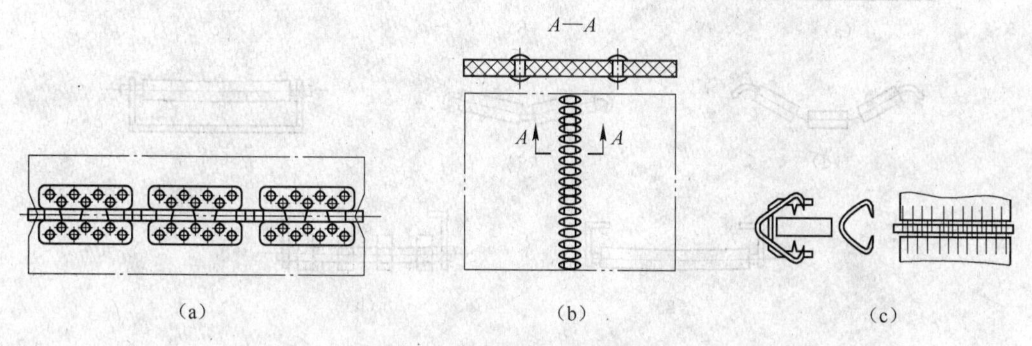

图6-9　机械方式连接接头

(a) 铰接合页接头；(b) 铆钉夹板接头；(c) 钩状卡接头

硫化法是利用橡胶与芯体的黏结力，把两个端头的带芯粘连在一起。其原理是将连接用的胶料置于连接部位，在一定的压力、温度和时间作用下，使缺少弹性和强度的生胶变成具有高弹性、高黏结强度的熟胶，从而使得两条输送带的芯体连在一起。硫化法的优点是接头强度高，接口平整。硫化法连接的接头静强度可达输送带本身强度的85% ~90%。

冷粘法即采用冷粘黏合剂来进行接头。这种接头办法比机械接头的效率高，也比较经济，有比较好的接头效果。

6.2.2　托辊

托辊是承托输送带，使输送带的垂度不超过限定值以减少运行阻力，保证带式输送机平稳运行的部件。托辊按用途不同，分为承载托辊、调心托辊和缓冲托辊三种。

A　承载托辊

承载装运物料和支承返回的输送带用，有槽形托辊、平形托辊、V形托辊三种。槽形托辊多由三个等长托辊组成，两个侧辊的斜角称为槽角，一般为35°，需要时，可设计成更大的槽角，如五托辊组。平形托辊是一个长托辊，主要用做下托辊，支承下部空载段输送带，在装载量不大的输送机上部承载段有时也使用平形托辊，如选煤厂的手选输送带。V形和倒V形托辊主要用于支承下部空载段输送带，在下部空载段采用V形和倒V形托辊能扼制输送带跑偏。图6-10所示是各种承载托辊的结构形式。

B　调心托辊

调心托辊是将槽形或平形托辊安装在可转动的支架上构成，如图6-11所示。

斜置托辊对输送带的这种横向反推作用也能用于不转动的托辊架。如发现输送带由于某种原因在某一位置上跑偏比较严重时，可将该处的若干组托辊斜置一适当的角度，就能纠正过来。

防止输送带跑偏的另一简单方法是将槽形托辊中两侧辊的外侧向前倾斜2°~3°。

C　缓冲托辊

缓冲托辊是安装在输送机受料处的特殊承载托辊，用于降低输送带所受的冲击力，从

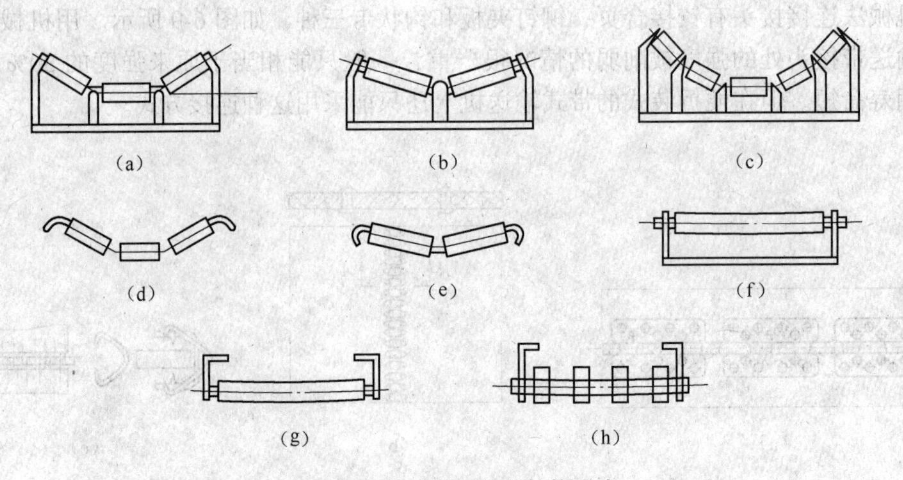

图 6-10　各种承载托辊的结构形式

(a) 三辊式槽形辊；(b) 二辊式槽形辊；(c) 五辊式槽形辊；(d)，(e) 串挂式托辊；(f) 上平托辊；(g)，(h) 下平托辊

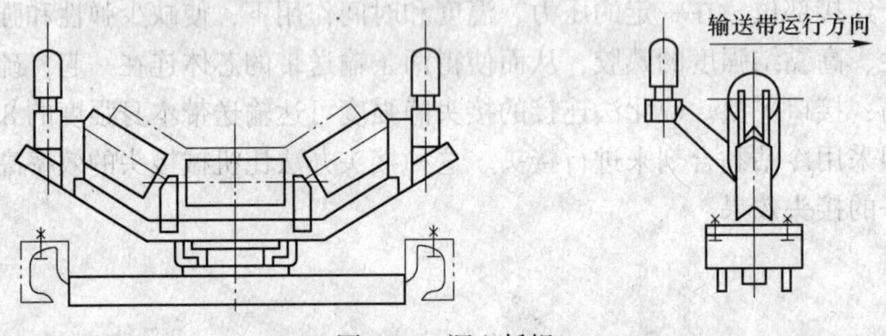

图 6-11　调心托辊

而保护输送带。它的结构有多种形式，如橡胶圈式、弹簧板支承式、弹簧支承式或复合式，图 6-12 所示为其中两种形式。

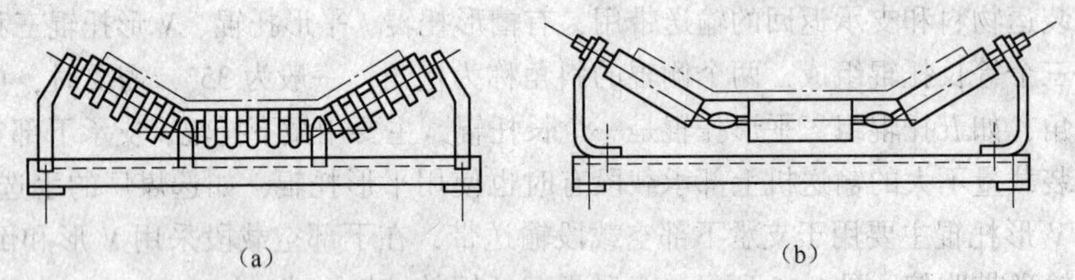

图 6-12　缓冲托辊

(a) 橡胶圈式；(b) 弹簧板支承式

托辊间距的布置应保证输送带有合理的垂度，一般输送带在托辊间产生的垂度应小于托辊间距的 25%。上托辊间距为 1~1.5m，下托辊间距一般为 2~3m，或取上托辊间距的 2 倍。在装载处的托辊间距需要小一些，一般为 300~600mm，而且必须选用缓冲托辊。

6.2.3　其他组件

6.2.3.1　驱动装置

带式输送机的驱动装置由电动机、联轴器、减速器和传动滚筒组及控制装置组成。其中传动滚筒是依靠它与输送带之间的摩擦力带动输送带运行的部件，分钢制光面滚筒、包胶滚筒和陶瓷滚筒等。钢制光面滚筒制造简单，缺点是表面摩擦因数小，一般用在短距离输送机中。包胶滚筒和陶瓷滚筒的主要优点是表面摩擦因数大，适用于长距离大型带式输送机中。

驱动装置的布置按电动机数目分为单电机驱动和多电机驱动；按传动滚筒的数目分为单滚筒驱动和多滚筒驱动。

6.2.3.2 机架

机架是用于支承滚筒及承受输送带张力的装置，它包括机头架、机尾架和中间架等。各种类型的机架结构不同。井下用便拆装式带式输送机中，机头架、机尾架做成结构紧凑、便于移置的构件；中间架则是便于拆装的结构，有钢丝绳机架、无螺栓连接的型钢机架两种。钢丝绳机架如图 6-13 所示。

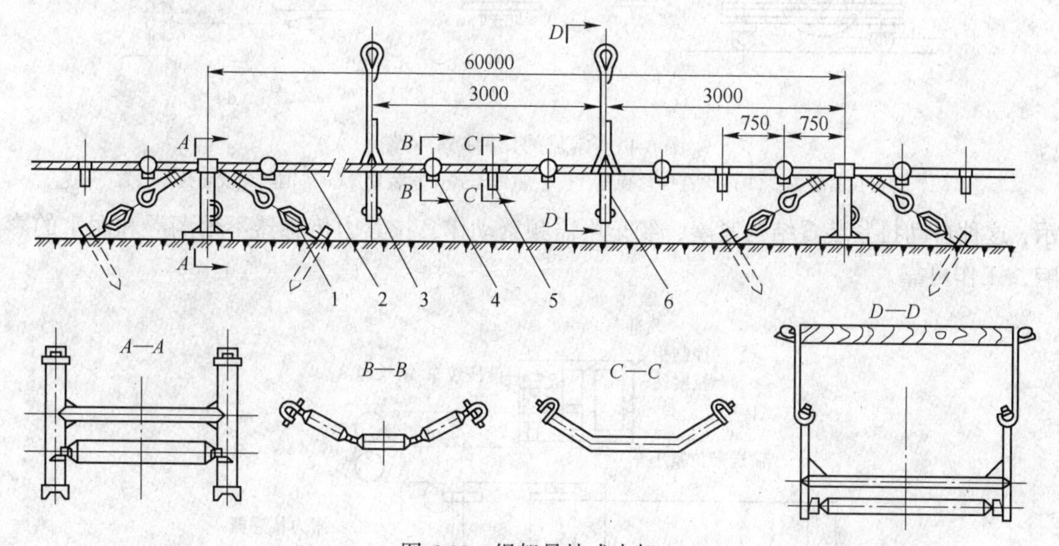

图 6-13 绳架吊挂式支架

1—紧绳装置；2—钢丝绳；3—下托辊；4—铰接式上托辊；5—分绳架；6—中间吊架

6.2.3.3 拉紧装置

拉紧装置的作用在于使输送带具有足够的张力，保证输送带和传动滚筒之间产生摩擦力使输送带不打滑，并限制输送带在各托辊间的垂度，使输送带正常运行。常见的几种拉紧装置如图 6-14 所示。

（1）螺旋拉紧装置。螺旋拉紧装置如图 6-14（a）所示，拉紧滚筒的轴承座安装在活动架上，活动架可在导轨上滑动。螺杆旋转时，活动架上的螺母跟活动架一起前进和后退，实现张紧和放松的目的。这种拉紧装置只适用于机长小于 80m 的短距离输送机。

（2）垂直式和重锤车式拉紧装置。垂直式和重锤车式拉紧装置都是利用重锤自动拉紧，其结构原理如图 6-14（b）和（c）所示。这两种拉紧装置拉力恒定，适用于固定式长距离输送机。

（3）钢丝绳绞车式拉紧装置。这种拉紧装置是利用小型绞车拉紧，其结构原理如图 6-14（d）所示。因其体积小、拉力大，所以广泛应用于井下带式输送机。

（4）YZL 系列液压绞车自动拉紧装置。YZL 系列液压绞车自动拉紧装置如图 6-15 所

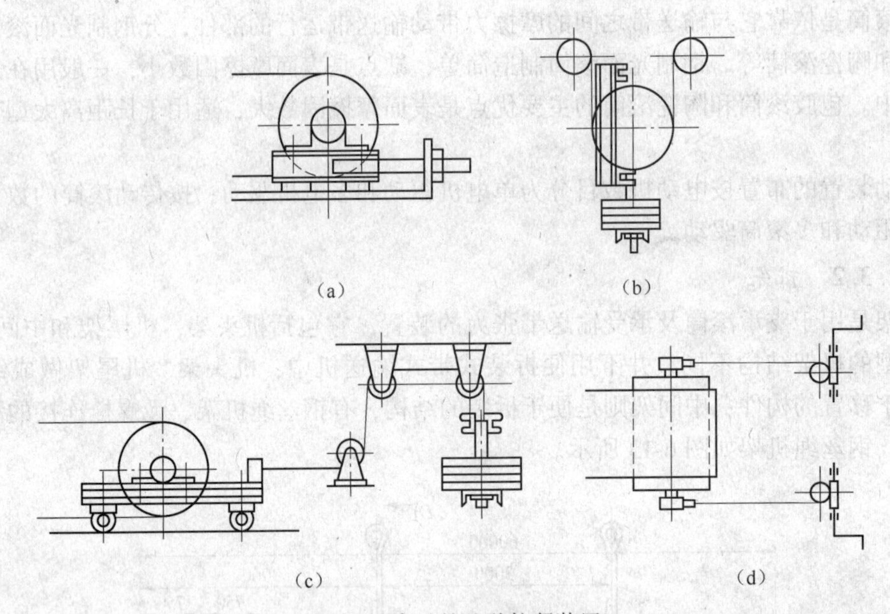

(a)　(b)

(c)　(d)

图6-14　常见的几种拉紧装置

(a) 螺旋拉紧装置；(b) 垂直拉紧装置；(c) 重锤车式拉紧装置；(d) 钢丝绳绞车拉紧装置

示，这种自动拉紧装置结构紧凑，绞车不需频繁动作，拉紧力传感器不怕潮湿和泥水的影响，工作可靠。

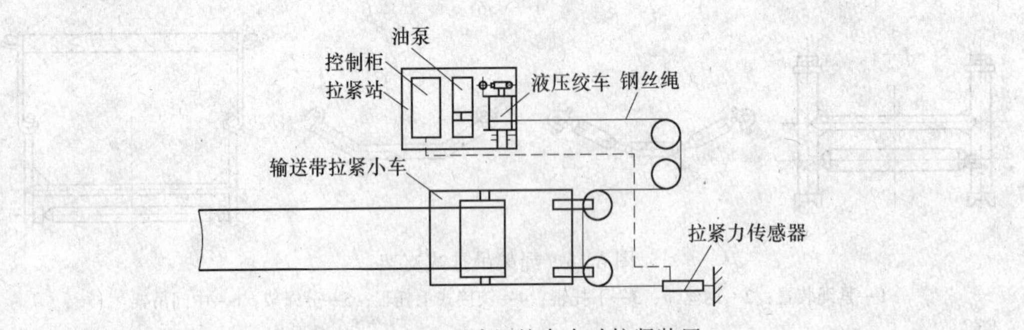

图6-15　YZL型液压绞车自动拉紧装置

6.2.3.4　制动装置

带式输送机用的制动装置有逆止器和制动器。逆止器是供向上运输的输送机停车后限制输送带倒退用；制动器是供向下运输的输送机停车用，水平运输若需要准确停车或紧急制动，也应装设制动器。

A　逆止器

逆止器有多种，最简单的是塞带逆止器，如图6-16（a）所示。输送带向上正向运行时，制动带不起制动作用。输送带倒行时，制动带靠摩擦力被塞入输送带与滚筒之间，因制动带的另一端固定在机架上，依靠制动带与输送带之间的摩擦力制止输送带倒行。塞带逆止器的优点是结构简单，容易制造，缺点是必须倒转一段距离才能制动，而输送带倒行将使装载点堆积洒料。由于塞带制动器的制动力有限，故只适用于倾角和功率不大的带式输送机。

滚柱逆止器如图 6-16（b）所示。星轮装在双端输出减速器的外端，与输送带滚筒同向旋转。向上运输时，星轮切口内的滚柱位于切口的宽侧，不妨碍星轮在固定圈内转动；停车后，输送带倒转时，星轮反向转动，滚柱挤入切口的窄侧，滚柱越挤越紧，将星轮楔住。滚筒被制动后不能旋转。这种逆止器的空行程小，动作可靠。

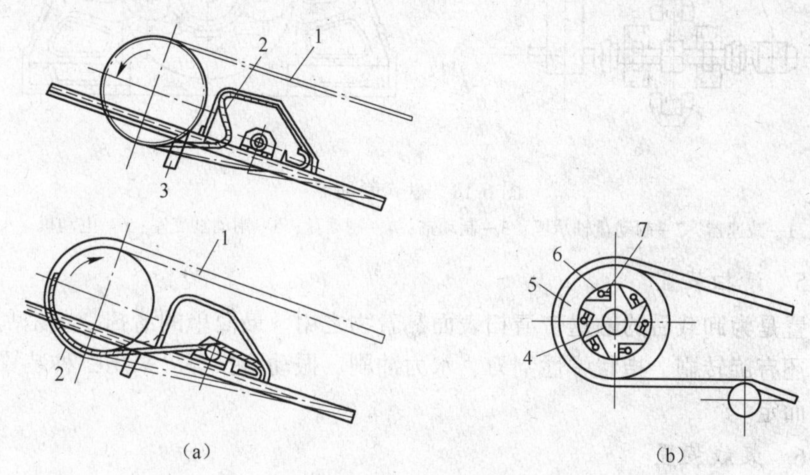

图 6-16 逆止器

（a）塞带逆止器；（b）滚柱逆止器

1—输送带；2—制动带；3—固定挡块；4—星轮；5—固定圈；6—滚子；7—弹簧

多驱动的带式输送机采用几个逆止器时，若不能保证各逆止器均匀分担逆止力矩，则每个逆止器都必须按能单独承担输送机的全部逆止力矩选定。

B 制动器

制动器有闸瓦制动器和盘式制动器两种。闸瓦制动器通常采用电动液压推杆制动器，如图 6-17 所示。图 6-18 所示是安装在电动机与减速器之间的一套制动装置，称为盘式制动器。

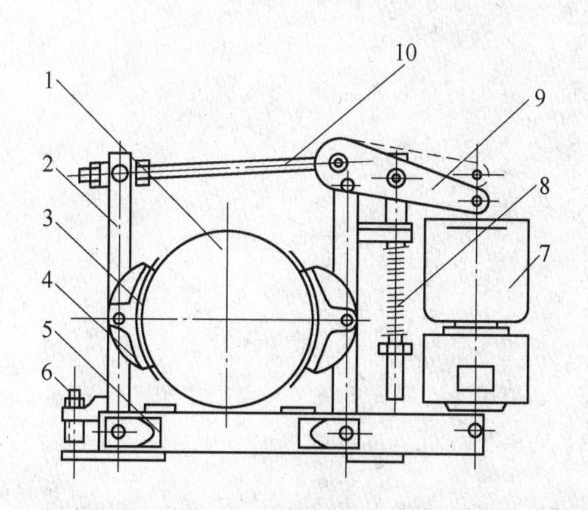

图 6-17 电动液压推杆制动器

1—制动轮；2—制动臂；3—制动瓦衬垫；4—制动瓦块；5—底座；6—调整螺钉；

7—电液驱动器；8—制动弹簧；9—制动杠杆；10—推杆

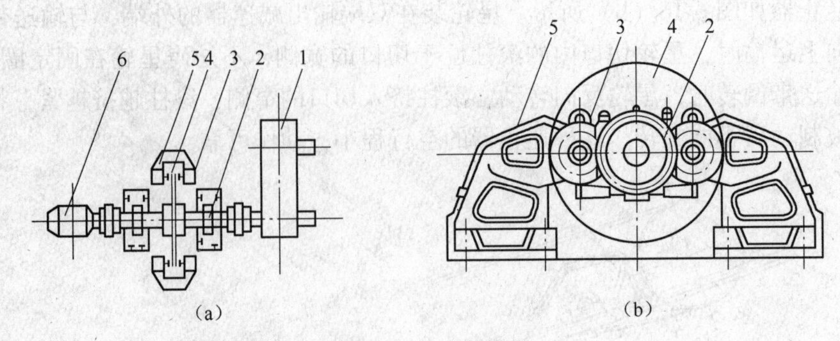

图 6-18　盘式制动器

1—减速器；2—制动盘轴承座；3—制动缸；4—制动盘；5—制动缸支座；6—电动机

6.2.3.5　清扫装置

清扫装置是为卸载后的输送带清扫表面黏着物之用。最简单的清扫装置是刮板式清扫器，此外，还有旋转刷、指状弹性刮刀、水力冲刷、振动清扫等。采用哪种装置，视所运物料的黏性而定。

6.2.3.6　装载装置

装载装置由漏斗和挡板组成。对装载装置的要求：当物料装在输送带的正中位置时，应使物料落下时能有一个与输送方向相同的初速度；当运送物料中有大块时，应使碎料先落入输送带垫底，大块物料后落入输送带，以减轻对输送带的损伤。

7 窄轨运输

7.1 牵引电机车

窄轨铁路运输是地下矿山水平巷道的主要运输方式。用于地下矿山运输的窄轨电机车亦简称为地下电机车。电机车是我国金属地下矿的主要运输设备，通常牵引矿车组在水平或坡度小于 30‰～50‰ 的线路上做长距离运输，有时也用于短距离运输或做调车用。电机车按电源形式不同分为两类（见图 7-1）：即从架空线取得电能的架线式电机车与从蓄电池取得电能的蓄电池式电机车。二者比较，架线式电机车结构简单、操纵方便、效率高、生产费用低，在金属矿获得广泛应用。蓄电池式电机车通常只在有瓦斯或矿尘爆炸危险的矿井中使用。

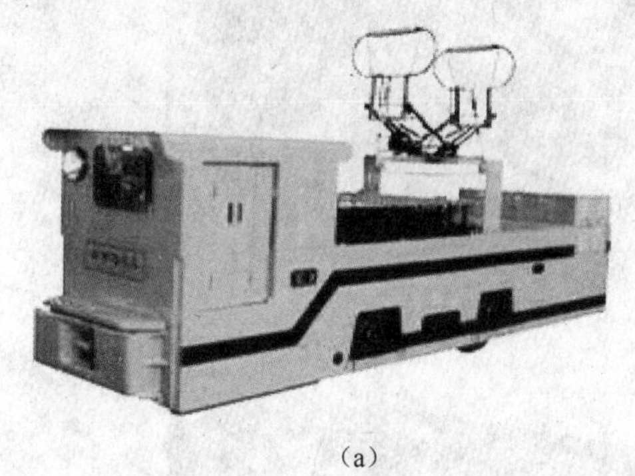

（a）

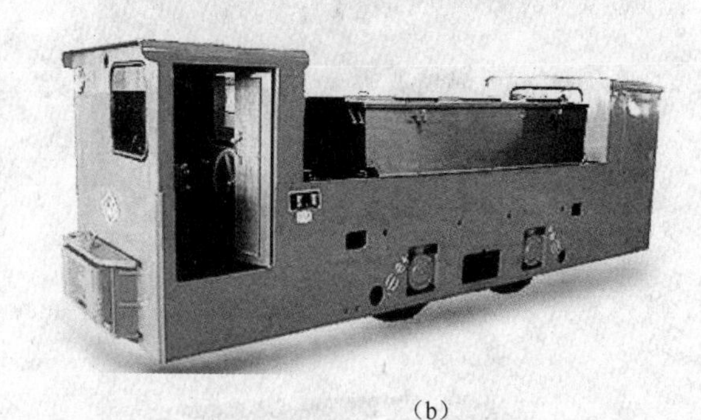

（b）

图 7-1　电机车外形

（a）架线式；（b）蓄电池式

架线式电机车按电源性质不同，分为直流电机车和交流电机车两种。目前国内普遍使用直流电机车。交流电机车因供电简易，耗电较少，价格和经营费用较低，受到国内外重视。

7.2 矿　　车

为了适应矿山工作的需要，矿用车辆种类很多，有运货车辆、运人车辆和矿山专用车辆。

运货车辆：运货车辆有运送矿石和废石的矿车，运送材料和设备的材料车、平板车等。

运人车辆：运人车辆有平巷人车和斜巷人车。

专用车辆：专用车辆有炸药车、水车、消防车、卫生车等。

矿用车辆中，数量最多的是运送矿石和废石的矿车。

7.2.1　矿车的结构

矿车由车厢、车架、轮轴、缓冲器和连接器组成。

车厢用钢板焊接而成，为了增加刚度，顶部有钢质包边，有时四周还用钢条加固。车架用型钢制成，其前后端装有缓冲器，下部焊有轴座。缓冲器的作用是承受车辆相互的碰撞力，并保证摘挂钩工作的安全。缓冲器有弹性和刚性两种：弹性缓冲器借助碰头推压弹簧起缓冲作用，通常用于大容积矿车；刚性缓冲器则用型钢或铸钢制成，刚性连接在车架上。连接器装在缓冲器上，其作用是把单个矿车连接成车组，并传递牵引力。

7.2.2　矿车的类型

矿车按车厢结构和卸载方式不同，一般分为固定车厢式、翻转车厢式、曲轨侧卸式及底卸式等主要类型，如图7-2所示。各类矿车除车厢结构不同外，其他部分大体相似。

(a)　(b)　(c)　(d)

图7-2　矿车实物图

(a) 固定式；(b) 翻转式；(c) 侧卸式；(d) 底卸式

7.3　轨　道

7.3.1　矿井轨道的结构

矿井轨道由下部结构和上部结构组成，如图7-3所示。

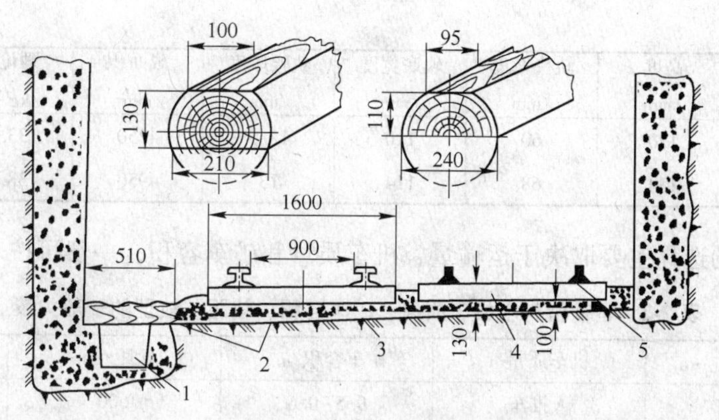

图 7-3　矿井轨道的结构

1—水沟；2—巷道底板；3—道碴；4—轨枕；5—钢轨

下部结构是巷道底板，由线路的空间位置确定。轨道线路应力求铺成直线或具有较大的曲线半径，纵向力求平坦，平巷沿重力方向有 3‰的下向坡度，横向在排水沟方向稍有倾斜。

线路上部结构包括道碴、轨枕、钢轨及接轨零件。

道碴层由直径 20~40mm 的坚硬碎石构成，其作用是将轨枕传来的压力均匀传递到下部结构上，不仅可以防止轨枕纵横向移动，缓和车轮对钢轨的冲击作用，还可以调节轨面高度。

轨枕的作用是固定钢轨，使之保持规定的轨距，并将钢轨的压力均匀传递给道碴层。矿用轨枕通常用木材和钢筋混凝土制作。木轨枕有良好弹性、重量轻、铺设方便，但寿命短，维修工作量大。钢筋混凝土轨枕与之相反。在矿山推广使用钢筋混凝土轨枕，是节约木材的重要措施之一。钢筋混凝土轨枕如图 7-4 所示，制造时在穿过螺栓处留有椭圆孔，安装时钢轨用螺栓通过压板压紧在轨枕上，为了有一定弹性，可在钢轨与轨枕间垫入胶垫。

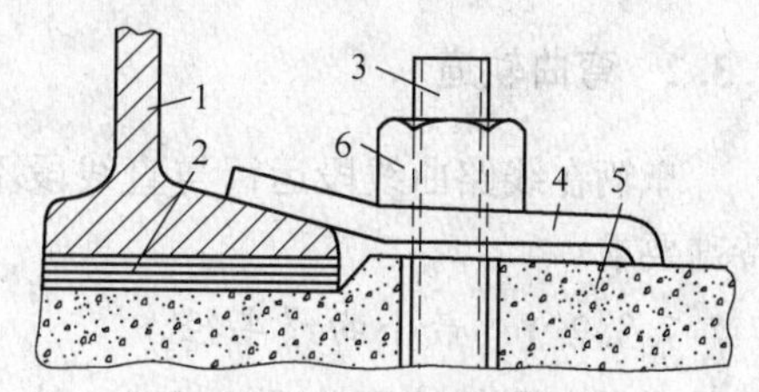

图 7-4　钢筋混凝土轨枕

1—钢轨；2—胶垫；3—螺栓；4—弹性压板；5—混凝土轨枕；6—螺帽

钢轨是上部结构最重要的部分，其作用是形成平滑坚固的轨道，引导车辆运行方向，并把车辆给予的载荷均匀传递给轨枕。钢轨断面呈工字形，钢轨的型号用每米长度的质量（kg/m）表示，其技术性能列于表 7-1 中。

表 7-1　钢轨的技术性能

钢轨型号		高度 /mm	轨头宽度 /mm	轨底宽度 /mm	轨腰厚度 /mm	截面积 /mm²	理论质量 /kg · m⁻¹	长度 /m
轻型	8	65	25	54	7	1076	8. 42	5~10
	11	80. 5	32	66	7	1431	11. 2	6~10
	15	91	37	76	7	1880	14. 72	6~12
	18	98	40	80	10	2307	18. 06	7~12
	24	107	51	92	10. 9	3124	24. 46	7~12

续表 7-1

钢轨型号		高度/mm	轨头宽度/mm	轨底宽度/mm	轨腰厚度/mm	截面积/mm^2	理论质量/$kg \cdot m^{-1}$	长度/m
重型	33	120	60	110	12.5	4250	33.286	12.5
	38	134	68	114	13	4950	38.733	12.5

钢轨型号的选择主要取决于运输量、机车质量和矿车容积，一般可按表 7-2 选取。

表 7-2　运输量与电机车质量、矿车容积、轨距、轨型的一般关系

运输矿石质量/万吨 · a^{-1}	机车质量/t	矿车容积/m^3	轨距/mm	钢轨型号/$kg \cdot m^{-1}$
<8	人推车	0.5~0.6	600	8
8~15	1.5~3.0	0.6~1.2	600	8~11
15~30	3~7	0.7~1.2	600	11~15
30~60	7~10	1.2~2.0	600	15~18
60~100	10~14	2.0~4.0	600，762	18~24
100~200	10、14 双机牵引	4.0~6.0	762，900	24~33
>200	10、14、20 双机牵引	>6.0	762，900	33

将钢轨固定在轨枕上的扣件和钢轨之间的连接件，统称为接轨零件。轨枕间距一般为 0.7~0.9m。两根钢轨接头处应悬空，并缩短轨枕间距。

7.3.2　弯曲轨道

车辆在线路曲线段运行与直线段不同，有若干特殊要求。

7.3.2.1　最小曲线半径

通常在运行速度小于 1.5m/s 时，最小曲线半径应大于车辆轴距的 7 倍；速度大于 1.5m/s 时，大于轴距的 10 倍；速度大于 3.5m/s 时，大于轴距的 15 倍。若通过弯道的车辆种类不同，应以车辆的最大轴距计算最小曲线半径，并取以 m 为单位的较大整数。矿车通过弯道如图 7-5 所示。

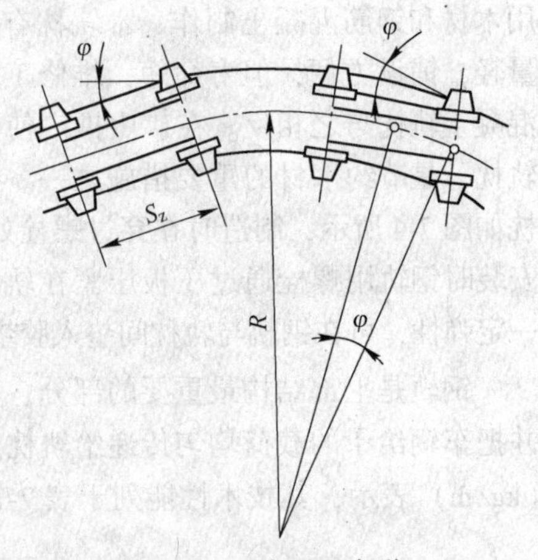

图 7-5　矿车通过弯道

近年来，我国一些金属矿山使用有转向架的大容量四轴矿车，此时最小曲线半径可参考表 7-3 选取。

表 7-3　有转向架的四轴车辆通过弯道半径实例

使用地点	矿车形式	固定架轴距/m	转向架间距/m	弯道半径/m
凤凰山铜矿	底卸式，$7m^3$	850	2400	30，35
凤凰山铜矿	梭式，$7m^3$	850	4800	16
落雪矿	固定式，$10m^3$	850	4500	20 偏小，推荐 25
三九公司铁矿	底卸式，$6m^3$	800	2500	30
梅山铁矿	侧卸式，$6m^3$	800	2500	20

曲线半径确定后，可在现场用弯轨器弯曲钢轨（见图 7-6）。将弯轨器的铁弓钩住钢轨外侧，顶杆 2 顶住钢轨内侧，用扳手扭动调节头 3，即可使钢轨弯曲。

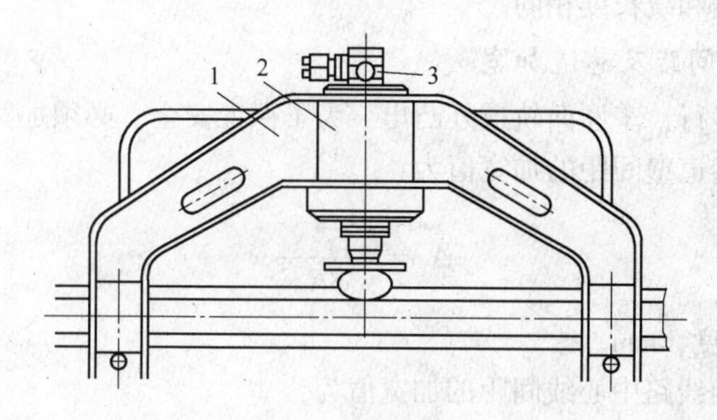

图 7-6　弯轨器

1—铁弓；2—螺旋顶杆；3—调节头

若曲线半径为 R(m)，轨距为 S(m)，则：

外轨曲线半径　　　$R_{外} = R + 0.5S$

内轨曲线半径　　　$R_{内} = R - 0.5S$

7.3.2.2　外轨抬高

为了消除在曲线段运行时离心力对车辆的影响，可将曲线段的外轨抬高，使离心力和车辆重力的合力与轨面垂直，从而使车辆正常运行。

当重量为 G（N）的车辆，在轨距为 S（m）、曲线半径为 R（m）的弯道上，以速度 v（m/s）运行时，外轨抬高值 $\Delta h = \frac{100v^2S}{R}$，这里 Δh 单位为 mm。

外轨抬高的方法是不动内轨，加厚外轨下面的道碴层厚度，在整个曲线段，外轨都需要抬高 Δh (mm)。为了使外轨与直线段轨道连接，轨道在进入曲线段之前要逐渐抬高，这段抬高段称为缓和线。缓和线坡度为 3‰~10‰，缓和线长度为：

$$d = \left(\frac{1}{3} \sim \frac{1}{10}\right) \Delta h \times 10^{-3}$$

式中　d——缓和线的长度，m；

Δh——外轨抬高值，mm；

$\frac{1}{3} \sim \frac{1}{10}$——缓和线坡度为 3‰~10‰ 所取的值。

7.3.2.3　轨距加宽

为了减小车辆在弯道内的运行阻力，在曲线段轨距应适当加宽。轨距加宽值 ΔS 可用经验公式计算。

$$\Delta S = \frac{0.18S_z^2}{R}$$

式中　S_z——车辆轴距，mm；

R——曲线半径，mm。

轨距加宽时，外轨不动，只将内轨向内移动，在整个曲线段，轨距都需要加宽 ΔS (mm)。为了使内轨与直线段轨道连接，轨道在进入曲线段之前要逐渐加宽轨距，这段长度通常与抬高段的缓和线长度相同。

7.3.2.4　轨道间距及巷道加宽

车辆在曲线段运行，车厢向轨道外凸出，为了保证安全，必须加宽轨道间距和巷道宽度。线路中心线与巷道壁间距的加宽值为：

$$\Delta_1 = \frac{L^2 - S_z^2}{8R}$$

式中　L——车厢长度，mm。

对双轨巷道，两线路中心线间距的加宽值为：

$$\Delta_2 = \frac{L^2}{8R}$$

对双轨巷道，用电机车运输时，通常巷道外侧、两线路中心线和巷道内侧分别加宽 300mm、300mm 和 100mm。

7.3.3　轨道的衔接

把两条轨道衔接起来，使车辆从一条线路驶入另一条线路，通常应用道岔。道岔如图 7-7 所示，由岔尖 2、基本轨 3、过渡轨 4、辙轨 5、护轮轨 6 和转辙器 7 组成。

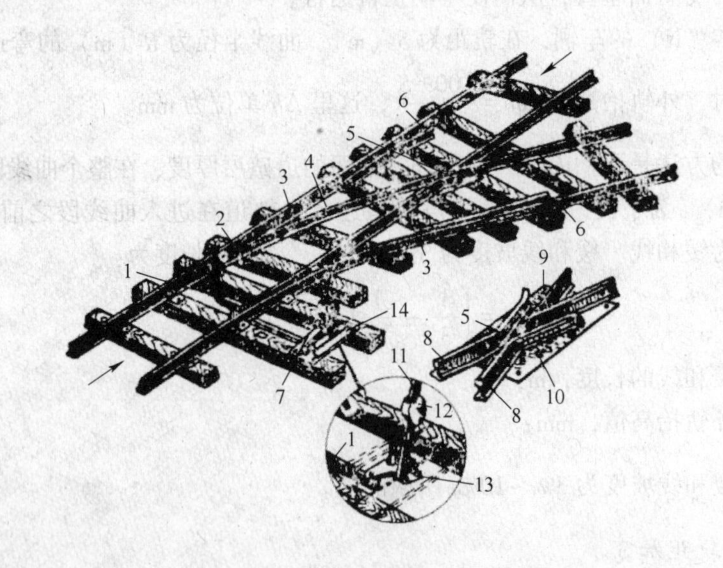

图 7-7　道岔结构

1—拉杆；2—岔尖；3—基本轨；4—过渡轨；5—辙轨；6—护轮轨；7—转辙器；
8—翼轨；9—岔心；10—铁板；11—手柄；12—重锤；13—曲杠杆；14—底座

根据线路的位置关系，道岔有单开道岔（左向或右向）和对称道岔两种基本类型。渡线道岔、三角道岔和梯形道岔是它们的组合形式（见图 7-8）。

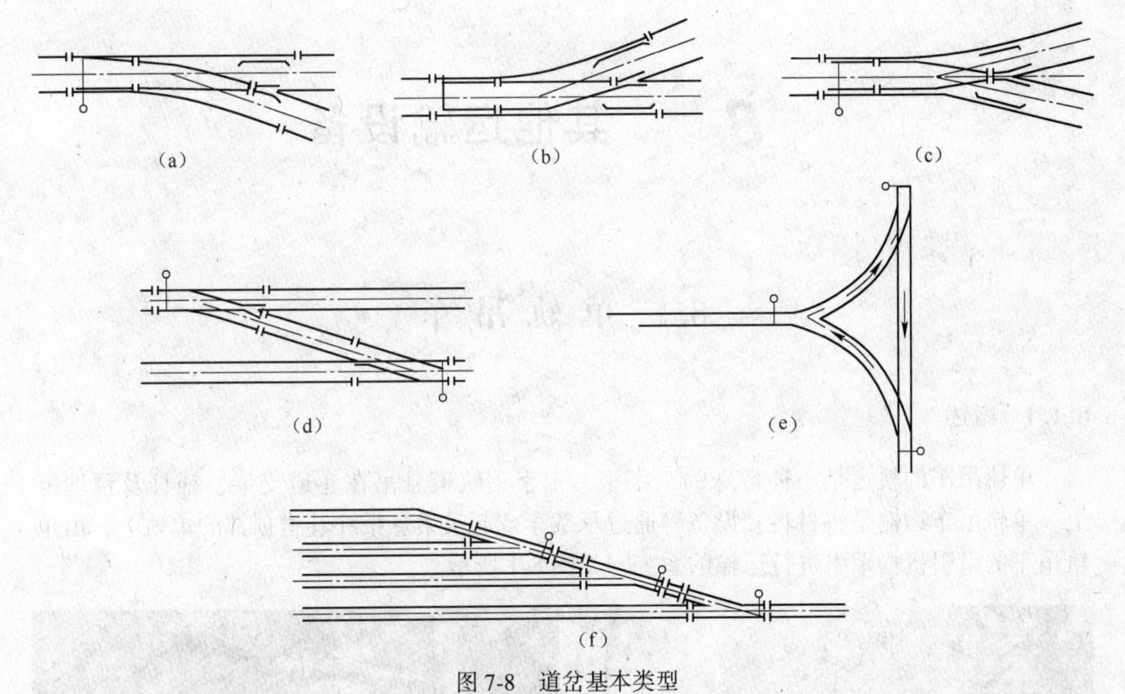

图 7-8 道岔基本类型

(a)，(b) 单开道岔；(c) 对称道岔；(d) 渡线道岔；(e) 三角道岔；(f) 梯形道岔

8 其他运输设备

8.1 单轨吊车

8.1.1 概述

单轨吊车的轨道是一种特殊的工字钢，工字钢轨道悬吊在巷道支架、锚杆及预埋链上。单轨吊车运输是将材料、设备等通过承载车或起吊梁悬吊在巷道顶部的单轨上，由单轨吊车的牵引机构牵引进行运输的系统，如图 8-1 所示。

图 8-1 单轨吊车实物图

单轨吊车是煤矿井下，尤其是在采区上、下山和工作面平巷内用来运送材料、设备和人员的先进辅助设备之一。单轨吊车运输运距一般为 1000~2000m，最长可达 3000m，运行速度：运人为 1.5~2m/s，运料和设备为 2~2.5m/s，有时高达 4.5m/s。

单轨吊车按牵引方式的不同，可分为钢丝绳牵引和机车牵引两大类，而机车牵引方式又可分为防爆净化柴油机车和蓄电池机车牵引两种。

钢丝绳牵引单轨吊车主要由驱动装置、牵引车、储绳筒、承载车、起吊梁、安全制动车、张紧装置、回绳站、悬吊装置、连接装置、轨道等部分组成，如图 8-2 所示。

柴油机车牵引单轨吊车主要由柴油机车、承载车、起吊梁、安全制动车、悬吊装置、连接装置、轨道、道岔等部分组成。

8.1.1.1 单轨吊车的工作原理

绳牵引单轨吊车的工作原理与机车牵引不同，前者为摩擦传动，后者为黏着驱动。绳牵引就是用无级绳绞车牵引，通过牵引钢丝绳与驱动轮之间的摩擦力来带动钢丝绳运行，从而牵引单轨吊车沿单轨轨道往复运动，图 8-3 所示为绳牵引单轨吊车工作原理图。牵引钢丝绳 2 绕过摩擦轮 1 后，一端固定在牵引车 3 上，钢丝绳另一端绕经张紧装置 7 后，再

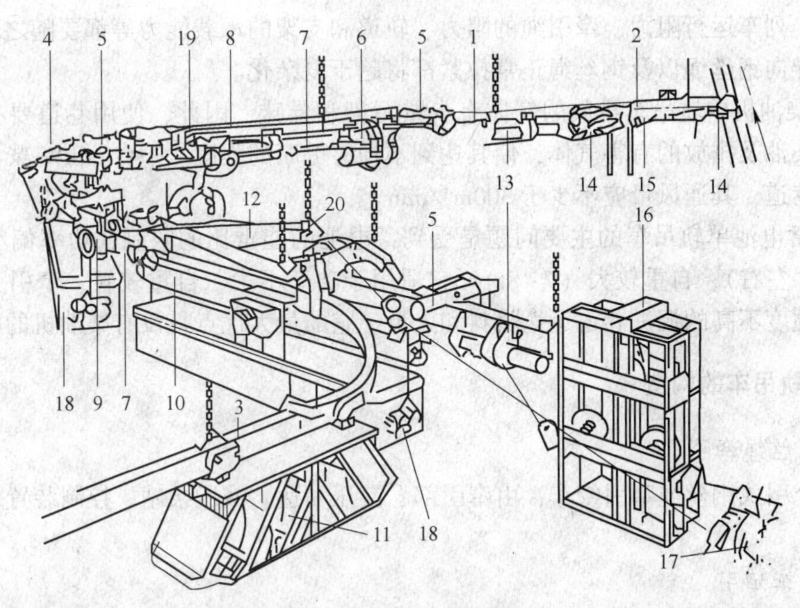

图 8-2　钢丝绳牵引单轨吊车

1—道轨；2—有绳轮座的轨道；3—与弯轨道连接的直轨；4—弯轨；5—牵引绳导向架；6—紧急制动车；7—连接杆；8，9—承载吊车；10—吊车梁；11—乘人吊车；12—道岔；13—缓冲器；14—尾部绳轮；15—尾轮拉紧装置；16—头部张紧装置；17—摩擦轮绞车；18—通用可翻卸式集装箱；19—牵引钢丝绳；20—钢丝绳回绳轮

绕过回绳轮 6 固定在牵引车下方的卷绳筒上。钢丝绳两端固接好之后，由张紧装置将钢丝绳拉紧，使钢丝绳具有一定的初张力。然后启动电动机，带动液压泵运转，液压泵排出的高压油输送到牵引绞车的液压马达上，从而驱动牵引绞车的摩擦轮运转，使无级绳和挂在钢丝绳上的运输吊车作往复运动。

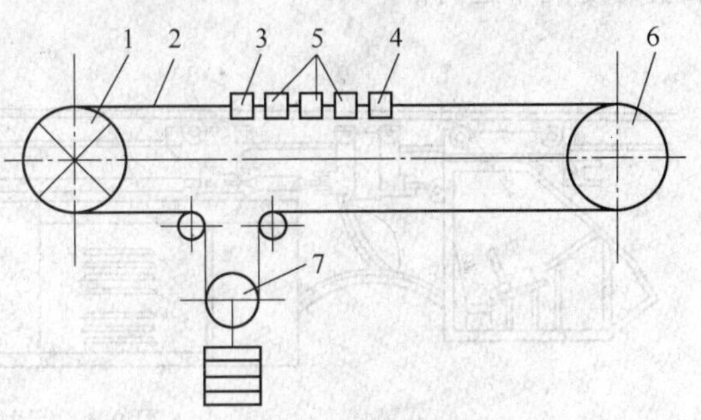

图 8-3　绳牵引单轨吊车工作原理图

1—摩擦轮；2—钢丝绳；3—牵引车；4—制动车；5—集装箱；6—回绳轮；7—张紧装置

8.1.1.2　单轨吊车的适用条件

(1) 单轨吊车挂在巷道顶板上或支架上运送负载，不受底板变形（底鼓）及巷道内物料堆积影响，但需要有可靠的吊挂承载装置。吊挂在拱形或梯形钢支架上时，支架应装拉条加固，用锚杆悬吊时，每个吊轨点要用两根锚固力各为 60 kN 以上的锚杆。巷道断面要大于或等于 $7m^2$。

(2) 可用于水平和倾斜巷道运输。用于倾斜巷道运输时，机车牵引单轨吊车，坡度要小于或等于 18°，最佳使用坡度为 12°以下，国外最大达 40°。绳牵引单轨吊车坡度要小于或等于 25°，国外最大达 45°。最大单件载重达 12～15t，最小曲率半径水平为 4m，垂直为 10m。

(3) 机车牵引单轨吊车具有机动灵活的特点，一台机车可用于有多条分支的巷道运送物料、设备和人员，可实现不经转载直达运输，不受运程限制；绳牵引单轨吊车在弯道上需装设大量绳轮，而且不能进分支岔道。运距一般为 1～2km，最大不超过 3km。因为运距过长，列车运行阻力、牵引绳的阻力、轨道和支架的承载能力等都要随之增加，使单轨支承和导向钢丝绳以及钢丝绳正常拉紧都将趋于复杂化。

（4）柴油机单轨吊车排放的气体有少量污染和异味，因此，使用巷道要有足够的风量来稀释柴油及排放的有害气体，使其达到不损害健康的程度。一台66kW柴油机单轨吊车运行的巷道，其通风量应不少于300m^3/min。

（5）蓄电池单轨吊车的主要问题是受到蓄电池的能重比的限制，功率偏小（目前最大为30kW左右），自重较大（7~8t）。它适用于功率不大、自重较轻、牵引力较小、通风较差、硬度不高的掘进巷道运送材料和人员。它的最大优点是没有柴油机的污染问题。

8.1.2 单轨吊车的构造

A 钢丝绳牵引

液压牵引式钢丝绳牵引绞车，由牵引部、液压马达、液压泵站、控制装置及监视装置等组成。

B 机车牵引

吊挂机车的特点是：车体用承载吊车吊挂在单轨上，另设专用驱动轮。

图8-4所示是吊挂柴油机车。驱动轮在工字钢的两侧成对装设，用弹簧或液压缸使驱动轮紧压在工字钢单轨的腹板两侧。柴油机经减速器带动驱动轮旋转时，驱动轮产生黏着牵引力使机车运行。

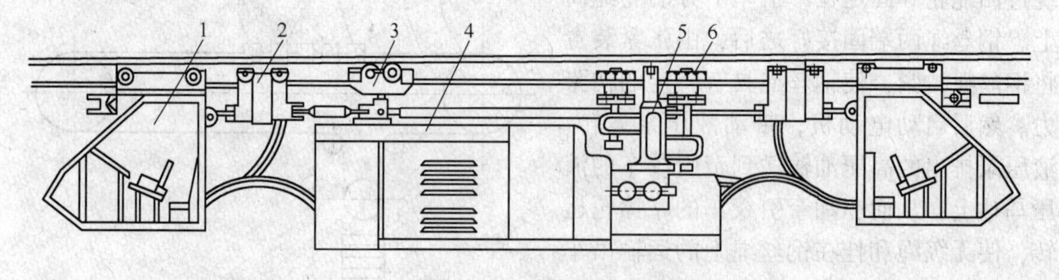

图8-4 吊挂柴油机车

1—司机室；2—安全制动装置；3—承载吊车；4—车体；5—减速器；6—驱动轮

单轨吊机车的配套设备有安全制动车、起吊承载机构、人车、集装箱、轨道系统、道岔、拉杆、电动调度吊车等。

8.2 卡轨车

8.2.1 概述

卡轨车是国内外使用较为广泛的辅助运输系统之一，我国近期在卡轨车（主要是在绳牵引卡轨车）技术上发展较快。卡轨车运输系统是在普通窄轨车辆运输的基础上，用无级绳绞车或液压绞车作为牵引动力的新型运输系统。目前国内外大量使用的卡轨车仍以绳牵引的占大多数。

8.2.1.1 卡轨车系统的组成

卡轨车系统主要由轨道装置、卡轨车车辆及牵引控制设备三部分组成。图 8-5 所示是钢丝绳牵引的卡轨车系统。

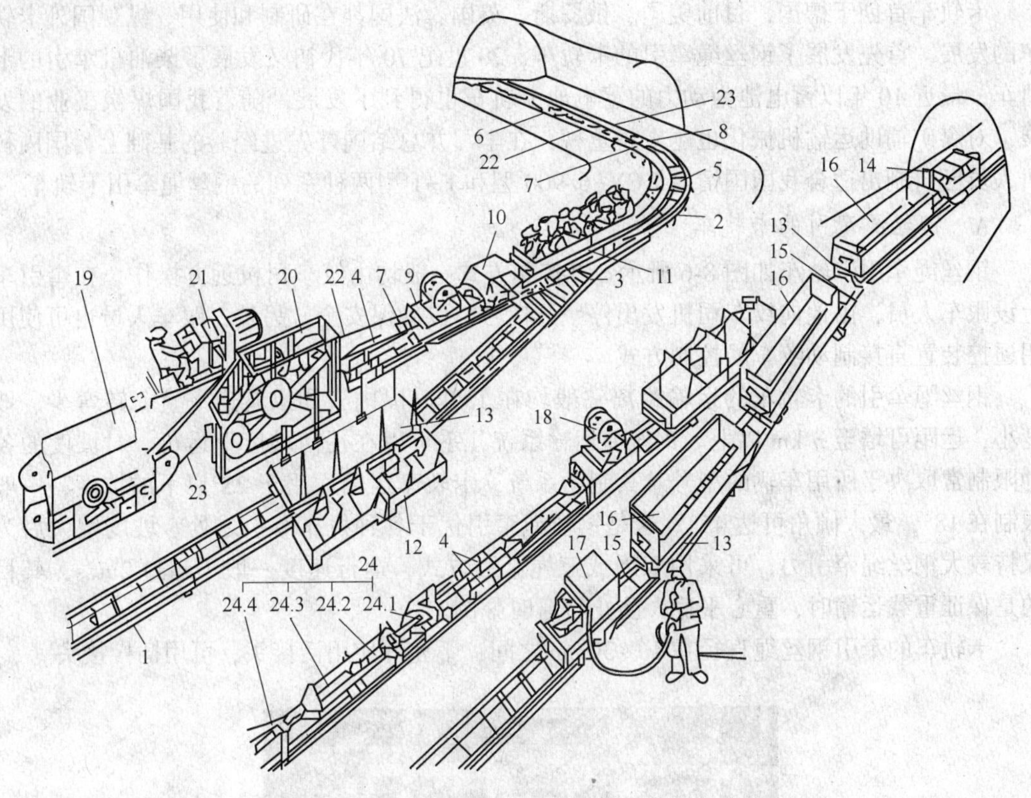

图 8-5 钢丝绳牵引的卡轨车系统

1—直线轨道；2—弯道；3—道岔；4—缓冲装置；5—弯道导向轮组；6—托绳辊；7—空绳导向轮；8—通过式导向轮组；9—牵引车；10—控制车；11—带人座运输车；12—4 人座车；13—运输车；14—制动车；15—连接杆；16—可翻转容器；17—调度用卡轨车；18—储绳滚筒；19—牵引绞车；20—张紧装置；21—带操纵台的泵站；22—返回绳（空绳）；23—牵引绳；24—回绳站；24. 1—带护板回绳轮；24. 2—测力计；24. 3—棘轮张紧器；24. 4—锚固装置

卡轨车的牵引方式有液压绞车的钢丝绳牵引，也有内燃机、蓄电池和电机车的机车牵引。

卡轨车的轨道，多用槽钢制成，槽钢轨与轨枕固定在一起形成梯子道，长 3m 或 6m，用快速装置连接，安装在底板上，就成为长轨车的运行轨道（不需要铺设道碴）。在轨道上运行的车辆，一般由转向架轮组和平板车体构成。转向架轮组是车辆的承重行走机构，它除了有两对垂直承重行走轮外，还装有两对水平导向滑轮。行走轮在槽钢轨道的上端面行走，水平滑轮在槽口内滚动，由此把车轮固定在轨道上，使行走轮不掉道，这种滑轮也称为卡轨轮。卡轨车的这种轨道结构和车辆行车结构使得卡轨车对煤矿井下的工作条件具有很强的适应性。

卡轨车的突出特点是载重量大；爬坡能力强；允许在小半径的弯道上行驶，可有效防止车辆掉道和翻车；轨道的特殊结构允许在列车中使用闸轨式安全制动车，可防止列车超速和跑车事故。卡轨车是目前矿井运输中较理想的辅助运输设备，它能安全、可靠、高效地完成材料、设备、人员的运输任务，是现代化矿井运输的发展方向。

8.2.1.2 卡轨车的主要类型、特点及使用条件

卡轨车首创于德国，目前美国、俄罗斯、英国、法国都在研制和使用。纵观国外卡轨车的发展，首先发展了钢丝绳牵引的卡轨车，20世纪70年代初又发展了柴油机牵引的卡轨车，最近10年以蓄电池为动力的蓄电池卡轨车也得到了发展。随着我国煤炭工业的发展，对煤矿辅助运输机械化也越来越重视，在学习并总结国外先进经验的基础上，国内科研人员已研制出适合我国国情的KCY-6/900型和F-1型两种系列的钢丝绳牵引卡轨车。

A 钢丝绳牵引的卡轨车

钢丝绳牵引卡轨车如图8-6所示。其控制方式一般均由绞车司机远方操作，在牵引车上设跟车人员，由他向绞车司机发出停、开信号，以确保安全。另外，跟车人员也可使用用遥控装置直接制动绞车的控制方式。

钢丝绳牵引的卡轨车的运输距离一般均在1.5km以内，如果巷道平直、转弯少、坡度小，运距可增至3 km以上。钢丝绳运输系统几乎可以在任何坡度上运行。对坡度的各种限制常取决于所用车辆的型号及其制动系统。卡轨车运输适用于25°以下的坡度，一般限制在18°，最大倾角可达45°。这是钢丝绳牵引优于各种机车牵引之处。坡度增大后为保持较大钢丝绳牵引力，可采用双绳或三绳牵引方式，运行速度一般不超过2m/s，其目的是保证重载运输时，重心平稳，防止转弯时翻倒。

卡轨车的牵引钢丝绳直径在16~30mm之间，不允许使用活接头，可用插接接头。

图8-6 钢丝绳牵引卡轨机车实物图

钢丝绳牵引的优点是：结构简单，工作可靠，价格便宜，维修方便，牵引力大，并可用多绳牵引，爬坡角度大。缺点是：绞车司机不能直接监视路面情况和运行情况，只能单线运输，分叉处需另设新线路而且需设转载站；运输距离有局限性；长距离运输需多台串联，交接处设转载站；改变运距不方便，需移动锚固站。

适用条件：固定的运输线路，不分叉，转弯不多，运距不变，大运量，坡度较大的巷道。

B 柴油机牵引卡轨车

钢丝绳牵引卡轨车的应用，促进了柴油机牵引卡轨车（见图 8-7）的研制和应用。

图 8-7 柴油机牵引卡轨机车实物图

与钢丝绳牵引的卡轨车相比，柴油机牵引卡轨车的主要优点是：司机跟车操作，能直接监视路面情况和运行情况；路轨分叉、延伸均很方便。由于属自行式运输设备，所以比钢丝绳牵引具有更大的灵活性，在长距离运输中不需转载，特别适用于分叉多、转弯多、运距不断延伸的区段。柴油机车的不足之处在于：牵引力有限；爬坡能力差；散热多，对深部开采不利；噪声和空气污染虽在允许范围内，但毕竟增加了污染源；维修工作量较大，井下需设置专门的机车维修站；此外，价格比钢丝绳牵引的液压绞车贵得多。

随着国外在柴油机车方面的研制、应用及发展，国内也正在加紧研制，常州科研试制中心正在研制 66 kW 防爆低污染柴油机牵引的齿轨/黏着卡轨车，具有体积小、结构紧凑、自重轻、转弯灵活等优点，并能在普通轨上行驶，不用转载，既可用在大巷、集中运输巷，又能进入采区。

8.2.2 卡轨车的结构形式

8.2.2.1 布置形式

卡轨车系统可根据实际工作条件的不同，选用机车牵引和钢丝绳牵引。

由机车牵引的卡轨车系统，在系统组成上与普通轨道机车运输系统基本相似，主要由牵引机车、运输车辆及轨道装置等组成。在列车的两端均设有司机操作室，以便反向运行时的操作控制。由机车牵引的卡轨车，一般用于水平巷道，采用齿轨/黏着机车牵引则可用于一定倾角的斜巷。可采用柴油机车、蓄电池机车等作牵引机车。

钢丝绳牵引的卡轨车多用于倾斜或急倾斜巷道中。钢丝绳牵引卡轨车系统的主要构成部分有：（1）钢丝绳牵引系统（包括液压牵引绞车、泵站及附属设备、牵引钢丝绳、绳牵引的各种导向装置、回绳装置、回绳锚固装置、拉紧装置等）；（2）列车组由牵引车、运输车辆、制动车、连接杆件等组成；（3）轨道装置包括直轨，垂直、水平弯轨及道岔、阻车器等。

8.2.2.2 车辆

卡轨车车辆按其功能分为：基本运输车、牵引车、制动车及专用乘人车等。卡轨车系统的运输车辆是根据运输任务临时组合的，在整个列车组中牵引车和制动车是必不可少的。

（1）基本运输车。基本运输车也称载重车，它按不同运送物品的形状制成不同结构，其基本结构是由两个带转向架的车轮组和车架底板组成的。基本运输车载重为0.5~10t，根据载重量不同，车轮组中轮对数也不同。

（2）牵引车。钢丝绳牵引的牵引车品种较多，它是钢丝绳牵引卡轨车组中唯一与牵引绳连挂的车辆，它的主要结构特征是在车底架上装有固定绳的楔形绳卡。按其功能不同有专门牵引车和兼用牵引车之分。

在专用牵引车上，除设有牵引绳固定绳卡外。有的还装有储绳滚筒、驾驶室、紧急制动装置及随车乘人座椅等。根据需要可以任意组合，如图8-8所示。

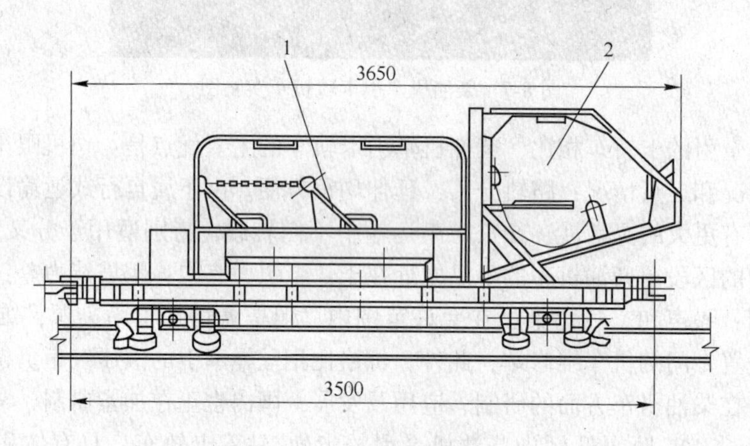

图8-8　专用牵引车

1—人车；2—驾驶室

（3）制动车。水平运输和斜坡道上的运输均需要制动车。水平运输时制动装置（设置在牵引车上，由司机控制）使列车保证在允许的制动距离内停车及在事故情况下紧急停车；倾斜运输时制动车挂接在列车的下方（即上行时挂接在列车运行方向的后方，下行时在前方）。当列车断绳、脱钩或超速时制动，使列车减速停止，防止列车跑车。制动车紧急制动系统的动作可手动实现，亦可自动实现。制动力的解除一般用手动。制动车一般设计成箱形结构，使其能承受巨大制动力。

8.2.2.3　轨道

（1）轨道。卡轨车系统的轨道与普通矿车窄轨运输轨道不同，除要承载列车，起导向作用外，还要能保证列车实现闸轨制动。卡轨车用的轨道多用槽钢制成，也有用普通钢轨或异型钢轨制成的。

（2）道岔。根据使用地点的要求，可以选择各种不同形式的道岔。

1）转盘道岔：可作为同一平面内的两股道间的道岔，用于无绳索或绳索在轨道旁侧的情况。

2）平移道岔：它是在平巷与倾斜线路相连接时，位于线路体汇交处的道岔。该型道岔可大量减少工程量。

3）弯道：线路中的弯道分水平曲线和竖曲线两种，弯道由标准段组合而成。

8.3 胶套轮机车

胶套轮蓄电池机动车（见图8-9）的使用条件：胶套轮机动车是借自重与胶轮的黏着力牵引和制动的，在上、下坡时，由于受到机车自重的制约，再加上普通轨的轨面较窄，胶轮的比压有限，因此，这种机动车只能适用于在5°以下轨道上运行。用于沿煤巷掘进起伏不定的巷道，是比较理想的掘进配套设备，也可以作为大巷和上、下山齿轨机动车系统的接力延伸系统。

胶套轮车的关键部件和薄弱环节是轮套，要求它既有高的摩擦系数（一般干净轨道应大于0.45），又要有较大比压（不小于50MPa），且有阻燃、抗静电性能，还要耐磨耐用。在结构上要求与钢轮既能牢固连接，又便于拆装。

图8-9 胶套轮机车

8.4 黏着/齿轨机车

黏着/齿轨机车系统是除两根普通钢轨外加装一根平行的齿条作为齿轮，而在机车上除了车轮作黏着传动牵引力，另外增加1~2套驱动齿轮及制动装置，驱动齿轮与齿轨啮合，以增大牵引力和制动力，机车在平道上沿着普通轨道用黏着力高速牵引列车，在坡道上机车可以较低速通过驱动齿轮与齿轴啮合，加上机车黏着力共同牵引（以齿轮为主）或单用齿轮系统牵引。如果轨道不是一般的钢轨，而是采用槽钢，则为齿轮/卡轨机车（见图8-10）。普通轨加装卡轨装置也可成为齿轨/卡轨机车。

齿轨/黏着机车适用于下列条件：

（1）可用在近水平煤层以盘区开拓方式的矿井中，实现大巷上、下山至采区顺槽轨道一条龙运输，可满足一般矿井运送材料和人员的要求。

（2）轨道需加固，选用钢轨不得小于23kg/m。

图8-10　齿轮/卡轨机车实物图

8.5　无轨运输车

无轨运输车又称为无轨胶轮车，英美称之为“自由驾驶车”，俄罗斯则称之为“自行矿车”。无轨运输车是一种以柴油机、蓄电池为动力，不需专门轨道使用胶轮在道路上自动行驶的车辆。矿井无轨运输车在高产高效矿井中主要完成材料、设备和人员的运输任务。

作为一种新型的运输工具，它有如下优点：可以实现不转载运输，运速快，运输能力高，大量节省了辅助运输时间及人员，提高了运输效率；具有机动灵活、操作简便、劳动强度低等特点。

无轨运输车是近10年来发展较快的一种运输设备，已在现代化矿山中的各个生产环节得到普遍应用。目前，国内外矿井无轨运输车品种繁多，每种车辆在设计时一般具有多种功能。按主要功能，可将无轨运输车分为以下三种：液压支架搬运车、人车及客货两用车、多功能车。

A　液压支架搬运车

在装备长壁式工作面时，要用较多的人力和时间来搬运液压支架，影响整体开采效率。液压支架搬运车是一种用来搬运工作面液压支架的运输车辆。支架搬运车具有载重能力大，运行速度快，机动灵活等特点。支架搬运车外形如图8-11所示。

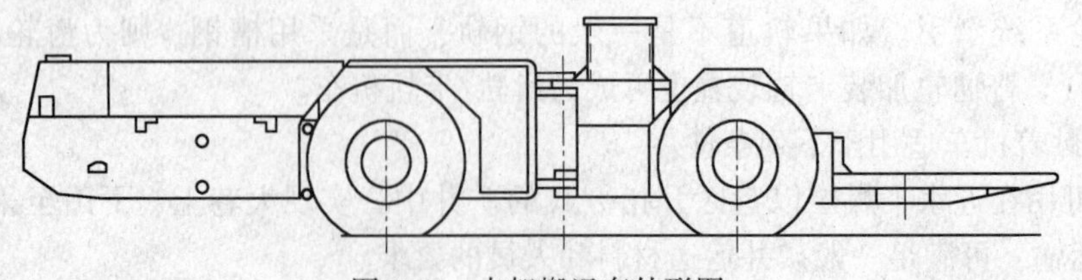

图8-11　支架搬运车外形图

B　人车及客货两用车

在高产高效矿井中，人车用来运送人员以提高工时利用率，有的人车还兼运材料。兼运材料的人车称为客货两用车。

C 多功能车

在高产高效矿井中，多功能车主要用来装卸和清除物料，可更换辅助工具完成多种作业，铲斗是最普遍的附属工具。多功能车的外形如图 8-12 所示。

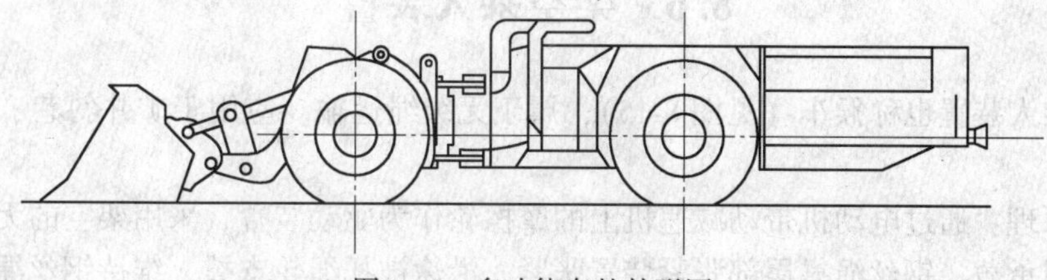

图 8-12 多功能车的外形图

按使用的动力不同，可将无轨运输车分为蓄电池式（见图 8-13）和内燃机式（见图 8-14）两种车。

图 8-13 蓄电池式无轨运输车实物图

图 8-14 内燃机式无轨运输车实物图

（1）蓄电池式无轨运输车的动力是蓄电池，具有以下特点：运转、行走灵活，机动性和适应性强，且不受行走距离的限制；蓄电池组与驱动电动机均装在车辆尾部，结构紧凑，蓄电池组为蓄电池式无轨辅助运输车辆增加了配重；蓄电池组为防爆特殊型，能防止淋水和异物进入，对煤矿井下生产和人身安全有利；蓄电池组的使用寿命，正常情况下可达 3~5a，每次充电可连续工作 8h；蓄电池组的平均过载能力为额定值的 3.5 倍，所以特别适合在煤矿井下恶劣环境中使用；蓄电池工作时，对井下生产作业环境无污染；每辆车只需 1 名司机，包括充电时更换蓄电池组的操作，因而不需要辅助工作人员；蓄电池式无轨运输车在上、下井大修时，因其自身有行走能力，不需人工推拉机器，省工省时；但蓄电池式无轨运输车造价高，同时还需要配备充电机。

（2）内燃式无轨运输车的特点是机动性强，行走距离不受限制，适用于断面大，转弯半径不小于8m，底板坚硬的巷道。尽管柴油机是低污染的，但总有一定的废气，且噪声大，所以要求巷道的通风量要大。

8.6 架空乘人装置

架空乘人装置也称猴车（见图8-15），属于无级绳运输。应用于矿井斜巷、平巷运送人员。

工作原理：通过电动机带动减速机上的摩擦轮作为驱动装置，采用架空的无级循环的钢丝绳牵引承载。钢丝绳靠尾部张紧装置张紧，沿途被托绳轮支撑，维持钢丝绳的挠度和张力。抱索器将乘人吊椅与钢丝绳连接，并随之做循环运行。

组成：(1) 驱动装置，防爆电动机；(2) 减速器；(3) 乘人部分，包括乘人吊椅和抱索器，吊椅要安全舒适，刚度强度可靠；抱索器有固定式、活动卡钳式、活动摩擦式、水平拐弯式；(4) 电控部分。

特点：设备投资小，运行成本低，维护工作量小；人员输送量大，效率高；安全性能好，运行速度低，上下方便；适用范围广；布置灵活、独特。

图8-15 猴车示意图

第2篇 通风与安全

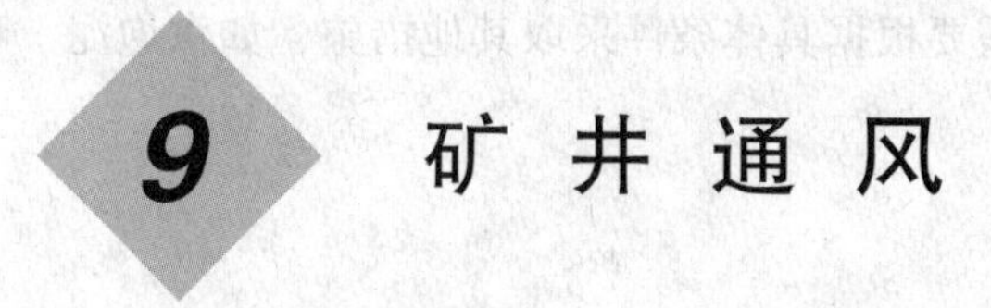

9 矿井通风

9.1 矿井空气

地面空气进入矿井以后即称矿井空气。矿井生产过程中，必须持续不断地将地面新鲜空气输送到井下各个作业地点，以供给人员呼吸，并稀释和排除井下各种有毒、有害气体和矿尘，创造良好的矿内工作环境，确保井下作业人员的身体健康和劳动安全。矿井通风是保障矿井安全的主要技术手段之一。

9.1.1 主要成分

矿井空气的主要来源是地面空气，它是由多种气体组成的干空气和水蒸气组合而成的混合气体。地面空气进入矿井以后，由于受到污染，其成分和性质要发生一系列的变化，如氧浓度降低，二氧化碳浓度增加。一般来说，将井巷中经过用风地点以前、受污染程度较轻的进风巷道内的空气称为新鲜空气或新风；经过用风地点以后、受污染程度较重的回风巷道内的空气，称为污浊空气或乏风。

矿内空气主要成分除氧气（O_2）、氮气（N_2）、二氧化碳（CO_2）、水蒸气（H_2O）以外，还混入大量的有害气体，如瓦斯（CH_4）、一氧化碳（CO）、硫化氢（H_2S）、二氧化硫（SO_2）、二氧化氮（NO_2）、氨气（NH_3）、氢气（H_2）和矿尘等。

《煤矿安全规程》规定：采掘工作面进风流中氧气浓度不得低于20%。此外，氧气化学性质活泼，易与其他物质发生氧化作用，能助燃，是矿井火灾以及瓦斯、煤尘爆炸的必要条件。矿井总回风或一翼回风流中，二氧化碳浓度体积比不得超过0.75%，采掘工作面进风流中不得超过0.5%，采掘工作面回风流中不得超过1.5%，否则，必须停止工作，撤出人员，采取措施，进行处理。一氧化碳最高允许浓度为0.0024%；硫化氢最高允许浓度为0.00066%；二氧化氮最高允许浓度为0.00025%；二氧化氮最高允许浓度为0.0005%；氨气最高允许浓度为0.0005%；采掘工作面进风流的瓦斯浓度不得超过0.5%，采掘工作面和采区的回风流中瓦斯浓度不得超过1%，矿井和一翼的总回风流瓦斯浓度不得超过0.75%。

矿内空气除了上述有害气体外，还含有其他一些有害物质，如在采掘生产过程中所产生的煤和岩石的细微颗粒（统称为矿尘）。矿尘对矿内空气的污染不容忽视，它对矿井生产和人体都有严重危害。煤尘能引起爆炸，粉尘特别是呼吸性粉尘能引起矿工尘肺病。因此《煤矿安全规程》对作业场所空气中粉尘（总粉尘、呼吸性粉尘）浓度作了规定，煤矿井下空气中煤尘浓度应低于102mg/m^3。

为了稀释矿井内各种有害气体，应向矿井内连续供给新鲜风流，使之达到安全浓度。CH_4和CO_2是矿井内有害气体的主要成分，稀释它们所需的风量最大，所以它们是确定矿井风量和工作面风量的主要依据。但有些情况下，仅靠通风手段无法使有害气体浓度控制在安全浓度，所以还需要根据具体条件采取其他措施，如水炮泥、喷雾洒水器、佩戴自救器等。

9.1.2　矿井气候条件

矿井气候条件是指空气温度、湿度和风速三个参数的综合作用状态。这三个参数的不同组合，便构成了不同的矿井气候条件。矿井气候条件对井下作业人员的身体健康和劳动安全有重要的影响。空气温度是影响矿井气候最敏感的因素。矿井空气温度过高或过低都会对人体有不良的影响。最适宜的矿井空气温度为15~20℃。

9.1.2.1　温度测定

人们提出了采用干球温度、湿球温度来测定矿井空气温度。

（1）干球温度。干球温度是我国现行的评价矿井气候条件的主要指标。一般来说，由于矿井空气的相对湿度变化不大，所以干球温度能在一定程度上直接反映出矿井气候条件的好坏。

（2）湿球温度。在相同的气温（干球温度）下，若湿球温度较低，则相对湿度较小；反之，若湿球温度与气温相接近，则相对湿度较大。因此用湿球温度这个指标可以反映空气温度和相对湿度对人体热平衡的影响，比干球温度要合理些。

图9-1为矿井常用的测算空气温度和湿度的干湿球温度计。干湿球温度计是两支相同的温度计或两支其他温度敏感元件组成。其中一支的感温包用干纱布包着，称为干球温度计；另一支用湿纱布包着，称为湿球温度计。干球温度t_d可以直接通过干球温度计读出，反映周围空气的实际温度。湿球温度计的读数，实际上反映了湿纱布中水的温度。

9.1.2.2　湿度测定

测算空气湿度时，先用仪表测出相对湿度，再算出绝对湿度。常用仪表是风扇湿度计（见图9-2），它是由干球温度计和湿球温度计组成，用自带的发条转动小风扇。测量时，从两支温度计上分别读出空气的干温度（又名干球温度）t_d(℃）和湿温度（又名湿球温度）t_w(℃)，含水蒸气量较少的空气容易吸收纱布上的水分，或者说湿纱布上的水分比较容易蒸发，水分被蒸发越多，被纱布包着水银球的温度就降得越多，则t_d与t_w之差越大，表示空气越干燥或其相对湿度越小。根据t_d和t_d-t_w两个数值在表9-1中查出空气的相对湿度φ值；又根据t_d在表9-2中查出饱和绝对湿度ρ_s的近似值（g/m^3），再根据$\rho_v=\rho_s\times\varphi$算出绝对湿度值$\rho_v$(g/m^3)。

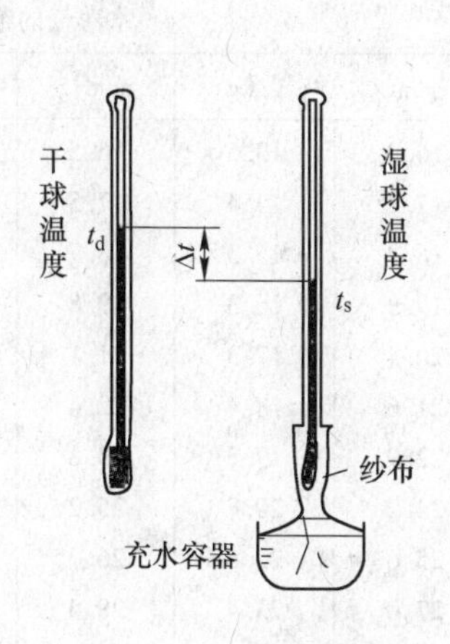

图 9-1　干湿球温度计

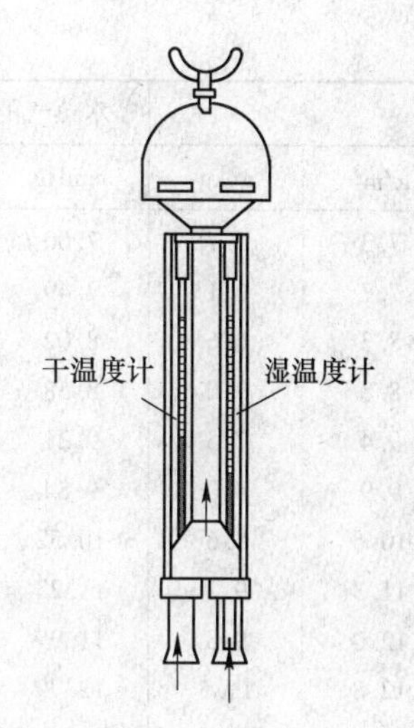

图 9-2　风扇湿度计

表 9-1　干湿温度与相对湿度的关系表

干温度计读数/℃	干、湿温度计读数差/℃								干温度计读数/℃	干、湿温度计读数差/℃							
	0	1	2	3	4	5	6	7		0	1	2	3	4	5	6	7
	相对湿度/%									相对湿度/%							
0	100	81	63	46	28	12	—	—	18	100	90	80	72	63	55	48	41
5	100	86	71	58	43	31	17	4	19	100	91	81	72	64	57	50	41
6	100	86	72	59	46	33	21	8	20	100	91	81	73	65	58	50	42
7	100	87	74	60	48	36	24	14	21	100	91	82	74	66	58	50	44
8	100	87	74	62	50	39	27	16	22	100	91	82	74	66	58	51	45
9	100	88	75	63	52	41	30	19	23	100	91	83	75	67	59	52	46
10	100	88	77	64	53	43	32	22	24	100	91	84	75	67	59	53	47
11	100	88	79	65	55	45	35	25	25	100	92	84	76	68	60	54	48
12	100	89	79	67	57	47	37	27	26	100	92	84	76	69	62	55	50
13	100	89	79	68	58	49	39	30	27	100	92	84	77	69	62	56	51
14	100	89	79	69	59	50	41	32	28	100	92	85	77	70	64	57	52
15	100	90	80	70	61	51	43	34	29	100	92	85	78	71	65	58	53
16	100	90	80	70	61	53	45	37	30	100			79	72	66	59	53
17	100	90	80	71	62	55	47	40									

表 9-2　标准状况下饱和湿空气的绝对湿度

温度/℃	ρ_s		水蒸气的绝对压力		温度/℃	ρ_s		水蒸气的绝对压力	
	g/m³	g/kg	mmHg	Pa		g/m³	g/kg	mmHg	Pa
-20	1.1	0.8	0.96	127.894	1	5.2	4.1	4.92	655.454
-15	1.6	1.1	1.45	193.172	2	5.6	4.3	5.29	704.746
-10	2.3	1.7	2.16	287.760	3	6.0	4.7	5.68	756.703
-5	3.4	2.6	3.17	422.315	4	6.4	5.0	6.09	811.324
0	4.9	3.8	4.58	610.159	5	6.8	5.4	6.53	869.942

续表 9-2

温度/℃	ρ_s		水蒸气的绝对压力		温度/℃	ρ_s		水蒸气的绝对压力	
	g/m³	g/kg	mmHg	Pa		g/m³	g/kg	mmHg	Pa
6	7.3	5.7	7.00	932.557	19	16.2	13.5	16.5	2198.170
7	7.7	6.1	7.49	997.836	20	17.2	14.4	17.5	2331.392
8	8.3	6.6	8.02	1068.444	21	18.2	15.3	18.7	2491.259
9	8.8	7.0	8.58	1143.048	22	19.3	16.3	19.8	2637.804
10	9.4	7.5	9.21	1226.978	23	20.4	17.3	21.1	2810.993
11	9.9	8.0	9.84	1310.908	24	21.6	18.4	22.4	2984.182
12	10.6	8.6	10.52	1401.500	25	22.9	19.5	23.8	3170.693
13	11.3	9.2	11.23	1496.088	26	24.2	20.7	25.2	3357.204
14	12.0	9.8	11.99	1597.337	27	25.6	22.0	26.7	3557.038
15	12.8	10.5	12.79	1703.914	28	27.0	23.4	28.4	3783.516
16	13.6	11.2	13.64	1817.154	29	28.5	24.8	30.1	4009.994
17	14.4	11.9	14.5	1933.169	30	30.1	26.3	31.8	4236.472
18	15.3	12.7	15.5	2066.491	31	31.8	27.3	33.7	4489.595

9.1.2.3　风速的测定

测量巷道中任一断面上各点风速的平均值，常用风速仪（又名风表）测得。矿内常用的风表按迎风转动部件的形式大致分为叶式和杯式两种，如图 9-3 所示。杯式风表适用于测量 5~25m/s 的较高风速。叶式风表中的一种用于测量 0.5~10m/s 的中等风速，另一种用于测量 0.3~0.5m/s 的低风速。叶式风表转轮由 8 块铝质叶片组成，杯式风表的转轮由 4 个杯状铝勺组成，能被风流吹转。井巷中的风速既不能太高，也不能过低，允许风速见表 9-3。

(a)

(b)

图 9-3　风表

(a) 叶式风表；(b) 杯式风表

表 9-3　井巷中的允许风速

井　巷　名　称	允许风速/m·s⁻¹	
	最　低	最　高
无提升设备的风井和风硐	—	15
专为升降物料的井筒	—	12
风桥	—	10

续表 9-3

井 巷 名 称	允许风速/m·s^{-1}	
	最 低	最 高
升降人员和物料的井筒	—	8
主要进、回风巷	—	8
架线电机车巷道	1.0	8
运输机巷、采区进、回风巷	0.25	6
采煤工作面、掘进中的煤巷和半煤岩巷	0.25	4
掘进中的岩巷	0.15	4
其他通风人行巷道	0.15	

9.2 矿井通风动力

风流的点压力是指在井巷和通风管道风流中某个点的压力，就其形成的特征来说，可分为静压、动压和全压（风流中某一点的静压和动压之和称为全压）。

矿井通风的动力包括机械风压和自然风压，用以克服矿井的通风阻力，促使空气流动。其中，由通风机造成的能量差为机械风压；由矿井自然条件产生的能量差，则为自然风压。

9.2.1 自然风压

图 9-4 为一个简化的矿井通风系统。2—3 为水平巷道，0—5 为通过系统最高点的水平线。如果把地表大气视为断面无限大，风阻为零的假想风路，则通风系统可视为一个闭合的回路。在冬季，由于空气柱 0—1—2 比 5—4—3 的平均温度较低，平均空气密度较大，导致两空气柱作用在 2—3 水平面上的重力不等。其重力之差就是该系统的自然风压。它使空气源源不断地从井口 1 流入，从井口 5 流出。在夏季时，若空气柱 5—4—3 比 0—1—2 温度低，平均密度大，则系统产生的自然风压方向与冬季相反。地面空气从井口 5 流入，从井口 1 流出。这种由自然因素作用而形成的通风叫自然通风。

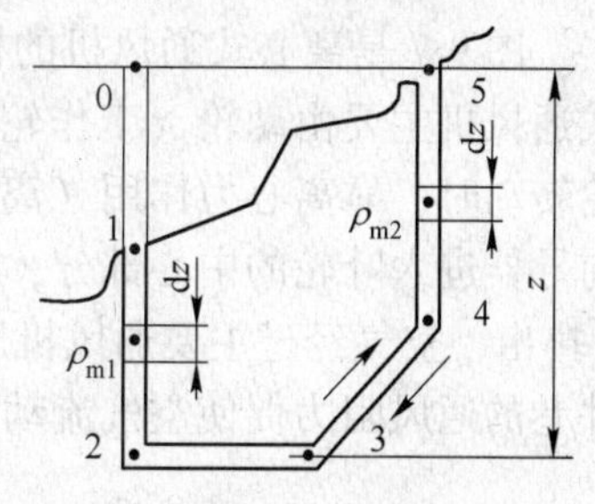

图 9-4 简化的矿井通风系统

由上述例子可见，在一个有高差的闭合回路中，只要两侧有高差巷道中空气的温度或密度不等，则该回路就会产生自然风压。z 为井深，m；0—1—2 和 5—4—3 井巷中空气密度的平均值分别为 ρ_{m1} 和 ρ_{m2}(kg/m^3)，则自然风压为：

$$H_N = zg(\rho_{m1} - \rho_{m2}) \tag{9-1}$$

自然风压的大小和方向，主要受地面空气温度变化的影响。根据实测资料可知，由于风流与围岩的热交换作用使机械通风的回风井中一年四季的气温变化不大，而地面进风井中气温则随季节变化，二者综合作用的结果，导致一年中自然风压随季节发生周期性的变化。图 9-5 和图 9-6 分别为浅井和位于我国北部地区的深井自然风压随季节变化的情形。由图可知，对于浅井，夏季的自然风压出现负值；而对于我国北部地区的一些深井，全年的自然风压都为正值。

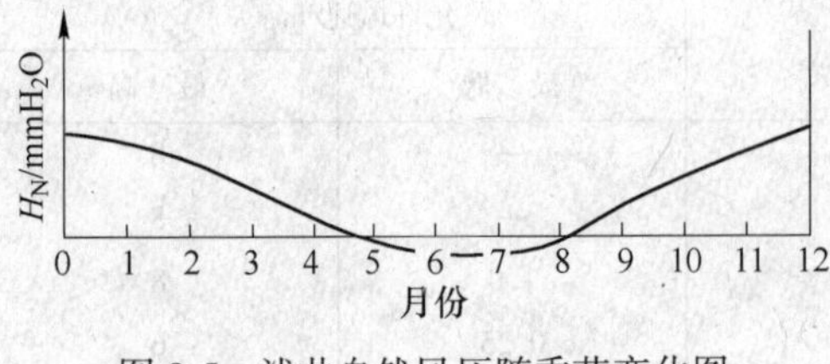

图 9-5　浅井自然风压随季节变化图

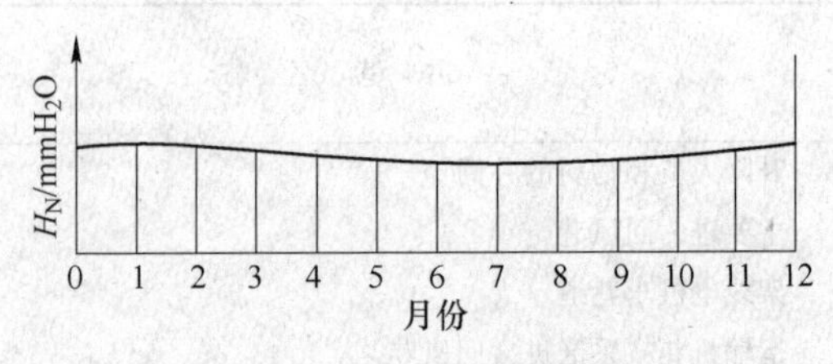

图 9-6　深井自然风压随季节变化图

9.2.2　机械风压

矿井通风的主要动力是通风机，通风机是矿井的“肺脏”，是矿井安全的有力保证，因此，矿井必须使用机械通风，严禁使用自然通风。矿用通风机按其服务范围可分为三种：

（1）主要通风机。担负整个矿井或矿井一翼或一个较大区域通风的通风机，称为矿井的主要通风机。主要通风机必须昼夜运转，它对矿井安全生产和井下工作人员的身体健康、生命安全影响极大。主要通风机一般安装在地面上。

（2）辅助通风机。用来帮助矿井主要通风机对一翼或一个较大区域克服通风阻力，增加风量的通风机，称为主要通风机的辅助通风机。辅助通风机大多安装在井下，目前已很少使用。

（3）局部通风机。为满足井下某一局部地点通风需要而使用的通风机，称为局部通风机。局部通风机主要用作井巷掘进通风。

矿用通风机按其构造和工作原理不同，可以分为离心式通风机和轴流式通风机两大类，其中轴流式通风机又分为普通式和对旋式两种。

9.2.2.1　离心式通风机

图 9-7 是离心式通风机的构造及其在矿井通风井口安装作抽出式通风的示意图。离心式通风机主要由动轮（工作轮）、蜗壳体、主轴、锥形扩散器和电动机等部件构成。当叶轮转动时，靠离心力作用（离心式通风机的命名由此而来），空气由吸风口 12 进入，经前导器进入叶轮的中心部分，然后折转 90°沿径向离开叶轮而流入机壳 2 中，再经扩散器 3 排出，空气经过主要通风机后获得能量，使出风侧的压力高于入风侧，造成压差以克服井巷的通风阻力促使空气流动，从而达到通风的目的。

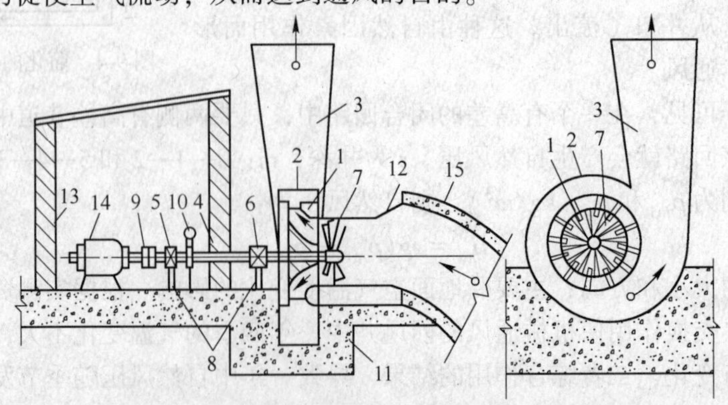

图 9-7　离心式通风机的构造

1—工作轮；2—机壳；3—扩散器；4—主轴；5—止推轴承；6—径向轴承；7—前导器；8—机架；9—联轴节；10—制动器；11—机座；12—吸风口；13—通风机房；14—电动机；15—风硐

9.2.2.2 轴流式通风机

图 9-8 为轴流式通风机的构造及其安装在出风口做抽出通风的装置示意图。轴流式通风机主要有工作叶轮、圆筒形外壳、集风器、整流器、前流线体和环形扩散器等组成。当动轮叶片（机翼）在空气中快速扫过时，由于翼面（叶片的凹面）与空气冲击，给空气以能量，产生了正压力，空气则从叶道流出；翼背牵动背面的空气，而产生负压力，将空气吸入叶道，如此一推一吸造成空气流动。空气经过动轮获得了能量，即动轮的工作给风流提高了全压。

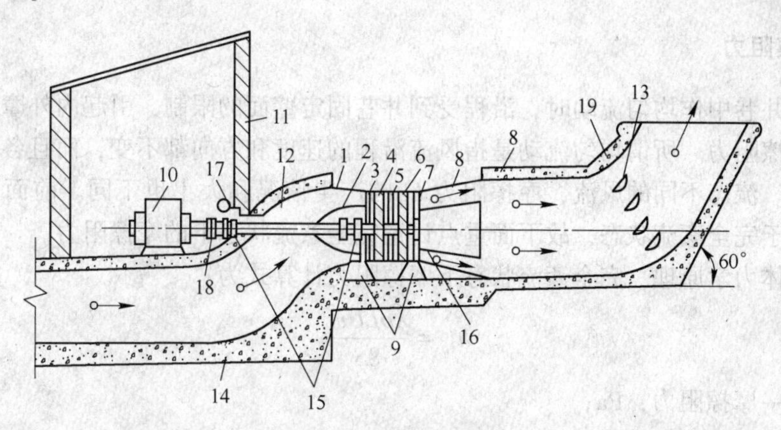

图 9-8 轴流式通风机的构造

1—集风器；2—前流线体；3—前导器；4—第一级工作轮；5—中间整流器；6—第二级工作轮；7—后整流器；8—扩散器；9—机架；10—电动机；11—通风机房；12—风硐；13—导流板；14—基础；15—径向轴承；16—止推轴承；17—制动器；18—齿轮联轴节；19—扩散器

9.2.2.3 对旋式通风机

对旋式通风机在构造上属于轴流式。对旋式通风机的特点是采用双级双电机驱动结构，两机叶轮相对并反向旋转，其结构相当于两台同型号轴流风机对接在一起串联工作，因此被称为对旋式风机。由于这种结构可省去中间及后置固定导叶，且涡流损失较小，具有传动损耗小、压力高、高效范围较宽、效率也较高的特点，其结构如图 9-9 所示。对旋式通风机作为目前我国矿用风机的新生代产品，国内已有多家风机厂投入生产，结构性能也不断改进和提高。

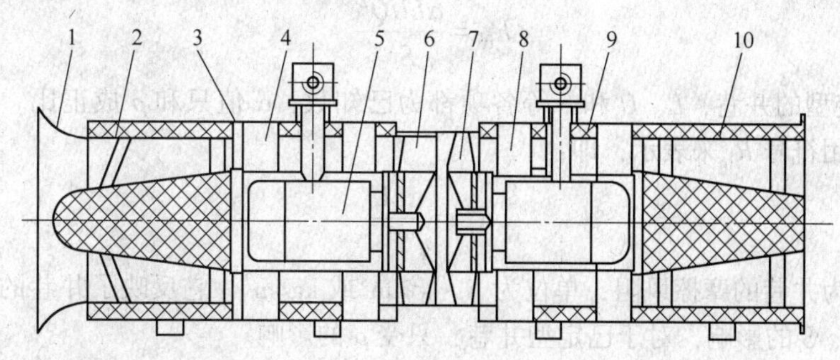

图 9-9 对旋压抽式轴流通风机结构示意图

1—集流器；2—前消声器；3—前机壳；4—进气翼；5—电机；6—Ⅰ级叶轮；7—Ⅱ级叶轮；8—出气翼；9—后机壳；10—后消声器

9.3　矿井通风阻力

通常矿井通风阻力分为摩擦阻力和局部阻力两类。一般情况下，摩擦阻力是矿井通风总阻力的主要组成部分。它们又与风流的流动状态有关。风流的流动状态有层流与紊流两种。由于井巷中最低风速都在 0.15～0.25m/s 以上，且大多数井巷的断面都大于 $2.5m^2$，故大多数井巷中的风流不会出现层流，只有风速很小的漏风风流，才能出现层流。

9.3.1　摩擦阻力

风流在井巷中作均匀流动时，沿程受到井巷固定壁面的限制，引起内外摩擦而产生的阻力称作摩擦阻力。所谓均匀流动是指风流沿程的速度和方向都不变，而且各断面上的速度分布相同。流态不同的风流，摩擦阻力 h_{fr} 的产生情况和大小也不同。前面谈到，井下多数风流属于完全紊流状态，故下面重点讨论完全紊流状态下的摩擦阻力。

根据流体力学原理，完全紊流状态下摩擦阻力计算式为：

$$h_{fr} = \frac{\lambda \rho L U v^2}{8S} \tag{9-2}$$

式中　h_{fr}——摩擦阻力，Pa；

λ——实验比例系数，无因次；

ρ——空气密度，kg/m^3；

L——巷道长度，m；

v——空气的平均速度，m/s；

U——巷道断面周长；

S——巷道断面面积。

令

$$\alpha = \frac{\lambda \rho}{8} \tag{9-3}$$

此 α 系数称为摩擦阻力系数，单位为 $N \cdot s^2/m^4$ 或 kg/m^3。在完全紊流状态下，井巷的 α 值只受 λ 或 ρ 的影响。对于尺寸和支护已定型的井巷，α 值只与 λ 或 ρ 成正比。

若通过井巷的风量为 $Q(m^3/s)$，则 $v = Q/S$，代入式（9-2）得：

$$h_{fr} = \frac{\alpha L U Q^2}{S^3} \tag{9-4}$$

对于已定型的井巷，L、U 和 S 等各项都为已知数，α 值只和 ρ 成正比。故把上式中的 $\alpha LU/S^3$ 项用符号 R_{fr} 来表示，即：

$$R_{fr} = \frac{\alpha L U}{S^3} \tag{9-5}$$

此 R_{fr} 称为井巷的摩擦风阻，单位为 $N \cdot s^2/m^8$ 或 kg/m^7，它反映了井巷的特征。它只受 α 和 L、U、S 的影响，对于已定型井巷，只受 ρ 的影响。

则

$$h_{fr} = R_{fr} Q^2 \tag{9-6}$$

式（9-6）就是风流在完全紊流状态下的摩擦阻力定律。当摩擦风阻一定时，摩擦阻力和风量的平方成正比。要降低摩擦阻力须从以下几个方面来考虑：

（1）降低摩擦阻力系数。尽量选择 α 小的支护方式，注意施工质量，尽可能使巷道壁面平整光滑。

（2）扩大巷道断面。对通风困难的矿井改造几乎都采用这种措施。例如，把某些总回风道的断面扩大；必要时，甚至开掘并联巷道。

（3）选用巷道周长与断面积较小的巷道形状。在巷道断面相同的条件下，以圆形断面的周长为最小，拱形次之，梯形最大。故井筒要采用圆形断面，主要巷道要采用拱形断面；只有采区内的服务期限不长的巷道可采用梯形断面。

（4）缩短风路的长度。

（5）避免巷道内风量过大。巷道内的风量如果过大，摩擦阻力就会大大增加。因此，要尽可能使矿井的总进风早分开，总回风晚汇合，即风流“早分晚合”。

9.3.2 局部阻力

矿井内风流在流动过程中，由于边壁条件的变化，使均匀流动在井巷内的风流受到阻碍物的影响而变化，从而引起风流的速度大小、方向、分布的变化或产生涡流等，造成风流的能量损失，称为局部阻力。井下产生局部阻力的地点较多，例如巷道拐弯、分叉和汇合处，巷道断面变化处，进风井口和回风井口等。

井下巷道中风流局部阻力均属于紊流状态下的局部阻力。在完全紊流状态下，不论井巷局部地点的断面、形状和拐弯如何变化，所产生的局部阻力都和局部地点的前面或后面断面上的速压成正比。例如图 9-10 所示突然扩大的巷道，该局部地点的局部阻力 h_{er}(Pa) 为：

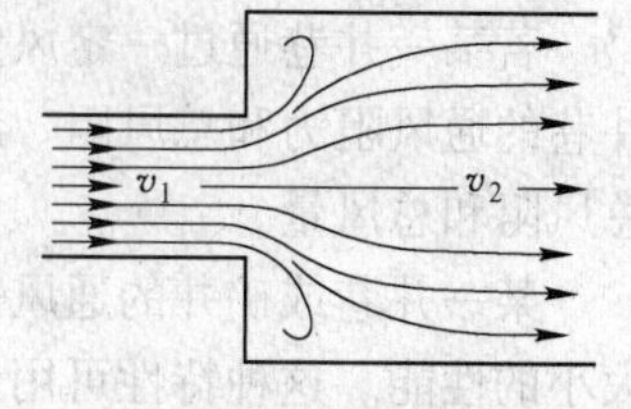

图 9-10 突然扩大巷道风流变化示意图

$$h_{er} = \xi_1 h_{v1} = \xi_2 h_{v2} = \xi_1 \frac{\rho v_1^2}{2} = \xi_2 \frac{\rho v_2^2}{2} \tag{9-7}$$

式中 v_1，v_2 ——分别是局部地点前后断面上的平均风速，m/s；

ξ_1，ξ_2 ——局部阻力系数，无因次，分别对应于 h_{v1}、h_{v2}（对于形状和尺寸已定型的局部地点，这两个系数都是常数，但它们彼此不相等，可以任用其中的一个系数和相应的速压计算局部阻力）；

ρ ——局部地点的空气密度，kg/m^3。

若通过局部地点的风量为 Q，前后两个断面积分别是 S_1 和 S_2，则两个断面上的平均风速 v_1(m/s)，v_2(m/s) 分别为：

$$v_1 = \frac{Q}{S_1},\ v_2 = \frac{Q}{S_2}$$

令

$$R_{er} = \xi_1 \frac{\rho}{2S_1^2} = \xi_2 \frac{\rho}{2S_2^2} \tag{9-8}$$

R_{er}(N·s^2/m^8) 称为局部风阻。当局部地点的规格尺寸和空气密度都不变时，R_{er} 是一个常数。将式（9-8）代入式（9-7），得：

$$h_{er} = R_{er} \cdot Q^2 \tag{9-9}$$

式（9-9）表示完全紊流状态下的局部阻力定律，和完全紊流状态的摩擦阻力定律一样，当 R_{er} 一定时，h_{er} 和 Q 的平方成正比。

在一般情况下，由于矿井内风流的速压较小，所产生的局部风阻也较小，井下各处的局部阻力之和只占矿井总阻力的10%~20%左右。故在通风设计工作中，不逐一计算井下各处的局部阻力，只在这个百分数范围内估计一个总数。但对掘进通风用的风筒和风量较大的井巷，由于其中风流的速压较大，就要逐一计算局部阻力。

降低局部阻力的措施主要有：

(1) 对于风速高、风量大的井巷，尽可能避免断面的突然增大或突然减小。

(2) 尽可能避免巷道拐急弯，在拐弯处壁面要成圆弧过渡，拐弯的曲率半径要尽量大，还可设置导风板。

(3) 风筒要悬挂平直。

(4) 在巷道的分叉处或汇合处要做成斜面或圆弧形，不要随意在主要巷道内堆放木料、器材等杂物，把正对风流的固定物体做成流线形。

9.3.3 矿井通风阻力定律

所谓通风阻力定律，就是前面所说的摩擦阻力定律和局部阻力定律的结合，也就是通风阻力、风阻和风量三个参数相互依存的规律。在完全紊流状态下，通风阻力定律是：

$$h = RQ^2 \tag{9-10}$$

若某一井巷通过一定风量，同时产生摩擦阻力和局部阻力，则 h(Pa) 和 R 分别是该井巷的通风阻力和总风阻。对于一个矿井来说，h、R 和 Q 分别代表该矿井的通风阻力、总风阻和总风量。

某一井巷或矿井的通风特性就是该矿井或井巷所特有的反映通风难易程度或通风能力大小的性能。这种特性可用该井巷或矿井的风阻值的大小来表示。即风量相同时，风阻大的井巷或矿井，通风阻力必大，表示通风困难，通风能力小；反之，风阻小的井巷或矿井，通风阻力必小，表示通风容易，通风能力大。通风阻力相同时，风阻大的井巷或矿井，风量必小，表示通风困难，通风能力小；反之，风阻小的井巷或矿井，风量必大，表示通风容易，通风能力大。所以，井巷或矿井的通风特性又名风阻特性。

9.4 需风量及风量调节

9.4.1 矿井需风量

矿井在正常通风时，矿井通风系统应向井下供给足够的新鲜风量，既能排除有害气体及粉尘，又能使工作地点满足温度和风速的要求，创造适宜的井下气候条件。

矿井总进风量按下列要求分别计算，然后取其中最大值。

(1) 按井下同时工作的最多人数计算，确保能为井下每人每分钟供给 $4m^3$ 的新鲜风量，即：

$$Q_{kj} = 4 \times N \times K_{kt} \tag{9-11}$$

式中　Q_{kj}——矿井总进风量，m^3/min；

N——井下同时工作的最多人数，人；

K_{kt}——矿井通风系数，包括矿井内部漏风和配风不均匀等因素，一般可取 K_{kt} = 1. 2~1. 25。

（2）按采煤、掘进、硐室及其他地点实际需要风量的总和计算，即：

$$Q_{kj} = (Q_c + Q_j + Q_d + Q_q) \times K_{kt} \tag{9-12}$$

式中 Q_{kj}——矿井总进风量，m^3/min；

Q_c——回采工作面实际需要风量的总和，m^3/min；

Q_j——掘进工作面实际需要风量的总和，m^3/min；

Q_d——硐室实际需要风量的总和，m^3/min；

Q_q——除了采煤、掘进和硐室地点外的其他井巷需要进行通风的风量总和，m^3/min；

K_{kt}——矿井通风系数（抽出式矿井通常取 1. 15~1. 2，压入式矿井通常取1. 25~1. 3）。

9. 4. 1. 1 采区需风量

按照采区实际需要，供给适当的风量，是搞好采区通风的核心问题。既要保证质量、安全可靠又要保持经济合理，但因计算风量的因素较多，各个采区的情况又不尽一致，至今仍分别用各种因素进行近似计算，然后选用其中最大值。对于新设计的采区，要参照条件相同的生产采区进行计算。投产后进行修正，对于生产的采区，也要根据情况的不断变化随时进行调整，务必使供给的风量符合我国《煤矿安全规程》中有关条文的规定。

采区所需总风量 Q_m 是采区内各用风地点所需风量之和，并乘以适当系数，即：

$$Q_m = (\Sigma Q_{pi} + \Sigma Q_{ei} + \Sigma Q_{Bi} + \Sigma Q_{Oi}) \times K_m \tag{9-13}$$

式中 ΣQ_{pi}——各回采工作面和备用工作面所需要的风量之和，m^3/min；

ΣQ_{ei}——各掘进工作面所需要的风量之和，m^3/min；

ΣQ_{Bi}——各硐室所需风量之和，m^3/min；

ΣQ_{Oi}——除上述各用风点外，其他巷道风量之和，m^3/min；

K_m——采区风量备用系数，包括采区漏风和配风不均匀等因素，该值应从实测和统计中求得，一般可取为 1. 2~1. 25。

9. 4. 1. 2 回采工作面需风量

回采工作面需风量应按照稀释和排放瓦斯、CO_2、炮烟及其他有害气体、粉尘，并使工作面有适宜的气温和风速，分别进行计算，然后取其中的最大值。回采工作面有串联通风时，应使每一个串联工作面空气中的有害气体、粉尘、气温和风速均符合《煤矿安全规程》要求。

高瓦斯工作面通常以按瓦斯算得的风量为最大。低瓦斯工作面供风主要考虑气候条件。高温工作面如果用通风方法不能使气温符合《煤矿安全规程》的规定，则需采用制冷和空调设施。

（1）按瓦斯（或二氧化碳）涌出量计算工作面风量 Q_{pi}(m^3/min)：

$$Q_{pi} = K_{CH_4} \cdot Q_{CH_4} \bigg/ \left(\frac{1}{100} - C_1\right) \tag{9-14}$$

式中 K_{CH_4}——工作面瓦斯（或二氧化碳）涌出量不均匀系数，它是最大涌出量与平均涌出量之比，由实测统计得到（对于机采工作面，K_{CH_4}为1.3~1.45；对于炮采工作面，K_{CH_4}为1.35~1.5），按经验选取；

Q_{CH_4}——工作面瓦斯或二氧化碳的绝对涌出量，m^3/min，根据实测统计的平均值或按经验数据取值；

$\frac{1}{100}$——工作面回流瓦斯允许浓度；

C_1——工作面入风流瓦斯浓度。

对于涌出其他有害气体的工作面，可参照式（9-14）计算，只需将式中关于瓦斯的参数换成各有害气体的参数即可。

对于高瓦斯矿井，如工作面风量 Q_{pi}过大，可使工作面风速超限，导致煤尘飞扬，或由于供风不足而导致瓦斯超限。应酌情采用瓦斯抽采、尾巷排放，选用适宜的工作面通风系统（例如以Y形、W形、Z形等系统取代U形通风系统），以及喷雾注水等措施。

在采用抽排措施时，式（9-14）中的 Q_{CH_4}应为风流排出的工作面瓦斯量，不包含抽排的瓦斯量。

在用尾巷排放时，尾巷瓦斯浓度 C_1可高于工作面回风巷道中的瓦斯浓度，但应小于3%。设以 Q_i及 Q_{rei}分别表示尾巷及工作面回风巷的风量，则工作面风量 $Q_{pi}(m^3/min)$ 可按下式计算：

$$Q_{pi} \geqslant \frac{K_{CH_4} \cdot Q_{CH_4}}{\frac{1}{100} - C_1 + (1 - A)\left(C_t - \frac{1}{100}\right)} \tag{9-15}$$

式中　A——工作面回风道风量与工作面总风量之比，即 $A = Q_{rei}/Q_{pi}$。

（2）按炸药量计算 $Q_{pi}(m^3/min)$：

$$Q_{pi} = 25A_{pi} \tag{9-16}$$

式中　25——以炸药量（kg）为计算单位的供风标准，$m^3/(min \cdot kg)$；

A_{pi}——第 i 个回采面一次爆炸所用的最大炸药量，kg。

（3）按人数计算。以 N 表示回采面同时工作的最多人数，则回采面风量 $Q_{pi}(m^3/min)$为：

$$Q_{pi} \geqslant 4N \tag{9-17}$$

式中　4——每人每分钟应供给的最小风量，m^3/min。

（4）按工作面气温计算。为使工作面有良好的气候，对应于不同的风温时，参照的风速如表9-4所示。

表9-4　工作面气温与风速对照表

工作面气温/℃	工作面风速 $v/m \cdot s^{-1}$
<15	0.3~0.5
15~18	0.5~0.8
18~20	0.8~1.0
20~23	1.0~1.5
23~26	1.5~1.8

由表 9-4 可得长壁工作面风量 Q_{pi}(m³/min) 为:

$$Q_{pi} = 60vS \tag{9-18}$$

式中 S——按平均控顶距算得工作面平均断面积，m²。

对于普采工作面 S 值可按最大和最小控顶距的断面积平均值计算，对于综采工作面，可用下述近似式计算:

使用支撑式支护时 $S=3.75(M-0.3)$;

使用掩护式支护时 $S=3(M-0.3)$;

其中 M 为煤层开采厚度，m。

(5) 低瓦斯矿井综采工作面所需风量。设计院情报协作组建议的参数计算式见式 (9-19):

$$Q_{pi} = 200 \cdot K_1 \cdot K_2 \cdot K_3 \cdot K_4 \tag{9-19}$$

式中 K_1——采高系数 (当采高 $h<2$m 时，$K_1=\sqrt{2h-1}$，当 $h\geqslant 2$m 时，$K_1=\sqrt{h}+0.3$);

K_2——温度系数，以 L 表示工作面长度，则 $K_2=\sqrt{L}/10$;

K_3——温度系数，见表 9-5。

K_4——支架后方控顶系数 (顶板易于冒落时，$K_4=1$; 需要强制放顶时，$K_4=1.1$);

200——综采工作面基本风量，相当于采高 $h=1.0$m，工作面风速为 1.5m/s，控顶距为 4m，有效通风断面系数为 0.55 时的风量，m³/min。

表 9-5 工作面温度系数

工作面温度/℃	≤15	16~17	18~22	23~24	25~26
温度系数 (K_3)	0.7	0.8	1.0	1.2	1.4

(6) 按工作面风速计算。按最低风速 0.25m/s 计算，回采工作面最低风量为:

$$Q_{pimin} \geqslant 15S \tag{9-20}$$

按最高风速 4m/s 计算，回采工作面最大风量为:

$$Q_{pimin} \leqslant 240S \tag{9-21}$$

(7) 备用采面需要风量计算。备用采面的需风量通常取为产量相同的生产采面的需风量之半。当采区风量不富裕时，也可以按工作面不积聚瓦斯为原则配风，但工作面风速不应小于 15m/min。

9.4.1.3 掘进工作面需风量

掘进工作面所需风量和回采工作面所需风量的计算方法基本相同。

(1) 按瓦斯或二氧化碳涌出量计算:

$$Q_{ei} = 100q_{pei}K_{ei} \tag{9-22}$$

式中 Q_{ei}——第 i 个掘进面所需要的风量，m³/min;

q_{pei}——第 i 个掘进面回风流中瓦斯的绝对涌出量，m³/min;

K_{ei}——第 i 个掘进面瓦斯涌出不均匀系数，由实测统计得出，一般可取 1.5~2.0。

(2) 按炸药量计算:

$$Q_{ei} = 25A_{ei} \tag{9-23}$$

式中 A_{ei}——第 i 个掘进面一次爆破使用的最大炸药量，kg。

(3) 按局部风机的吸风量计算:

$$Q_{ei} = Q_{fi} \cdot I_i \tag{9-24}$$

式中　Q_{fi}——第 i 个掘进工作面局部风机的吸风量，常用的4kW、11kW和28 kW JBT系列局部风机每台的吸风量分别为 $100m^3/min$、$200m^3/min$ 和 $350m^3/min$，安设局部风机的巷道中的风量，除了满足局部风机的吸风量外，还应保证局部风机吸入至掘进工作面回风道之间的风速不小于0.15m/s，以防止局部吸入循环风以及这段距离内风流停滞、瓦斯积聚；

I_i——该掘进工作面同时运转的局部风机台数。

（4）按人数计算：

$$Q_{ei} = 4N_{ei} \tag{9-25}$$

式中　N_{ei}——第 i 个掘进工作面同时工作的最多人数，人。

（5）按风速进行验算。每个岩巷掘进面的风量为：

$$Q_{ei} \geqslant 0.15 \times 60S_{ei} \tag{9-26}$$

式中　S_{ei}——第 i 个掘进工作面的断面，m^2。

每个煤巷或半煤岩巷掘进工作面的风量为：

$$Q_{ei} \geqslant 0.25 \times 60S_{ei} \tag{9-27}$$

每个岩巷、煤巷或半煤岩巷掘进面的风量为：

$$Q_{ei} \leqslant 4 \times 60S_{ei} \tag{9-28}$$

用以上五种方法对采区内每个独立迎风的掘进工作面进行计算，选择最大值作为每个掘进工作面所需风量，这些风量累加即是采区内掘进工作面所需的总风量。

9.4.1.4　*硐室需风量*

采区内独立通风的每个硐室所需风量，应根据各类硐室分别计算。

（1）发热量大的机电硐室所需风量。供给这类硐室（如水泵房或压气机房）的风量所吸收的热量，应和室内机电设备运转的发热量相等，即：

$$60Q_{ec}\rho \cdot C_p \cdot \Delta t = A \cdot N_s \cdot \theta$$

式中　A——1kW·h的电量变为热量的当量，一般可取为 $A=3600kJ/(kW \cdot h)$；

θ——某类硐室中机电设备运转的发热系数，应实测得出，一般可取水泵房的 $\theta=0.02\sim0.04$；压气机房的 $\theta=0.20\sim0.23$；

ρ——空气密度，一般可以取 $\rho=1.2kg/m^3$；

C_p——空气的定压比热，一般取为 $C_p=1.0006kJ/(kg \cdot K)$；

Δt——该硐室回风与进风的温差，K；

N_s——机电设备运转总功率，kW。

故风量 $Q_{ec}(m^3/min)$ 为：

$$Q_{ec} = \frac{A \cdot N_s \cdot \theta}{60\rho \cdot C_p \cdot \Delta t} = \frac{60 \cdot N_s \cdot \theta}{\rho \cdot C_p \cdot \Delta t} \tag{9-29}$$

（2）火药库所需风量。按库内空气每小时需换气4次计算，即：

$$Q_{fc} = 4V/60 \tag{9-30}$$

式中　V——包括联络巷在内的火药库空间总体积，m^3。

（3）其他硐室所需风量。采区绞车房的 $Q_{wo}=60\sim80m^3/min$；采区变电所 $Q_{vc}=60\sim$

$80m^3/min$；充电硐室 $Q_{cc}=100\sim200m^3/min$。

9.4.2 通风构筑物

矿井通风系统，除了有结构合理的通风网路和能力适当的通风机外，还要在网路中的适当位置安设隔断、引导和控制风流的设施和装置，以保证风流按生产需要流动。这些设施和装置，统称为通风构筑物。通风构筑物可分为两大类：一类是通过风流的通风构筑物，如主要通风机风硐、反风装置、风桥、导风板和调节风窗；另一类是隔断风流的通风构筑物，如井口密闭、挡风墙、风帘和风门等。

9.4.2.1 风桥

当通风系统中进风道与回风道水平交叉时，为使进风与回风互相隔开，需要构筑风桥。按其结构不同可分为三种：

（1）绕道式风桥。开凿在岩石里，最坚固耐用，漏风少，能通过大于 $20m^3/s$ 的风量。此类风桥可在主要风路中使用。绕道式风桥如图 9-11 所示。

（2）混凝土风桥。混凝土风桥结构紧凑，比较坚固，可通过风量 $10\sim20m^3/s$。混凝土风桥如图 9-12 所示。

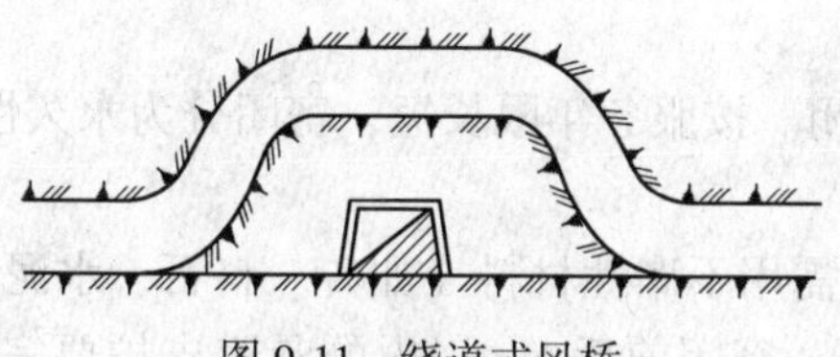

图 9-11 绕道式风桥

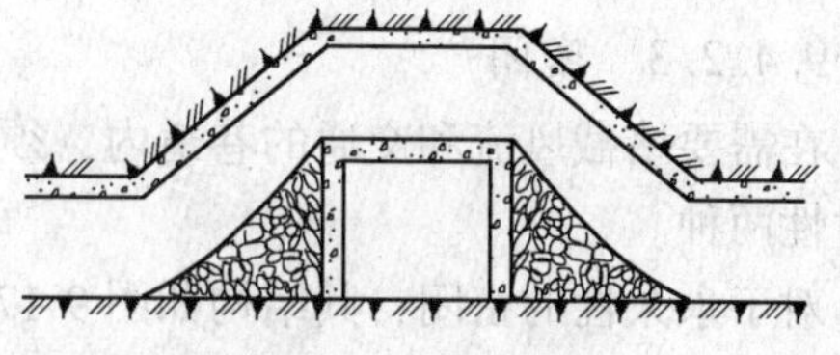

图 9-12 混凝土风桥

（3）铁筒风桥。通过风量不大于 $10m^3/s$ 时，可使用铁筒风桥。铁筒风桥可制成圆形或矩形，风筒直径不小于 0.8～1m，铁板厚度不小于 5mm。此类风桥可在次要风路中使用。铁筒风桥如图 9-13 所示。

风桥的质量标准：1）用不燃的材料建筑；2）桥面平整不漏风；3）风桥前后各 5m 范围内巷道支护良好，无杂物和积水淤泥；4）风桥通风断面不小于原巷道断面的 4/5，成流线型，坡度小于 30°；5）风桥两端接口严密，四周实帮、实底，要填实；6）风桥上下不准设风门。

9.4.2.2 导风板

（1）引风导风板。压入式通风的矿井，为防止井底车场漏风，在入风石门与巷道交叉处，安设引导风流的导风板。利用风流动压的方向性，改变风流分配状况，提高矿井有效风量率。图 9-14 是导风板安装示意图，导风板可用木板、铁板或混凝土板制成。导风

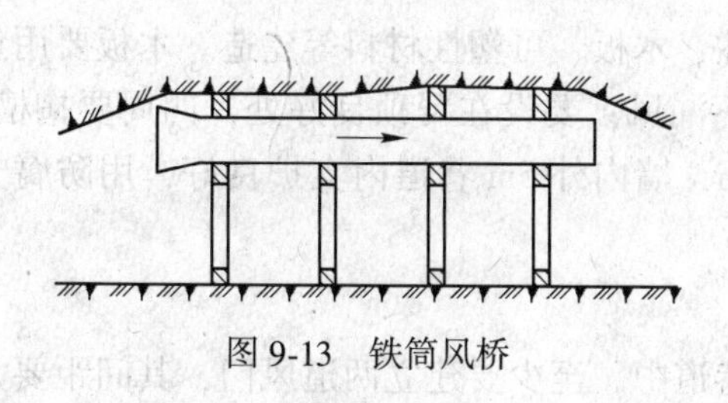

图 9-13 铁筒风桥

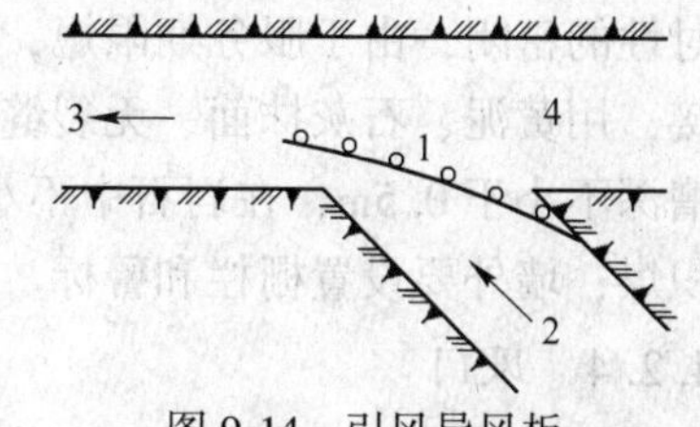

图 9-14 引风导风板
1—导风板；2—入风石门；3—采区巷道；4—井底车场绕道

板要做成圆弧形与巷道成光滑连接。导风板的长度应超过巷道交叉口 0.5~1m 的距离。

（2）降阻导风板。通过风量较大的巷道直角转弯处，为降低通风阻力，可用铁板制成机翼形或普通弧形导风板，减少风流冲击的能量损失。图 9-15 是直角转弯处导风板装置图。导风板的敞角 α 可取 100°，导风板的安装角 β 可取 45°~50°。安设此种导风板后可使直角转弯的局部阻力系数 ξ 由原来的 1.40 降低到 0.3~0.4。

（3）汇流导风板。在如图 9-16 所示三岔口巷道中，当两股风流对头相遇汇合在一起时，可安设导风板，减少风流相通时的冲击能量损失。此种导风板可用木板制成，安装时应使导风板伸入汇流巷道后所分成的两个隔间的面积与各自所通过的风量成比例。

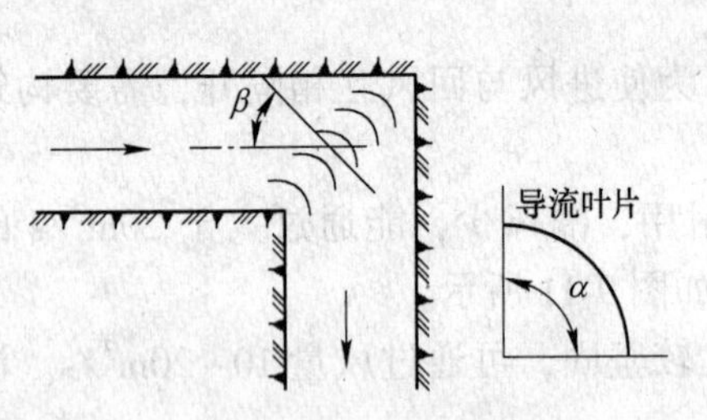

图 9-15　直角转弯处降阻导风板安装示意图

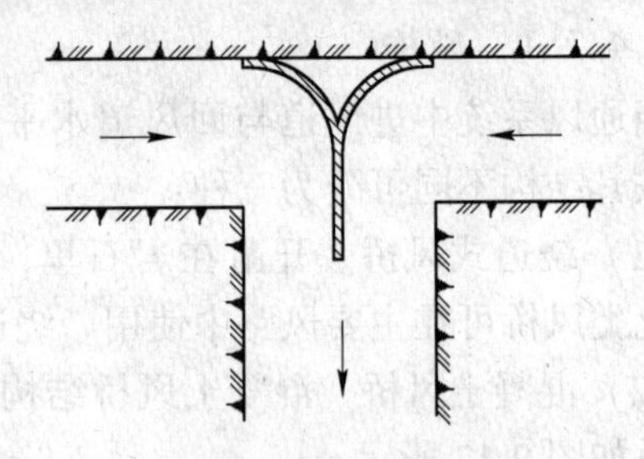

图 9-16　汇流导风板

9.4.2.3　密闭

在需要堵截风流和交通的巷道内，须设置密闭。按服务年限长短，密闭分为永久性和临时性两种。

对于永久性的密闭，其结构如图 9-17 所示，需用不燃性材料（如砖、料石、水泥等）建筑，墙上部厚度不小于 0.45m，下部不小于 1m；密闭前后 5m 以内的巷道支护要完好，用防腐支架；无积煤，无片帮、冒顶；四周掏槽，在煤中槽深不小于 1m，在岩石中不小于 0.5m；墙面要严、抹平、刷白、不漏风。密闭内有涌水时，应在墙上装设放水管以排出积水。放水管应制成 U 形，利用水封防止放水管漏风。

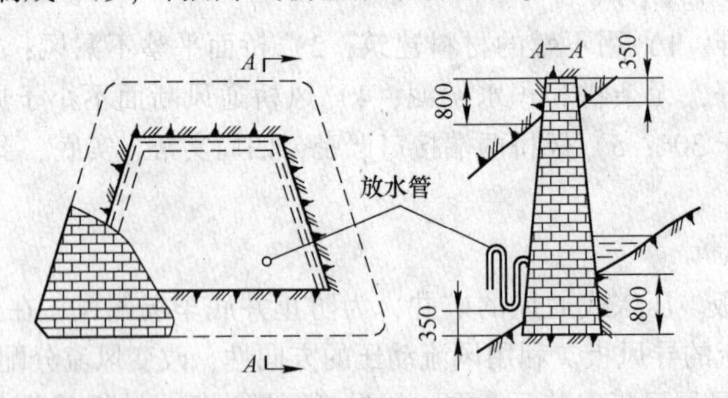

图 9-17　永久性密闭

临时性的密闭，由于服务期限短，可用木柱、木板、可塑性材料等建造。木板要用鱼鳞式搭接，用黄泥、石灰抹面、无裂缝；基本不漏风；要设在帮顶良好处，四周要掏槽，在煤中槽深不小于 0.5m，在岩石中不小于 0.3m，墙内外 5m 巷道内支护良好，用防腐支架，无积煤；墙外要设置栅栏和警标。

9.4.2.4　风门

在人员和车辆可以通行、风流不能通过的巷道中，至少要建立两道风门，其间距要大于运输工具长度，以便一道风门开启时，另一道风门是关闭的。风门分为普通风门和自动风门。在行人和通车不频繁的地点，可用图 9-18 所示的普通木制风门，这种风门的结构特点是门扇与门框呈斜面接触，接触处有可缩性衬垫，比较严密、结实，一般可使用 1.5~2 年。而在行人通车比较频繁的主要运输道上，则应构筑自动风门。

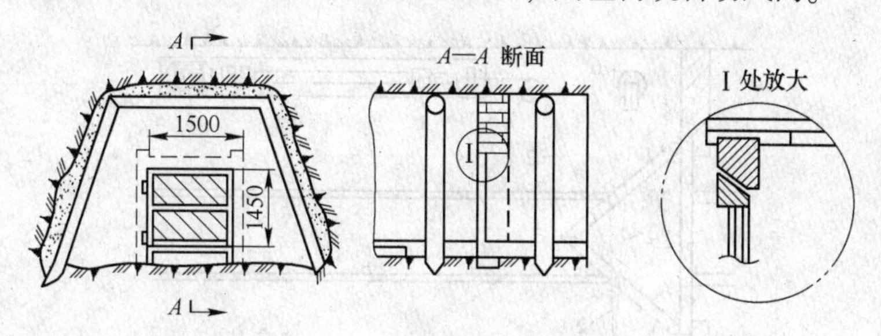

图 9-18　普通木制风门结构

自动风门种类很多，目前常用的自动风门有以下几种：

（1）碰撞式自动风门。由门板、碰撞风门杠杆、风耳、缓冲弹簧、推门弓等组成，如图 9-19 所示。风门是靠矿车碰撞门板上的门弓和推门杠杆而自动打开的，借风门自重而关闭。其优点是结构简单，经济实用；其缺点是碰撞构件容易损坏，需经常维修。此种风门可用于行车不太频繁的巷道中。

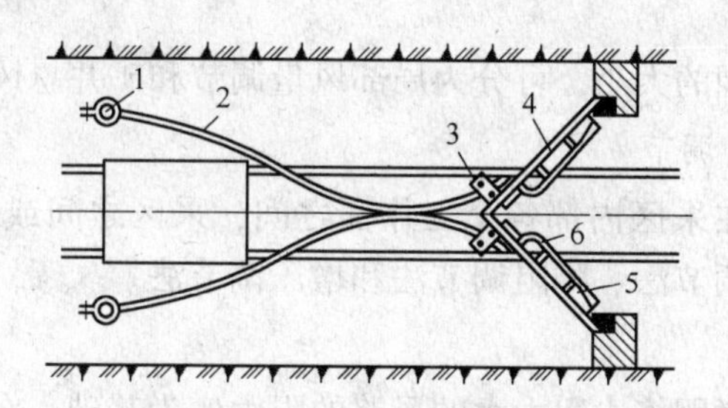

图 9-19　碰撞式自动风门

1—杠杆回转轴；2—碰撞风门杠杆；3—风耳；4—门板；5—推门弓；6—缓冲弹簧

（2）气动或水动风门。这种风门的动力来源是压缩空气或高压水。它是由电气触点控制电磁阀，电磁阀控制气缸或水缸的阀门，使气缸或水缸中的活塞做往复运动，再通过联动机构控制风门开闭，如图 9-20 所示。这种风门简单可靠，但只能用于有压缩空气和高压水源的地方。北方矿山严寒易冻的地方不能使用。

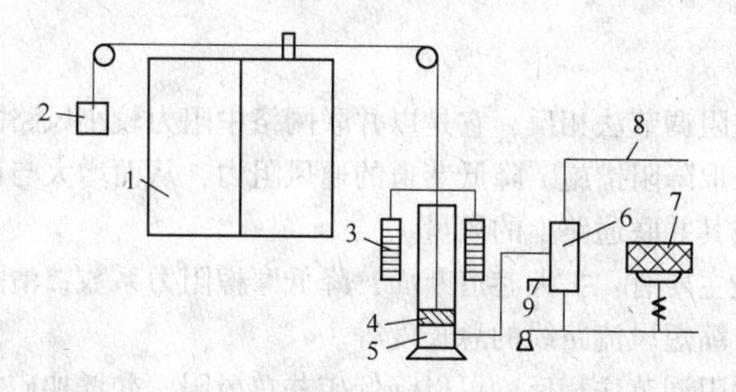

图 9-20　水力配重自动风门示意图

1—门扇；2—平衡锤；3—重锤；4—活塞；5—水缸；6—三通水阀；7—电磁铁；8—高压水管；9—放水管

(3) 电动风门。电动风门是以电动机做动力。电动机经过减速带动联动机构，使风门开闭。电动机的启动和停止可用车辆触及开关或光电控制器自动控制。电动风门应用广泛，适应性较大，只是减速和传动机构稍微复杂些。电动风门样式较多，图 9-21 是其中一种。

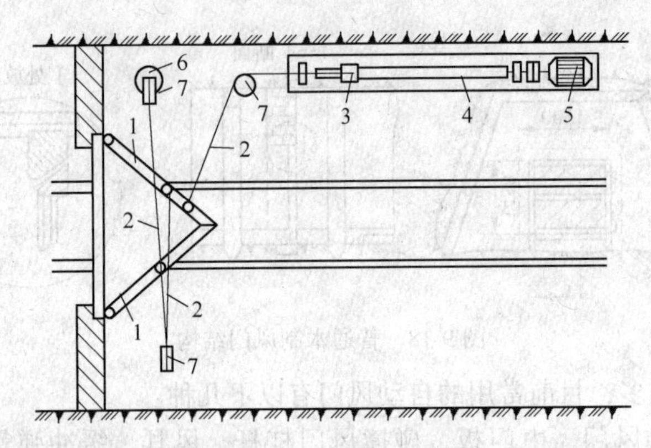

图 9-21　电动风门示意图

1—门扇；2—牵引绳；3—滑块；4—螺杆；5—电动机；6—配重；7—导向滑轮

9.4.3　矿井风量调节

风量调节按照其范围的大小，可分为局部风量调节和矿井总风量调节。

9.4.3.1　*局部风量调节*

局部风量调节是指在采区内部各个工作面之间，采区之间或生产水平之间的风量调节。调节的方法有增阻调节法、降阻调节法和增压调节法。

A　增阻调节法

增阻调节法是以并联网络中阻力大的风路的阻力值为基础，在各阻力较小的巷道中安设调节风窗等设施，增大巷道的局部阻力，从而降低与该巷道处于同一通路中的风量，或增大与其关联的通路上的风量。这是目前使用最普遍的局部调节风量的方法。

增阻调节是一种耗能调节法。具体措施主要有：调节风窗，临时风帘，空气幕调节装置等。其中使用最多的是调节风窗，其制造和安装都较简单。

增阻调节法的优点与适用条件：这种调节法具有简便、易行的优点，它是采区内巷道间的主要调节措施。

B　降阻调节法

降阻调节法与增阻调节法相反，它是以并联网络中阻力较小风路的阻力值为基础，在阻力较大的风路中采取降阻措施，降低巷道的通风阻力，从而增大与该巷道处于同一通路中的风量，或减小与其并联通路上的风量。

降阻调节的措施主要有：扩大巷道断面，降低摩擦阻力系数；清除巷道中的局部阻力物，采用并联风路，缩短风流路线的总长度等。

降阻调节法与增阻调节法相反，可以降低矿井总风阻，并增加矿井总风量，但降阻措施的工程量和投资一般都较大，施工工期较长，所以一般在对矿井通风系统进行较大的改造时采用。在生产实际中，对于通过风量大，风阻也大的风硐、回风石门、总回风道等地段，采取扩大断面、改变支护形式等减阻措施，往往效果明显。

C 增压调节法

在风阻大、风量不足的风路上安设辅助通风机，克服该巷道的部分阻力，以提高其风量的方法称为增压调节法。

如果采用增加风压的调节方法，就必须以阻力小的 A 采区的阻力值为依据，在阻力较大的 B 采区内安设一台辅助通风机，让辅助通风机产生的风压和主要通风机能够供给这两个并联采区的风压共同来克服 B 采区的阻力。

9.4.3.2 矿井总风量调节

在矿井开采过程中，由于矿井产量和开采条件不断变化，当矿井（或一翼）总风量不足或过剩时，需要调节总风量，也就是调整主要通风机的工况点。采取的措施是：1）改变主要通风机的工作特性；2）改变矿井网路的总风阻值。

9.5 局部通风

无论在新建、扩建或生产矿井中，都需开掘大量的井巷工程，以便准备新的采区和采煤工作面。在开掘井巷时，为了稀释和排除自煤（岩）体涌出的有害气体，爆破产生的炮烟和矿尘以及保持良好的气候条件，必须对掘进工作面进行不间断的通风。而这种井巷只有一个出口（称为独头巷道），不能形成贯穿风流，故必须采用局部通风机、高压水气源或主要通风机产生的风压等技术手段向掘进工作面提供新鲜风流并排出污浊风流，这些方法称为局部通风（又称为掘进通风）。

9.5.1 局部通风方法

向井下局部地点进行通风的方法，按通风动力形式不同，可分为局部通风机通风、矿井全风压通风和引射器通风。其中又以局部通风机通风最为常用。

9.5.1.1 局部通风机通风

利用局部通风机做动力，通过风筒导风的通风方法称为局部通风机通风，它是目前局部通风最主要的方法。局部通风机的常用通风方式有压入式、抽出式和混合式。

A 压入式通风

压入式通风布置如图 9-22 所示，局部通风机及其附属装置安装在离掘进巷道口 10m 以外的进风侧，将新鲜风流经风筒输送到掘进工作面，污风沿掘进巷道排出。新风流出风筒形成的射流属末端封闭的有效贴壁射流，如图 9-23 所示。气流贴着巷壁射出风筒后，由于卷吸作用，射流断面逐渐扩张，直至射流的断面达到最大值，此段称为扩张段，用 L_e 表示；然后，射流断面逐渐减少，直到为零，此段称为收缩段，用 L_a 表示，在收缩段，射流一部分经巷道排走，另一部分又被扩张段射流所卷吸。从风筒出口至射流反向的最远距离（即扩张段和收缩段总长）称射流有效射程，以 L_s 表示。在巷道边界条件下，一般有：

$$L_s = (4 \sim 5)\sqrt{S} \tag{9-31}$$

式中 L_s——射流有效射程，m；

S—巷道断面，m^2。

在有效射程以外的独头巷道中会出现循环涡流区，如图9-24所示。

压入式通风排污过程如图9-25所示，当工作面爆破或掘进落煤（岩）后，烟尘充满迎头形成一个炮烟抛掷区和粉尘分布集中带。风流由风筒射出后，由于射流的紊流扩散和卷吸作用，使迎头炮烟与新风发生强烈掺混，沿着巷道向外推移。为了能有效地排出炮烟，风筒出口与工作面的距离应不超过有效射程，否则会出现图9-24中的污风（烟流）停滞区。

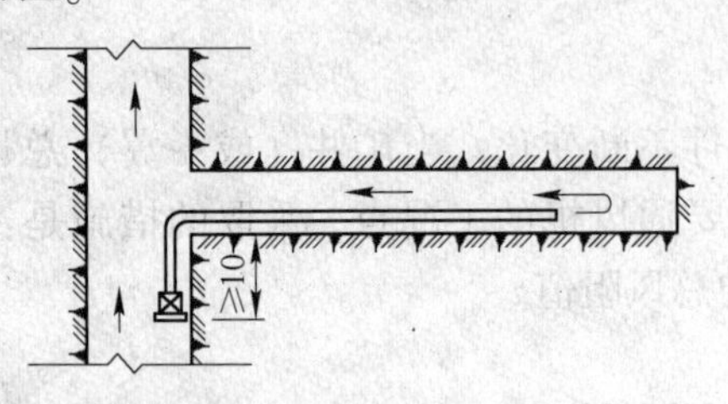

图9-22　压入式通风

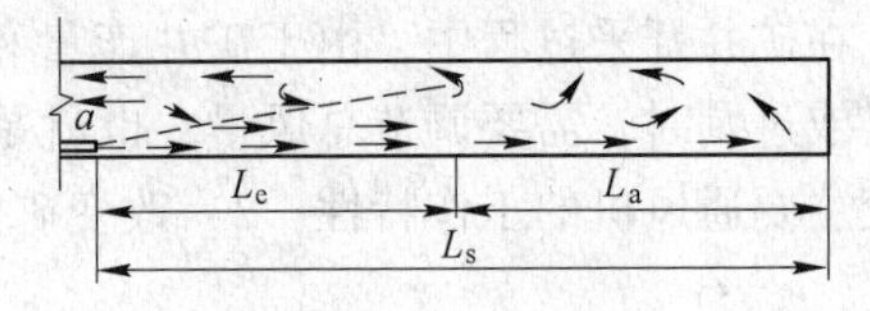

图9-23　有效贴壁射流

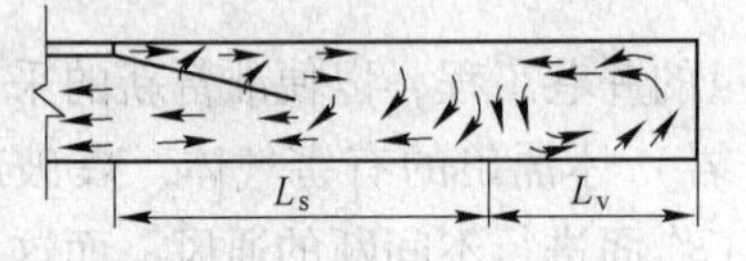

图9-24　有效射程示意图

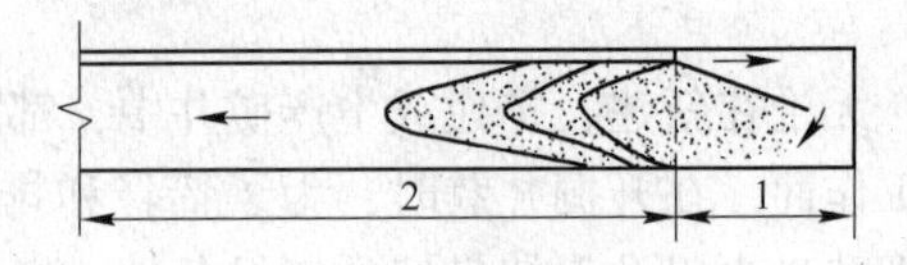

图9-25　压入式通风排炮烟过程
1—风洞与工作面间的烟尘与新风混合区；
2—烟尘与新风巷道内的流动区

B　抽出式通风

抽出式通风布置如图9-26所示。局部通风机安装在离掘进巷道10m以外的回风侧。新风沿巷道流入，污风通过风筒由局部通风机抽出。风机工作时风筒吸口吸入空气的作用范围，称其为有效吸程L_e(m)。在巷道边界条件下，其一般计算式为：

$$L_e \leqslant L_s = 1.5S^{1/2}$$

式中　S——巷道断面，m^2。

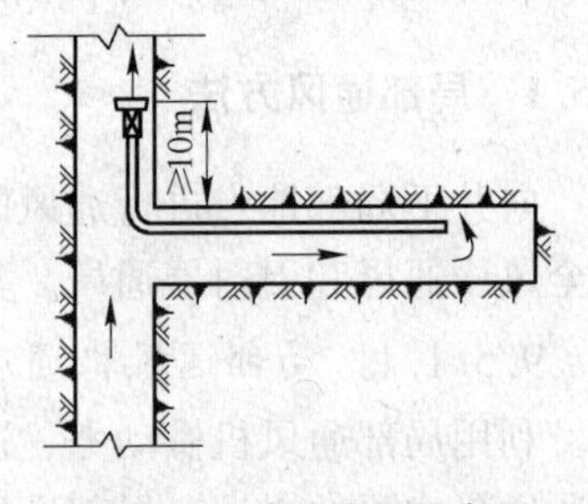

图9-26　抽出式通风布置

抽出式通风排除污风过程，如图9-27所示，当工作面掘进爆破煤（岩）后，形成一个污染物分布集中带，在抽出式通风的有效吸程范围内，借紊流扩散作用使污染物与新风掺混并被吸出。实践证明，只有当吸风口离工作面距离小于有效吸程L_e时，才有良好的吸出炮烟效果。在有效吸程以外的独头巷道中会出现循环涡流区，如图9-28所示，理论和实践都证明，抽出式通风的有效吸程比压入式通风的有效射程要小得多。

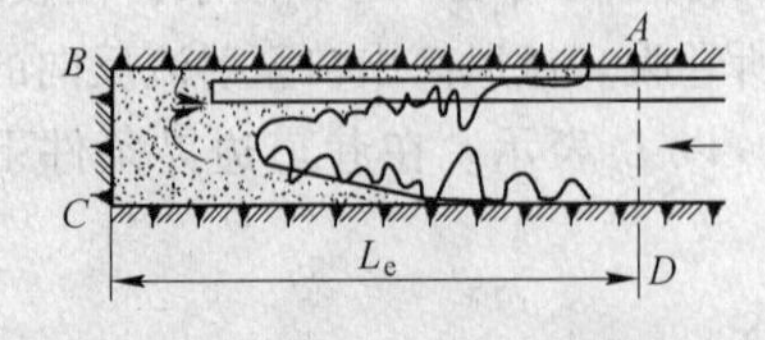

图9-27　抽出式通风排污风过程

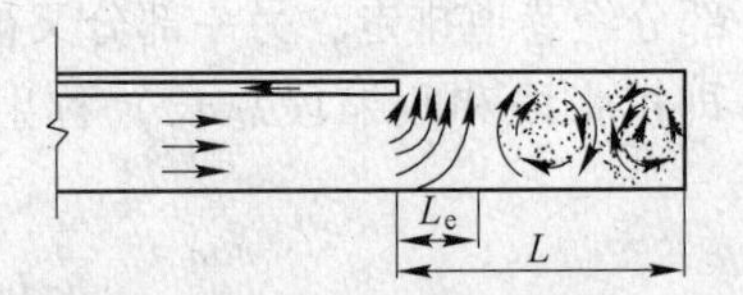

图9-28　循环涡流区示意图

C　混合式通风

混合式通风是压入式和抽出式两种通风方式的联合运用，兼有压入式和抽出式两者优点，其中压入式向工作面供新风，抽出式从工作面排出污风。其布置方式取决于掘进工作面空气中污染物的空间分布和掘进、装载机械的位置。按局部通风机和风筒的布设位置，分为长压短抽、长抽短压和长抽长压三种；按抽压风筒口的位置关系，每种方式又可分为前抽后压和前压后抽两种布置形式。

（1）长抽短压（前压后抽）。其布置如图9-29（a）所示。工作面的污风由压入式风筒压入的新风予以冲淡和稀释，由抽出式主风筒排出。抽出式风筒吸风口与工作面的距离应不小于污染物分布集中带长度，与压入式风机的吸风口距离应大于10 m以上；抽出式风机的风量应大于压入式风机的风量；压入式风筒的出口与工作面间的距离应在有效射程之内。采用长抽短压式通风时，其中抽出式风筒须用刚性风筒或带刚性骨架的可伸缩风筒，若采用柔性风筒，则可将抽出式局部通风机移至风筒入风口，改为压出式向外排出污风，如图9-29（b）所示。

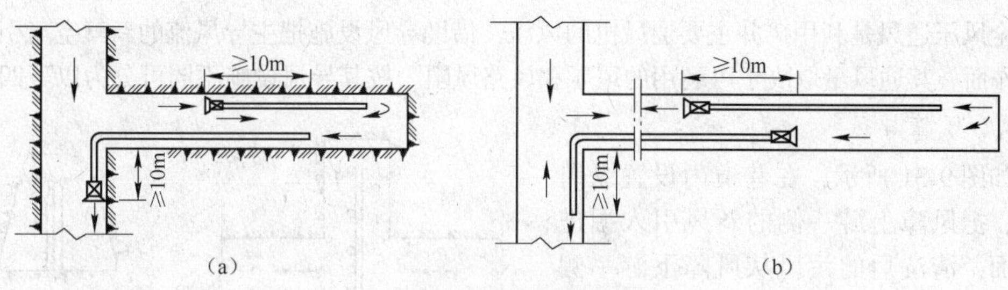

图9-29　长抽短压通风方式

（2）长压短抽（前抽后压）。其布置如图9-30所示。新鲜风流经压入式长风筒送入工作面，工作面污风经抽出式通风除尘系统净化，被净化后的风流沿巷道排出。抽出式风筒吸风口与工作面的距离应小于有效吸程，对于综合机械化掘进，应尽可能靠近最大产尘点。压入式风筒出风口应超前抽出式出风口10m以上，它与工作面的距离应不超过有效射程。压入式风机的风量应大于抽出式风机的风量。

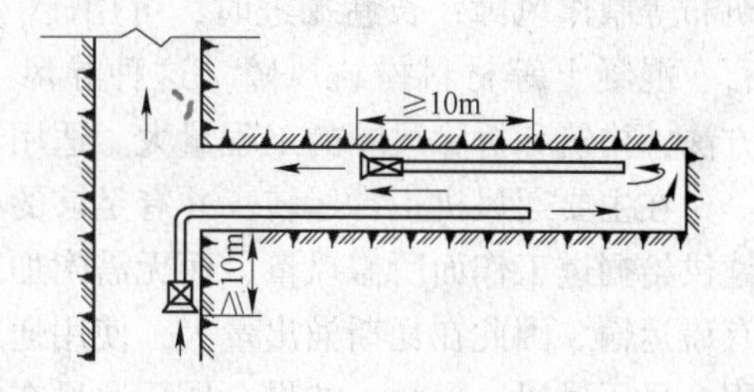

图9-30　长压短抽通风方式

混合式通风的主要缺点是降低了压入式与抽出式两列风筒重叠段巷道内的风量，当掘进巷道断面大时，风速就更小，则此段巷道顶板附近易形成瓦斯层状积聚。因此，两台风机之间的风量要合理匹配，以免发生循环风，并使风筒重叠段内的风速大于最低风速。

压入式、抽出式和混合式局部通风的优缺点和适用条件如表9-6所示。

表9-6　局部通风方式的优缺点及适用条件

通风方式	优点	缺点	适用条件
压入式	污风不通过局部通风机，安全性能好；有效射程远，工作面通风效果好；可使用柔性风筒	污风经巷道排出，作业环境不良；巷道长时，污风排出巷道的时间长，需要风量大	有瓦斯涌出的巷道；距离不长的岩巷

续表 9-6

通风方式	优 点	缺 点	适用条件
抽出式	污风经过风筒排出，巷道作业环境好；当风筒吸入口离工作面小于有效吸收吸程时，通风效果良好，所需风量 最少	有效吸程较短，风筒吸入口离工作面过远时，工作面通风效果差；污风通过局部通风机，局部通风机防爆性能不良时，有瓦斯爆炸危险；负压通风，不能用普通的柔性风筒	一般用于无瓦斯巷道；确保局部通风机防爆性能良好的条件下可用于有瓦斯巷道；使用引射器通风时宜采用此种通风方式
混合式	兼有压入式、抽出式的优点，通风效果最佳；用压气引射器代替压入式局部通风机，机动性能好，可用于小断面巷道	通风设备较多，管理较复杂；抽出风筒不能用普通柔性风筒	通常用于大断面，长距离无瓦斯巷道；在局部通风机防爆性能良好的条件下可用于有瓦斯巷道；采用滤尘风机净化空气时可用于综掘巷道

9.5.1.2 矿井全风压通风

全风压通风是利用矿井主要通风机的风压，借助导风设施把主导风流的新鲜空气引入掘进工作面。其通风量取决于可利用的风压和风路风阻。按其导风设施不同可分为以下四种。

A 风障导风

如图 9-31 所示，在巷道内设置纵向风障，把风障上游一侧的新风引入掘进工作面，清洗后的污风从风障下游一侧排出。在短巷掘进时。可用木板、竹、帆布等制作风障；长巷掘进时，可用砖、石、混凝土等材料构筑风障。这种导风方法，构筑和拆除风障的工程量大。适用于短距离或无其他好方法可用时采用。

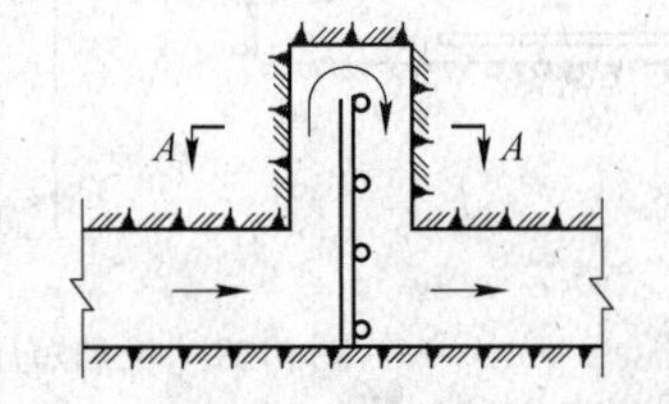

图 9-31 风障导风

在主要通风机正常运转，并有足够的全风压克服导风设施的阻力时，全风压通风能连续供给掘进工作面所需风量，而无需附加通风动力，管理方便，但其工程量大，使用风障有碍运输。因此在瓦斯涌出量大，使用通风设备不安全或技术不可行的局部地点，可以使用全风压通风。但是，如果全风压通风在技术上不可行或经济上不合理，则必须借助专门的通风动力设备，对掘进工作面进行局部通风。

B 风筒导风

如图 9-32 所示，在巷道内设置挡风墙截断主导风流，用风筒把新鲜空气引入掘进工作面，污浊空气从独头掘进巷道中排出。此种方法辅助工程量小，风筒安装、拆卸比较方便，通常用于需风量不大的短巷掘进通风中。

C 平行巷道导风

如图 9-33 所示，在掘进主巷的同时，在附近与其平行掘一条配风巷，每隔一定距离在主、配巷间开掘联络巷，形成贯穿风流，当新的联络巷沟通后，旧联络巷即封闭。两条平行巷道的独头部分可用风障或风筒导风，巷道的其余部分用主巷进风，配巷回风。此方法常用于煤巷掘进，尤其是厚煤层的采区巷道掘进中，当运输、通风等需要开掘双巷时。此法也常用于解决长巷掘进独头通风的困难。

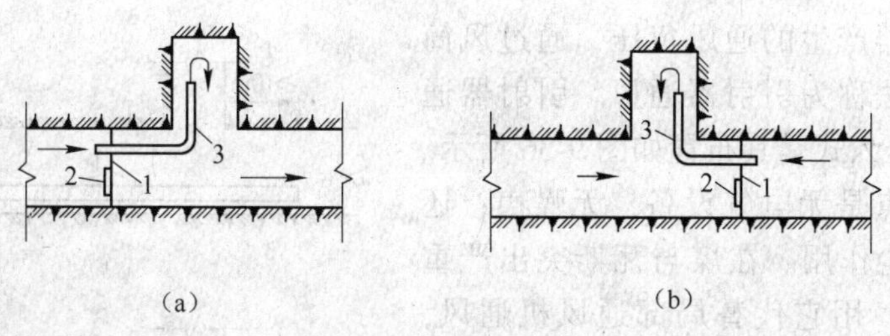

图 9-32　风筒导风

1—密闭墙；2—风窗；3—风筒

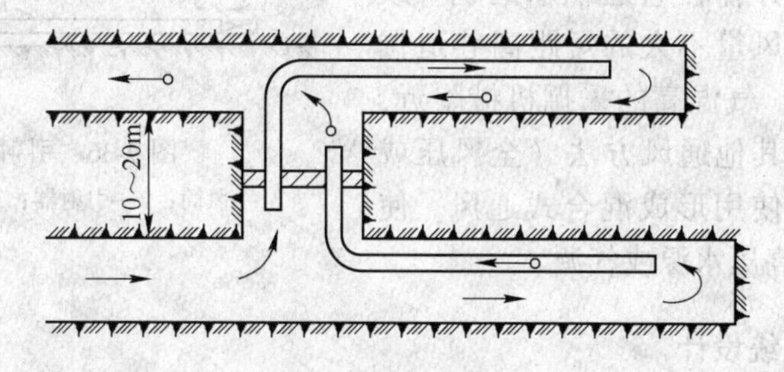

图 9-33　平行巷道导风

D　钻孔导风

如图 9-34 所示，离地表或邻近水平较近处掘进长巷反眼或上山时，可用钻孔提前沟通掘进巷道，以便形成贯穿风流。为克服钻孔阻力，增大风量，可用大直径钻孔（300~400mm）或在钻孔口安装风机。这种通风方法曾被应用于煤层上山的掘进通风，取得了良好的排瓦斯效果。

9.5.1.3　引射器通风

引射器的通风原理是利用压力水或压缩空气经喷嘴高速射出产生射流，如图 9-35 所示。周围的空气被卷吸到射流中，空气和射流在混合管内掺混，整流后共同向前运动，使风筒内有风流不断流过。引射作用的实质：高压射流将自身的部分能量传递给被引射的流体。

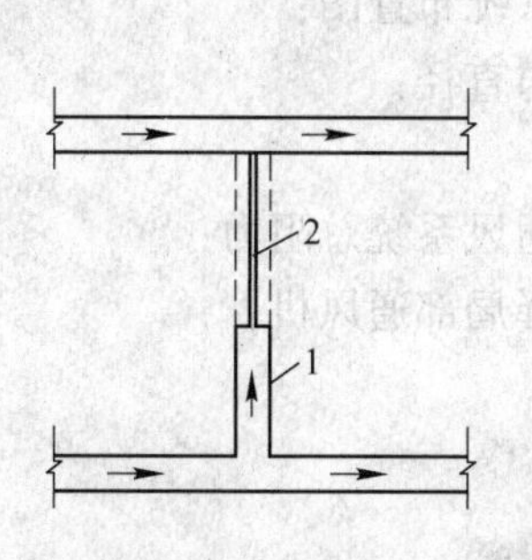

图 9-34　钻孔导风

1—上山；2—钻孔

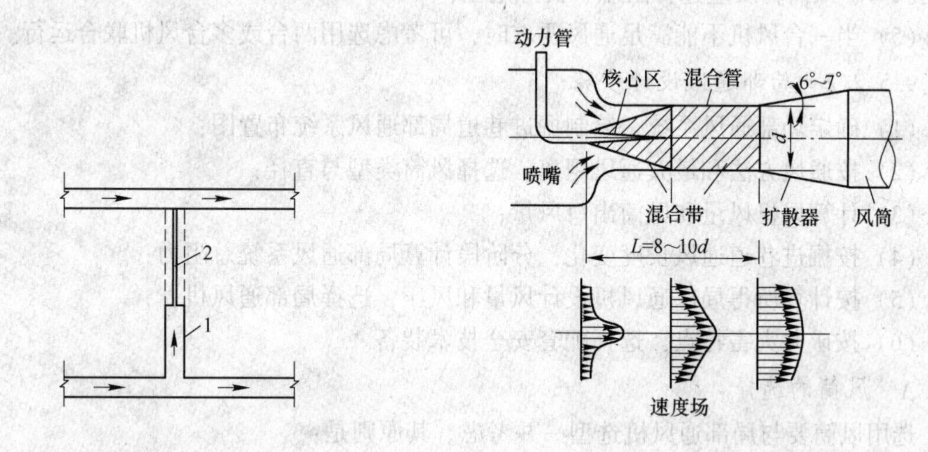

图 9-35　引射器通风原理

利用引射器产生的通风负压，通过风筒导风的通风方法称为引射器通风。引射器通风一般都采用压入式，其布置如图 9-36 所示。引射通风的优点是无电气设备，无噪声；还具有降温、降尘作用。在煤与瓦斯突出严重的煤层掘进时，用它代替局部通风机通风，设备简单，安全性较高。其缺点是风压低、风量小、效率低，并存在巷道积水问题。故这种方法适用于需风量不大的短距离巷道掘进通风；在含尘大、气温高的采掘机械附近，采取水力引射器与其他通风方法（全风压或局部通风机）联合使用形成混合式通风。使用的前提条件是有高压水源或气源。

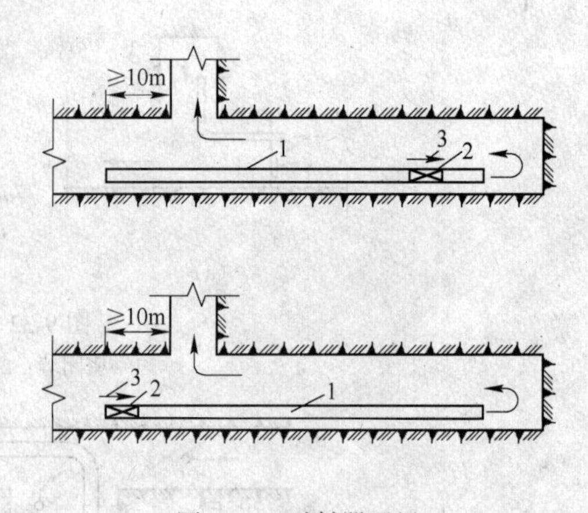

图 9-36　引射器通风
1—风筒；2—引射器；3—水管（风管）

9.5.2　局部通风系统设计

根据开拓、开采巷道布置、掘进区域煤岩层的自然条件以及掘进工艺，确定合理的局部通风方法及其布置方式，选择风筒类型和直径，计算风筒出入口风量，计算风筒通风阻力，选择局部通风机等工作称为局部通风系统设计。

9.5.2.1　局部通风系统的设计原则

局部通风是矿井通风系统的一个重要组成部分，其新风取自矿井主风流，其污风又排入矿井主风流。其设计原则可归纳如下：

（1）矿井和采区通风系统设计应为局部通风创造条件；

（2）局部通风系统要安全可靠、经济合理和技术先进；

（3）尽量采用技术先进的低噪、高效型局部通风机；

（4）压入式通风宜用柔性风筒，抽出式通风宜用带刚性骨架的可伸缩风筒或完全刚性的风筒。风筒材质应选择阻燃、抗静电型；

（5）当一台风机不能满足通风要求时，可考虑选用两台或多台风机联合运行。

9.5.2.2　局部通风设计步骤

（1）确定局部通风系统，绘制掘进巷道局部通风系统布置图；

（2）按通风方法和最大通风距离，选择风筒类型与直径；

（3）计算风机风量和风筒出口风量；

（4）按掘进巷道通风长度变化，分阶段计算局部通风系统总阻力；

（5）按计算所得局部通风机设计风量和风压，选择局部通风机；

（6）按矿井灾害特点，选择配套安全技术装备。

A　风筒的选择

选用风筒要与局部通风机选型一并考虑。其原则是：

（1）风筒直径能保证最大通风长度时，局部通风机供风量能满足工作面通风的要求；

（2）风筒直径主要取决于送风量及送风距离。送风量大，距离长，风筒直径应大一些，以降低风阻，减少漏风，节约通风电耗。此外，还应考虑巷道断面的大小，使风筒不致影响运输和行人的安全。一般来说，立井凿井时，选用 600～1000mm 的铁风筒或玻璃钢风筒；当送风距离在 200m 以内，送风量不超过 2～3m^3/s 时，可用直径为 300～400mm 的风筒；送风距离为 200～500m 时，可用直径为 400～500mm 的风筒；送风距离为 500～1000m 时，可用直径为 800～1000 mm 的风筒。

B 局部通风机的选型

已知井巷掘进所需风量和所选用的风筒，即可求算风筒的通风阻力。根据风量和风筒的通风阻力，在可供选择的各种通风动力设备中选用合适的设备。

(1) 确定局部通风机的工作参数。根据掘进工作面所需风量 Q_h 和风筒的漏风情况，用下式计算风机的工作风量 Q_a：

$$Q_a = \phi Q_h \tag{9-32}$$

式中 ϕ——漏风系数。

压入式通风时，设风筒出口动压损失为 h_{v0}，则局部通风机全风压 H_t(Pa) 为：

$$H_t = R_f Q_a Q_h + h_{v0} = R_f Q_a Q_h + 0.811\rho \frac{Q_h^2}{D^4} \tag{9-33}$$

式中 R_f——压入式风筒的总风阻，$N \cdot s^2/m^8$；

其余符号含义同前。

抽出式通风时，设风筒入口局部阻力系数 $\xi_e = 0.5$，则局部通风机静风压 H_s (Pa) 为：

$$H_s = R_f Q_a Q_h + 0.406\rho \frac{Q_h^2}{D^4} \tag{9-34}$$

(2) 选择局部通风机。根据需要的 Q_a、H_t 值在各类局部通风机特性曲线上，确定局部通风机的合理工作范围，选择长期运行效率较高的局部通风机。现场通常根据经验选取局部通风机与风筒。

9.5.3 局部通风安全措施

局部通风安全措施是在实际工作中总结出来的，主要包括以下几个方面：

9.5.3.1 保证局部通风机的稳定可靠运转

(1) 双风机、双电源、自动换机和风筒自动倒风装置。正常通风时由专用开关供电，使局部通风机运转通风；一旦运转风机因故障停机时，电源开关自动切换，备用风机即刻启动，继续供风，从而保证了局部通风机的连续运转。由于双风机共用一趟主风筒，风机要实现自动倒风，则连接两风机的风筒也必须能够自动倒风。

(2) “三专两闭锁”装置。“三专”是指专用变压器、专用开关、专用电缆；“两闭锁”则指风电闭锁和瓦斯电闭锁。其功能是：只有在局部通风机正常供风、掘进巷道内的瓦斯浓度不超过规定限值时，方能向巷道内机电设备供电；当局部通风机停转时，自动切断所控机电设备的电源；当瓦斯浓度超过规定限值时，系统能自动切断瓦斯传感器控制范围内的电源，而局部通风机仍可照常运转。若局部通风机停转、停风区内瓦斯浓度超过规定限值时，局部通风机便自行闭锁，重新恢复通风时，要人工复电，先送风，当瓦斯浓度降到安全容许值以下时才能送电，从而提高了局部通风机连续运转供风的安全可靠性。

(3) 局部通风机遥讯装置。其作用是监视局部通风机开停运行状态。高瓦斯和突出矿井所用的局部通风机要安设载波遥讯器，以便实时监视其运转情况。

(4) 积极推行使用局部通风机消声装置。其作用是降低局部通风机机体内部气流冲击产生的噪声。

9.5.3.2　加强瓦斯检查和监测

(1) 安设瓦斯自动报警断电装置，实现瓦斯遥测。当掘进巷道中瓦斯浓度达到1%时，通过低浓度瓦斯传感器自动报警；瓦斯浓度达到1.5%时，通过瓦斯断电仪自动断电，高瓦斯和突出矿井要装备瓦斯断电仪或瓦斯遥测仪，对炮掘工作面迎头5m内和巷道冒顶处瓦斯积聚地点要设置便携式瓦斯检测报警仪，班组长下井时也要随身携带这种仪表，以便随时检查可疑地点的瓦斯浓度。

(2) 放炮员配备瓦斯检测器，坚持“一炮三检”制度，即在掘进作业的装药前、放炮前和放炮后都要认真检查放炮地点附近的瓦斯。

(3) 实行专职瓦斯检查员随时检查瓦斯制度。

9.5.3.3　综合防尘措施

掘进巷道的矿尘来源，当用钻眼爆破法掘进时，主要产生于钻眼、爆破、装岩工序，其中以凿岩产尘量最高；当用综掘机掘进时，切割和装载工序以及综掘机整个工作期间，矿尘产生量都很大。因此，要做到湿式煤电钻打眼，爆破使用水炮泥，综掘机内外喷雾。要有完善的洒水除尘和灭火两用的供水系统，实现放炮喷雾、装煤岩洒水和转载点喷雾，安设喷雾水幕净化风流，定期用预设软管冲刷清洁巷道，以减少矿尘的飞扬和堆积。

9.5.3.4　防火防爆安全措施

严格采用防爆型机电设备；局部通风机、装岩机和煤电钻都要采用综合保护装置；移动式和手持式电气设备必须使用专用的不易燃性橡胶电缆；照明、通信、信号和控制专用导线必须用橡套电缆。高瓦斯及突出矿井要使用乳化炸药，逐步推广屏蔽电缆和阻燃抗静电风筒。

9.5.3.5　隔爆与自救措施

设置安全可靠的隔爆设施，所有人员必须携带自救器。煤与瓦斯突出矿井的煤巷掘进，应安设防瓦斯逆流灾害设施，如防突反向风门、风筒和水沟防逆风装置以及压风急救袋和避难硐室，并安装直通地面调度室的电话。

实施掘进安全技术装备系列化的矿井，提高了矿井防灾和抗灾能力，降低了矿尘浓度与噪声，改善了掘进工作面的作业环境。尤其是煤巷掘进工作面的安全性得到了很大的提高。

10 矿井瓦斯

10.1 矿井瓦斯的生成及赋存

10.1.1 矿井瓦斯的概念及性质

广义的矿井瓦斯是指井下有害气体的总称。矿井空气中的瓦斯主要有四个来源：煤层与围岩内赋存并能涌入到矿井的气体；矿井生产过程中生成的气体，如放炮时产生的炮烟，内燃机运行时排放的废气，充电过程生成的氢气等；空气与煤、岩、矿物、支架和其他材料之间的化学或生物化学反应生成的气体等；放射性物质衰变过程生成的或地下水放出的放射性惰性气体氡（Rn）及惰性气体氦（He）。矿井瓦斯各组分在数量上的差别很大，煤矿大部分瓦斯来自于煤层，而煤层的瓦斯一般以甲烷为主，它是构成威胁矿井安全生产的主要危险之一，所以在煤矿中狭义的矿井瓦斯是甲烷。

甲烷是无色、无味、可以燃烧或爆炸的气体。它对人呼吸的影响同氮气相似，可使人窒息。甲烷的化学性质不活泼。甲烷微溶于水，在101.3kPa条件下，温度为20℃时，100L水可溶3.31L甲烷，温度为0℃时100L水可溶解5.56L甲烷。

甲烷在巷道断面内的分布取决于该巷道有无瓦斯涌出源。在自然条件下，由于甲烷在空气中表现强扩散性，所以它一经与空气均匀混合，就不会因其比重较空气轻而上浮、聚积，所以当无瓦斯涌出时，巷道断面内甲烷的浓度是均匀分布的；当有瓦斯涌出时，甲烷浓度则呈不均匀分布。在有瓦斯涌出的侧壁附近甲烷的浓度高，有时见到在巷道顶板、冒落区顶部积存瓦斯，这并不是由于甲烷的密度比空气小，而是说明这里的顶部有瓦斯（源）在涌出。在煤矿的采掘生产过程中，当条件合适时，还会发生瓦斯喷出或煤与瓦斯突出，产生严重的破坏作用，甚至造成巨大的财产损失和人员伤亡。

瓦斯是一种温室气体，同比产生的温室效应是二氧化碳（CO_2）的20倍，在全球气候变暖中的份额为15%，仅次于CO_2。但是，瓦斯同时是一种洁净、高效能源，可用于发电、民用、汽车燃料、化工等领域，世界上许多天然气田都是因瓦斯运移、聚集到岩层中而形成的。1m^3瓦斯发热量可达33.5~36.8MJ，其热值相当于1.13L汽油和1.22kg标准煤。我国瓦斯资源丰富，有世界上第三大瓦斯储量，储量预计为36.81万亿立方米，相当于450亿吨标煤，350亿吨标油，与陆上常规天然气资源量相当。其中适于开发的约占总量的60%。

10.1.1.1 煤层瓦斯的生成

煤层瓦斯是腐殖型有机物（植物）在成煤过程中生成的。煤的原始母质——腐殖质沉积以后，一般经历两个成气时期：

（1）生物化学成气时期。从植物遗体到泥炭属于生物化学成气时期。这个时期是从腐殖型有机物堆积在沼泽相和三角洲相环境中开始的，在温度不超过 65℃条件下，腐殖体厌氧微生物分解成 CH_4 和 CO_2。在这个时期生成的泥炭层，埋深浅，上覆盖层的胶结固化不好，生成的瓦斯通过渗滤和扩散容易排放到古大气中去，因此生化作用生成的瓦斯，一般不会保留在现在的煤层内。随着泥炭层的下沉，上覆盖层越来越厚，压力与温度也随之升高，生物化学作用逐渐减弱直至结束，在较高的压力与温度作用下泥炭转化成褐煤。

（2）煤化变质作用时期。在地层的高温高压作用下从褐煤到烟煤直至无烟煤属于煤化变质作用时期。褐煤层进一步沉降，压力与温度作用加剧，便进入煤化变质作用造气阶段。一般在 100℃及其相应的地层压力下，煤层就会产生强烈的热力变质成气作用。这时生成的气体主要为 CH_4 和 CO_2。这个时期中，瓦斯生成量随着煤的变质程度的增加而增多。但在漫长的地质年代中，在地质构造（地层的隆起、侵蚀和断裂）的形成和变化过程中，瓦斯本身在其压力差和浓度差的驱动下进行运移，一部分或大部分瓦斯扩散到大气中，或转移到围岩内，所以不同煤田，甚至同一煤田不同区域煤层的瓦斯含量差别可能很大。

瓦斯生成量的多少主要取决于原始母质的组成和煤化作用所处的阶段。

10.1.1.2　瓦斯的赋存状态

成煤过程中生成的瓦斯以游离和吸附这两种不同的状态存在于煤体中，通常称为游离瓦斯（free gas）和吸附瓦斯（absorbed gas）。

游离状态也叫自由状态，这种状态的瓦斯以自由气体存在，呈现出压力并服从自由气体定律，存在于煤体或围岩的裂隙和较大孔隙（孔径大于 10nm）内，如图 10-1 所示。游离瓦斯量的大小与贮存空间的容积和瓦斯压力成正比，与瓦斯温度成反比。

吸附状态的瓦斯主要吸附在煤的微孔表面上（吸着瓦斯）和煤的微粒结构内部（吸收瓦斯）。吸着状态是在孔隙表面的固体分子引力作用下，瓦斯分子被紧密地吸附于孔隙表面上，形成很薄的吸附层；而吸收状态是瓦斯分子充填到纳米级的微细孔隙内，占据着煤分子结构的空位和煤分子之间的空间，如同气体溶解于液体中的状态。

吸附瓦斯量的多少，决定于煤对瓦斯的吸附能力和瓦斯压力、温度等条件。吸附瓦斯在煤中是以多分子层吸附的状态附着于煤的表面，因此煤对瓦斯的吸附能力决定于煤质和煤结构，不同煤质对瓦斯的吸附能力如图 10-2 所示。

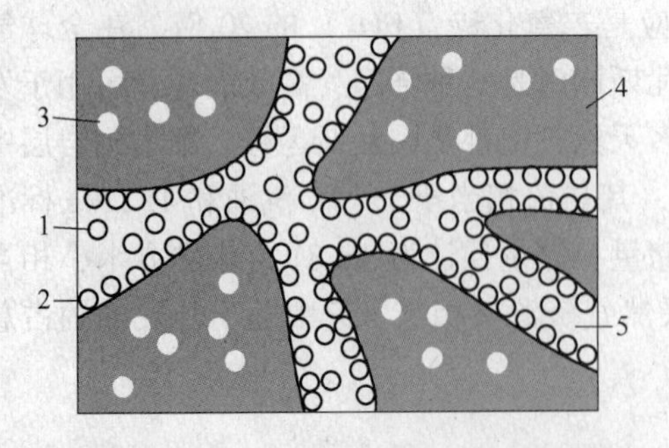

图 10-1　瓦斯在煤内的存在形态示意图
1—游离瓦斯；2—吸着瓦斯；3—吸收瓦斯；
4—煤体；5—孔隙

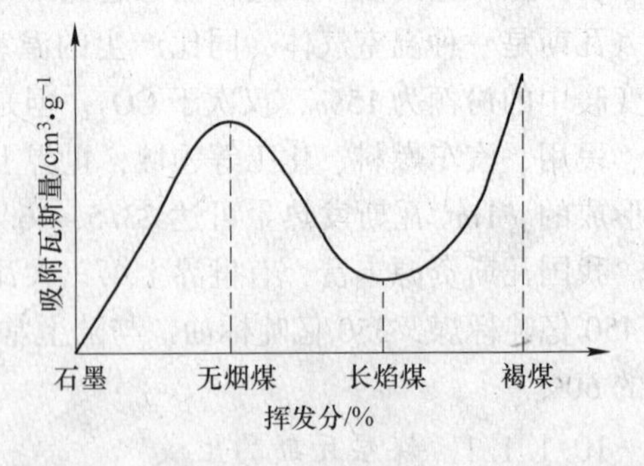

图 10-2　不同煤质对瓦斯的吸附能力的示意图

在成煤初期，煤的结构疏松，孔隙率高，瓦斯分子能渗入煤体内部，因此褐煤具有很大的吸附瓦斯能力。但褐煤在自然条件下，本身尚未生成大量瓦斯，所以它虽然具有很大的吸附瓦斯能力，但缺乏瓦斯来源，实际所含瓦斯量是很小的。在煤的变质过程中，在地压的作用下，孔隙率降低，煤质渐趋致密。在长焰煤中，其孔隙和表面积都减少，吸附瓦斯能力降低，最大的吸附瓦斯量在20~30 m^3/t左右。随着煤的进一步变质，在高温高压作用下，煤体内部由于干馏作用而生成许多微孔隙，使表面积到无烟煤时达到最大，因此无烟煤的吸附瓦斯能力最强，可达50~60 m^3/t。以后微孔又收缩减少，到石墨时变为零，使吸附瓦斯的能力消失。

煤体中的瓦斯含量是一定的，但以游离状态和吸附状态存在的瓦斯量是可以相互转化的。例如，当温度降低或压力升高时，一部分瓦斯将由游离状态转化为吸附状态，这种现象叫作吸附。反之，如果温度升高或压力降低时，一部分瓦斯就由吸附状态转化为游离状态，这种现象叫作解吸。在当前开采深度内，煤层内的瓦斯主要是以吸附状态存在，通常吸附状态的瓦斯占总量的95%。这解释了许多煤层中蕴含了大量瓦斯的原因。

10.1.1.3 *煤层瓦斯垂直分带*

煤田形成后，煤变质生成的瓦斯经煤层、围岩裂隙和断层向地表运动；地表的空气、生物化学及化学作用生成的气体由地表向深部运动。由此形成了煤层中各种气体成分由浅到深有规律的逐渐变化，即煤层内的瓦斯呈现出垂直分带特征。一般将煤层由露头自上向下分为四个瓦斯带：CO_2-N_2带、N_2带、N_2-CH_4带、CH_4带。图10-3给出了前苏联顿巴斯煤田煤层瓦斯组分在各瓦斯带中的变化，各带划分见表10-1，各带的煤层瓦斯组分含量见表10-2。

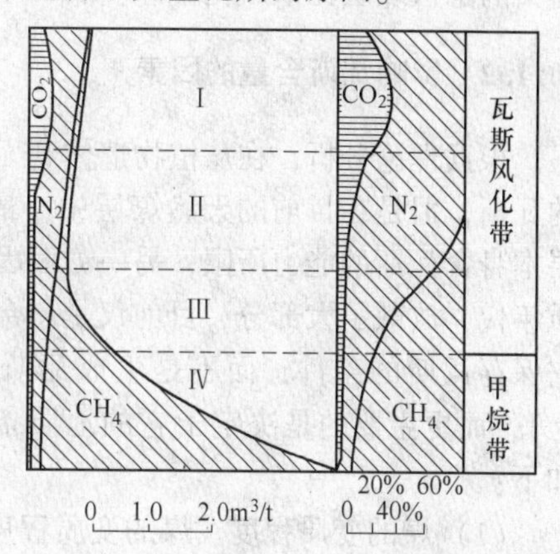

图10-3 煤层瓦斯垂向分带图

表10-1 瓦斯带划分

序号	带名	瓦斯成分	说明	带的大致垂深
Ⅰ	CO_2-N_2带	主要是CO_2，少量N_2和CH_4	CO_2涌出量显著增加，有的可达到6$m^3/(t·d)$以上	缓倾斜煤层60m左右； 急倾斜煤层200~300m
Ⅱ	N_2带	主要是N_2，少量CO_2和CH_4	此带以上CO_2增加，此带一下CO_2减少	缓倾斜煤层60~150m左右； 急倾斜煤层300~400m
Ⅲ	N_2-CH_4带	主要是N_2和CH_4	CH_4涌出量显著增加，可达5$m^3/(t·d)$以上	此带较短， 缓倾斜煤层20~30m； 急倾斜煤层100m左右
Ⅳ	CH_4带	主要是CH_4	每日产煤1t CH_4量可达几十立方米	N_2-CH_4带以下皆是

前三个带总称为瓦斯风化带，第四个带为甲烷带。瓦斯风化带下部边界煤层中的瓦斯组分为80%，煤层瓦斯压力为0.1~0.15MPa，煤的瓦斯含量为2~3m^3/t（烟煤）和5~7m^3/t（无烟煤）。在瓦斯风化带开采煤层时，相对瓦斯涌出量一般不超过2m^3/t，瓦斯对

表10-2　煤层瓦斯垂直分带气体成分

瓦斯带名称	CO_2		N_2		CH_4		Ar+Kr+Ne	
	%	m^3/t	%	m^3/t	%	m^3/t	%	m^3/t
CO_2-N_2带	20~80	0.19~2.24	20~80	0.15~1.42	0~10	0~0.16	0.21~1.44	0.0021~0.0178
N_2带	0~20	0~0.27	80~100	0.22~1.86	0~20	0~0.22	0.61~1.88	0.0037~0.0561
N_2-CH_4带	0~20	0~0.39	20~80	0.25~1.78	20~80	0.06~5.27	0.36~0.81	0.0051~0.012
CH_4带	0~10	0~0.37	0~20	0~1.93	80~100	0.61~10.5	0~0.24	0.004~0.0052

生产不构成主要威胁。我国大部分低瓦斯矿井皆是在瓦斯风化带内进行生产的。

瓦斯风化带的深度取决于煤层地质条件和赋存情况，如围岩性质、煤层有无露头、断层发育情况、煤层倾角、地下水活动情况等等。围岩透气性越大，煤层倾角越大、开放性断层越发育、地下水活动越剧烈，则瓦斯风化带下部边界就越深。有露头的煤层往往比无露头的隐伏煤层瓦斯风化带深。

10.1.2　影响瓦斯含量的因素

根据理论分析，在从植物遗体到无烟煤的变质过程中，每吨煤至少可生成$100m^3$以上的瓦斯，但是在目前的天然煤层中，最大的瓦斯含量不超过$50m^3/t$。这一方面是由于煤层本身含瓦斯的能力所限，另一方面因为瓦斯是以压力气体存在于煤层中，经过漫长的地质年代，放散了大部分，目前仅是剩余的瓦斯量。所以说煤层瓦斯含量的多少主要决定于它保存瓦斯的条件，而不是生成瓦斯量的多少，也就是不仅决定于煤质牌号（肥煤以上），而更主要的是决定于它的地质条件。现将影响煤层瓦斯含量的一些主要因素分析如下：

（1）煤的变质程度。煤的变质程度越高，生成的瓦斯量越多。如其他条件相同，煤的变质程度越高，煤层的瓦斯含量就越大。在同一煤田，煤吸附瓦斯的能力随煤的变质程度的提高而增大，故在同一瓦斯压力和温度条件下，变质程度高的煤层往往能保存更多的瓦斯。但应当指出，当由无烟煤向超级无烟煤过渡时，煤的吸附能力急剧减小，煤层瓦斯含量大为降低。

（2）煤田地质史。从植物的堆积一直到煤炭的形成，经历了长期的复杂地质变化，这些变化对煤层瓦斯的生成和排放都起着一定的作用。煤层中瓦斯生成量、煤田范围内瓦斯含量的分布以及煤层瓦斯向地表的运移，最终都是要取决于煤田的地质历史。成煤后地壳的上升将使剥蚀作用加强，从而给煤层瓦斯向地表运移提供了条件；当成煤后地表下沉时，煤田被新的覆盖物覆盖，从而减缓了煤层瓦斯的逸散。

（3）煤层的赋存条件。煤层有无露头对煤层瓦斯含量有一定的影响。煤层有露头时，瓦斯易于排放；无露头时，瓦斯易于保存。例如，中梁山煤田煤层呈覆舟状，地表无露头，煤层瓦斯不仅含量大且具有煤与瓦斯突出的危险。

煤层埋藏深度是决定煤层瓦斯含量大小的重要因素。在同一煤田或煤层中，瓦斯风化带以下煤层瓦斯压力随深度呈线性增长，即煤层瓦斯含量随深度增大而增大。

在山区的煤田，由于地形起伏变化大，煤层瓦斯含量则与覆盖层的厚度有关，根据阳泉各矿的资料表明，覆盖层厚度越大，煤层瓦斯含量越大。

(4) 煤层和围岩的透气性。煤系岩性组合和煤层围岩性质对煤层瓦斯含量影响很大。如果围岩为致密完整的低透气性岩层，如泥岩，完整的石灰岩，煤层中的瓦斯就易于保存下来。重庆、六枝、涟邵地区煤系地层岩性主要为泥岩、页岩、粉砂岩和致密石灰岩，围岩的透气性差，所以煤层瓦斯含量高，瓦斯压力大。反之，围岩由厚层中粗砂岩、砾岩或裂隙溶洞发育的石灰岩组成，则煤层瓦斯含量小。例如在大同煤田、北京煤田西部，围岩是透气性大的厚砂岩，煤层瓦斯含量就很低。

(5) 地质构造。煤层的断层和地质破坏对瓦斯的放散有显著的作用，如果断层的成因是受张力作用产生的，则该断层边界的瓦斯可以通过断层而放散，该区域的瓦斯要小。如果断层是受压力作用产生的，属于封闭性的断层，在断层区域内的瓦斯要大。例如焦作矿区在距地表188m垂深处，王封矿和李封矿均为低瓦斯矿井，但邻近的朱村矿，其四周为封闭性断层切割则为超级瓦斯矿井，并发生了煤和瓦斯突出现象。

(6) 岩浆活动。岩浆活动对煤层瓦斯含量的影响较为复杂。在岩浆接触变质和热力变质的影响下，煤能够再一次生成瓦斯，并由于煤变质程度的提高而增大了吸附能力，因而岩浆活动影响区域煤层的瓦斯含量增大。但在无隔气层的情况下，由于岩浆的高温作用强化了煤层排放瓦斯，从而煤层瓦斯含量减小。故对不同煤田，岩浆活动对煤层瓦斯含量的影响可能是各不相同的。在北票煤田，火成岩侵入区域瓦斯含量较大且煤与瓦斯突出严重。

(7) 水文地质条件。尽管瓦斯在水中的溶解度仅为1%~4%，但在地下水交换活跃地区，水却能从煤层中带走大量瓦斯，从而使煤层瓦斯含量明显减少。例如，南桐直属二井的突出煤层在地下水活跃的地区，不但没有发生突出现象，而且瓦斯涌出量也大大减少；湖南煤矿普遍存在着凡是水大的矿井瓦斯小，水小的矿井瓦斯大的规律。

10.2 矿井瓦斯涌出

矿井瓦斯来源可以分为三部分：回采区（包括回采工作面的采空区）、掘进区和已采区（已封闭的老采空区）。

矿井瓦斯来源的测定方法是同时测定全矿井、各回采区和各掘进区的绝对瓦斯涌出量。然后分别计算出各回采区、掘进区和已采区三者各占的比例。测定回采区或掘进区的瓦斯涌出量时，要分别在各区进、回风流中测瓦斯浓度和通过的风量，回风和进风绝对瓦斯涌出量的差值即为该区的绝对瓦斯涌出量。

《煤矿安全规程》规定：一个矿井中，只要有一个煤（岩）层中发现瓦斯，该矿井即定为瓦斯矿井，瓦斯矿井必须按照矿井瓦斯等级进行管理。为了便于对瓦斯矿井进行分级管理，按照瓦斯涌出的形式和涌出量的大小，将矿井分成不同的瓦斯等级。

矿井瓦斯等级，根据矿井相对瓦斯涌出量、矿井绝对瓦斯涌出量和瓦斯涌出形式划分为：

(1) 低瓦斯矿井：矿井相对瓦斯涌出量小于或等于$10m^3/t$且矿井绝对瓦斯涌出量小于或等于$40m^3/min$。

(2) 高瓦斯矿井：矿井相对瓦斯涌出量大于$10m^3/t$或矿井绝对瓦斯涌出量大于$40m^3/min$。

（3）煤（岩）与瓦斯（二氧化碳）突出矿井。

根据国家安全生产监督管理局 2002 年的统计资料，国有重点煤矿中，共有 705 处矿井进行了瓦斯等级鉴定，其中低瓦斯矿井 339 处、占 55.7%，高瓦斯矿井 163 处、占 26.8%，煤与瓦斯突出矿井 107 处、占 17.6%。

10.2.1　瓦斯涌出量及影响因素

矿井瓦斯涌出量是指在矿井建设和生产过程中从煤与岩石内涌入采掘空间的瓦斯量，矿井进行瓦斯抽采时，包括抽采瓦斯量。瓦斯涌出量的大小可以用绝对瓦斯涌出量与相对瓦斯涌出量两个参数来表示。绝对瓦斯涌出量是指单位时间内涌出的瓦斯体积量，单位为 m^3/d 或 m^3/min。相对瓦斯涌出量是指平均产 1t 煤所涌出的瓦斯量，单位为 m^3/t。二者之间的关系可用下式表示：

$$q_g = Q_g / A_d \tag{10-1}$$

式中　q_g——相对瓦斯涌出量，m^3/t；

Q_g——绝对瓦斯涌出量，m^3/d；

A_d——日产量，t/d。

相对瓦斯涌出量单位的表达式虽然与煤层瓦斯含量的单位表达式相同，但两者的物理含义是不同的，其数值也是不相等的。因为瓦斯涌出量中除开采煤层涌出的瓦斯外，还有来自临近层和围岩的瓦斯，所以相对瓦斯涌出量一般要比煤层瓦斯含量大。矿井瓦斯涌出量是决定矿井瓦斯等级和计算风量的依据。

矿井瓦斯涌出量的大小主要受以下因素影响：

（1）煤层和围岩的瓦斯含量。它是决定瓦斯涌出量多少的最重要因素。单一的薄煤层和中厚煤层开采时，瓦斯主要来自煤层暴露面和采落的煤炭，因此煤层的瓦斯含量越高，开采时的瓦斯涌出量也越大。在开采煤层附近赋存有瓦斯含量大的煤层或岩层时，由于煤层回采的影响，在采空区上形成大量的裂隙，这些煤层或岩层中的瓦斯，就能不断地流向开采煤层的采空区，再进入生产空间，从而增加矿井的瓦斯涌出量。在此情况下，开采煤层的瓦斯涌出量有可能大大超过它的瓦斯含量。

（2）地面大气压变化。地面大气压在一年内夏冬两季的差值可达 5.3~8kPa，一天内，个别情况下可达 2~2.7kPa。地面大气压变化引起井下大气压的相应变化，它对采空区（包括回采工作面后部采空区和封闭不严的采空区）或坍冒处瓦斯涌出的影响比较显著。

（3）开采规模。开采规模指开采深度、开拓与开采范围和矿井产量。在甲烷带内，随着开采深度的增加，相对瓦斯涌出量增大。这是由于煤层和围岩的瓦斯含量随深度而增加的缘故。开拓与开采的范围越广，煤岩的暴露面就越大，因此，矿井瓦斯涌出量也就越大。

（4）开采顺序与回采方法。首先开采的煤层（或分层）瓦斯涌出量大。因除其本煤层（或本分层）的瓦斯涌出外，邻近煤层（或未采的其他分层）的瓦斯也要通过回采产生的裂隙与孔洞渗透出来，使瓦斯涌出量增大。如阳泉四矿全冒落法的长壁工作面，回采推进 30~40m 后，大量瓦斯来自顶板的邻近层，采区瓦斯涌出量可增大到老顶冒落前的 5~10倍。因此，瓦斯涌出量大的煤层群同时回采时，如有可能应首先回采瓦斯含量较小的煤层，同时采取抽采邻近层瓦斯的措施。

采空区丢失煤炭多，回采率低的采煤方法，使采区瓦斯涌出量大。顶板管理采用陷落法比充填法能造成顶板更大范围的破坏和卸压，邻近层瓦斯涌出量就比较大。回采工作面周期来压时，瓦斯涌出量也会大大增加。据焦作焦西矿资料，周期性顶板来压时比正常生产时的瓦斯涌出量增加50%~80%。

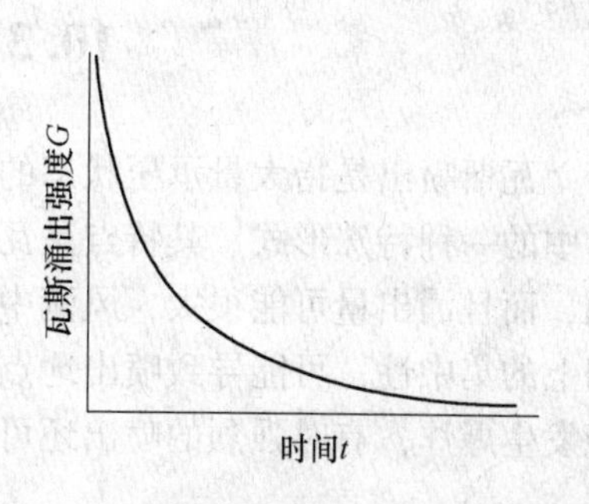

图10-4 瓦斯从暴露面涌出的变化规律

(5) 生产工艺。瓦斯从煤层暴露面（煤壁和钻孔）和采落的煤炭内涌出的特点是，初期瓦斯涌出的强度大，然后大致按指数函数的关系衰减。如图10-4所示，所以落煤时的瓦斯涌出量总是大于其他工序。表10-3为焦作焦西矿回采工作面不同生产工序时的瓦斯涌出量。

表10-3 生产工序对瓦斯涌出量的影响

生产工序	正常生产时	放炮	放顶	移动刮板输送机清底
瓦斯涌出量（倍数）	1.0	1.5	1~1.2	0.8

落煤时瓦斯涌出量增大，增大值与落煤量、新暴露煤面大小和煤块的破碎程度有关。如风镐落煤时，瓦斯涌出量可增大1.1~1.3倍；放炮时增大1.4~2.0倍；采煤机工作时，增大1.4~1.6倍；水采工作面水枪开动时，增大2~4倍。

综合机械化工作面推进度快，产量高，在瓦斯含量大的煤层内工作时，瓦斯涌出量很大。

(6) 风量变化。矿井风量变化时，瓦斯涌出量和风流中的瓦斯浓度会发生扰动，但很快就会转变为另一稳定状态。无邻近层的单一煤层回采时，由于瓦斯主要来自煤壁和采落的煤炭，采空区积存的瓦斯量不大。回风流中的瓦斯浓度随风量减少而增加或随风量增加而减少。煤层群开采和综采放顶煤工作面的采空区内、煤巷的冒顶孔洞内，往往积存大量高浓度的瓦斯。

(7) 采空区的密闭质量。采空区内往往积存着大量高浓度的瓦斯（可达60%~70%），如果封闭的密闭墙质量不好，或进、回风侧的通风压差较大，就会造成采空区大量漏风，使矿井的瓦斯涌出增大。

总而言之，影响矿井瓦斯涌出量的因素是多方面的，应该通过经常和专门的观测，找出其主要因素和规律，才能采取有针对性的措施控制瓦斯的涌出。

10.2.2 矿井瓦斯涌出量预测

新矿井、新水平和新采区投产前，都应进行矿井瓦斯涌出量预测，这是矿井通风设计、瓦斯抽采设计和瓦斯管理必不可少的基础工作。现有的矿井瓦斯涌出量预测方法可以概括为两大类：一类是矿山统计预测法；另一类是根据煤层瓦斯含量进行预测的分源预测法。

对于新建矿井一般都采用分源预测法来预测矿井瓦斯涌出量，确定瓦斯等级。对于生产矿井的新水平、新采区，由于具备较完善的瓦斯涌出量实测资料，所以采用矿山统计法预测瓦斯涌出量。

10.3 瓦斯喷出及其防治

瓦斯喷出是指大量承压状态的瓦斯从煤体或岩体裂隙中快速喷出的现象。它是瓦斯涌出中的一种特殊形式。其特点是瓦斯在短时间内从煤、岩层的某特定地点突然涌向采矿空间，而且涌出量可能很大，风流中的瓦斯突然增加。由于喷出瓦斯在时间上的突然性和空间上的集中性，可能导致喷出地点人员的窒息，高浓度瓦斯在流动过程中遇高温热源有可能发生爆炸，有时强烈的喷出还可以产生动力效应，从而对矿井产生破坏。

10.3.1 瓦斯喷出的分类

天然的或因采掘工作形成的孔洞、裂隙内，积存着大量高压游离瓦斯，当采掘工作接近或沟通这样的地区时，高压瓦斯就能沿裂隙突然喷出，如同喷泉一样。因此，根据喷出瓦斯裂隙呈现原因的不同，可把瓦斯喷出分成两大类：

（1）地质因素形成的瓦斯喷出。例如，四川小梁山煤矿南井在+390m 水平茅门石灰岩中掘进运输大巷时，掘进工作接近一处积聚着大量游离瓦斯的溶洞，爆破时与连通溶洞的裂隙（两条裂隙各宽 10~100mm）沟通引发了瓦斯喷出。当时，瓦斯像压气管破裂似的从裂隙中大量喷出，“雾”气弥漫，充满整个回风巷，2h 后测得瓦斯流量为486m^3/min，喷出时间持续两周，共喷出瓦斯 36×$10^5$$m^3$。

（2）采掘卸压形成的瓦斯喷出。例如，南桐煤矿三号煤 0307 工作面在回采了 346m^2 时出现瓦斯涌出的“嘶嘶”声，随后出现底板破裂，裂隙宽达 100mm，底鼓最高达 0.6m，支柱折断，瓦斯突然大量喷出。喷出的瓦斯使供风量为 200m^3/min 的风流逆转距离为 180m，瓦斯浓度在 50%以上，估计初期的瓦斯流量为 500m^3/min，4h 后瓦斯流量为 26m^3/min，喷出持续 19h，总喷出量为 75100m^3。这是典型的由卸压产生裂隙及原构造裂隙张开形成卸压瓦斯喷出的通道而引发的瓦斯喷出。

喷出时的瓦斯涌出量和持续时间取决于积存的瓦斯量和瓦斯压力，瓦斯涌出量可达几立方米到几十万立方米，持续时间可达几分钟到几年，甚至几十年。

瓦斯喷出前常有预兆，如风流中的瓦斯浓度增加或忽大忽小，发出“嘶嘶”的喷出声，顶底板来压的轰鸣声，以及煤层变湿变软等。

10.3.2 瓦斯喷出的预防措施

预防瓦斯喷出，首先要加强地质工作，查清楚施工地区的地质构造，断层、溶洞的位置，裂隙的位置和走向，以及瓦斯储量和压力等情况，采取相应的预防或处理措施。一般分以下两种情况：

（1）当瓦斯喷出量和压力都不大时，可用黄泥、水泥砂浆或新型防堵材料等充填堵塞喷出口。井筒和巷道底板的小型喷出，多采用这种防治措施。

（2）当瓦斯压力和喷出量较大时，应在可能的喷出地点附近打前探钻孔，查明瓦斯的积存范围和瓦斯压力。如果瓦斯压力不大，积存量不多，则可通过钻孔使瓦斯自然排放到回风流中。当瓦斯自然排放量较大，有可能造成风流中瓦斯超限时，则应将钻孔或巷道封闭，通过瓦斯管把瓦斯引排到适宜地点或接出瓦斯抽采管路，将瓦斯排到地面。

前探钻孔的要求是：

1）立井和石门掘进揭开有喷出危险的煤层时，在该煤层10m以外开始向煤层打钻。钻孔直径不小于75mm，钻孔数不少于3个，并全部穿透煤层。

2）在瓦斯喷出危险煤层中掘进巷道时，可沿煤层边掘进边打超前孔，钻孔超前工作面不得少于5m，孔数不得少于3个，钻孔控制范围要超出井巷侧壁2~3m。

3）巷道掘进时，如果瓦斯将由岩石裂隙、溶洞及破坏带喷出时，前探钻孔直径75mm，孔数不少于2个，超前距不小于5m。

在打前探钻孔的过程中及其以后的巷道掘进施工中，发现瓦斯喷出量较大时，应打排放瓦斯钻孔。钻孔施工时，应有防治瓦斯危害的安全措施。此外，对有瓦斯喷出危险的工作面要有独立的通风系统，并要适当加大风量，以保证瓦斯不越限和不影响其他区域。对于第二类喷出的预防，可采取邻近层瓦斯抽采的措施，并在可能喷出的地区增加钻孔数，加大抽采量，同时还应及时放顶，以起到减少集中应力的作用。

10.4 煤（岩）与瓦斯突出及其防治

10.4.1 概述

煤矿地下采掘过程中，在极短的时间内（几秒到几分钟）从煤、岩层内以极快的速度向采掘空间内喷出煤（岩）和瓦斯的现象，称为煤（岩）与瓦斯突出（简称为突出）。它是另一种类型的瓦斯特殊涌出，也是煤矿地下开采过程中的一种动力现象。它所产生的高速瓦斯流（含煤粉或岩粉）能够摧毁巷道设施，破坏通风系统，甚至造成风流逆转；喷出的瓦斯由几百立方米到几万立方米，能使井巷充满瓦斯，造成人员窒息，引起瓦斯燃烧或爆炸；喷出的煤、岩由几千吨到万吨以上，能够造成煤流埋人；猛烈的动力效应可能导致冒顶和火灾事故的发生。因此，煤（岩）与瓦斯突出是煤矿最严重的灾害之一。

突出的瓦斯主要为甲烷。但在法国、波兰和我国个别矿井（如台城煤矿）都发生过煤与二氧化碳突出。突出的固体物主要是煤或煤与岩石，钾盐矿井则为盐或盐与岩石。煤矿内单纯的岩石（主要为砂岩）与瓦斯突出发生于深部并采时，近年有逐渐增多的趋势。

突出的外部特征如下：

（1）突出的煤、岩在高压气流搬运过程中。呈现分选性堆积，即近处块度大，远处粒度小，堆积坡度小于煤的自然安息角（一般为40°）。

（2）突出过程中煤、岩进一步被粉碎。产生极细的粉尘，有时突出的堆积物好似风力充填一样密实。

（3）突出孔洞小、肚大，呈梨形、倒瓶形，共轴线往往沿煤层倾斜向上延伸、或与倾向线成不大的夹角。

（4）突出的相对瓦斯涌量可以大于煤层的瓦斯含量。

10.4.2 突出的机理及规律

突出是十分复杂的自然现象，它的机理还没有统一的见解，大部分是根据现场统计资料及实验室研究提出的各种假说，包括瓦斯为主导作用的假说，如瓦斯包说、粉煤带说、煤透气性不均匀说、突出波说、裂缝堵塞说、闭合孔隙瓦斯释放说、瓦斯膨胀应力说、火山瓦斯说、瓦斯解吸说、瓦斯水化物说等；地压为主导作用的假说，如岩石变形潜能说、应力集中说、剪应力说、振动波说、冲击式移近说、应力叠加说等；化学本质说，包括“爆炸的煤”说、重煤说、地球化学说、硝基化学物说等；综合假说，即煤与瓦斯突出是由地应力、瓦斯与煤的物理力学性质散着综合作用的结果，是聚集在围岩和煤体中大量潜能的高速释放，这是国内外多数学者所持有的观点。下面简要介绍普遍认可的综合作用假说。

在采煤和掘进工作面前方煤层内形成所谓“极限应力状态区”，该区内煤层的完整性遭到破坏，但与围岩还保持着力学上的联系。煤层的稳定性由煤层内部向外逐渐下降，透气性则逐渐增加，游离瓦斯含量增高。从而产生了沿巷轴方向的瓦斯压力梯度，此时的煤壁强度已处于一触即溃的极限状态。当工作面瞬间向前推进（如震动放炮时），煤层和围岩的强度发生变化，煤层突然卸压、增压等情况下，处于极限应力状态的部分煤体突然破碎卸压，发出巨响和冲击。同时，突然释放的高压瓦斯开始膨胀形成瓦斯流，瓦斯作用在破碎煤体上的推力向巷道自由方向突然增加几倍至几十倍，使破碎煤体得以随高速瓦斯流被搬运和抛出。新暴露煤体所受支撑压力（包括前期突出所产生的动压）如果大于煤体强度，煤体将由外向内连续剥离破碎，与此同时进一步暴露的煤壁和新破碎的煤体内的瓦斯大量涌出补充瓦斯流并运走碎煤，使突出得以向煤体深部发展。在突出进行的过程中，或由于煤、岩力学性质的变化，或出于喷出物的阻塞作用，煤层能够达到新的力学平衡时，突出得以终止。但是突出孔周围煤壁和突出的煤炭中，还能继续涌出大量瓦斯。

总体来说，煤与瓦斯突出的内在因素是地应力、瓦斯和煤的物理力学性质。而外在因素是形成集中应力和造成突然卸载条件。为了防治煤与瓦斯突出，必须改善其内在因素和消除其形成集中应力和突然卸载的条件。

大量突出资料的统计分析表明，突出具有一般规律性。了解这些规律，对于制定防治突出的措施有一定的参考价值。

（1）突出发生在一定的采掘深度以后。每个煤层开始发生突出的深度差别很大，最浅的矿井是湖南白沙矿务局里王庙煤矿，仅50m，始突深度最大的是抚顺矿务局名虎台煤矿，达640m。自此以下，突出的次数增多、强度增大。

（2）突出多发生各地质构造附近，如断层、褶曲、扭转和火成岩侵入区附近。据南桐矿务局统计，95%以上的突出（石门突出除外）发生在向斜轴部、扭转地带、断层和褶曲附近。北票矿务局统计，90%以上的突出发生在地质构造区和火成岩侵入区。

（3）突出多发生在集中应力区，如巷道的上隅角，相向掘进工作面接近时，煤层留有煤柱的相对应上、下方煤层处，采煤工作面的集中应力区内掘进时等。

（4）突出次数和强度随煤层厚度（特别是软分层厚度）的增加而增加。煤层倾角越大，突出的危险性也越大。

（5）突出与煤层的瓦斯含量与瓦斯压力之间没有固定的关系。瓦斯压力低、含量小的煤层可能发生突出；压力高、含量大的煤层也可能不发生突出。因为突出是多种因素综合作用的结果。但值得注意的是，我国30处特大型突出矿井的煤层瓦斯含量都大于$20m^3/t$。

（6）突出煤层的特点是强度低，而且软硬相间，透气系数小，瓦斯的放散速度高，煤的原生结构遭到破坏，层理紊乱，无明显节理，光泽暗淡，易粉碎。如果煤层的顶板坚硬致密，则突出危险性增大。

（7）大多数突出发生在爆破和落煤工序。例如，重庆地区 132 次突出中，落煤时发生突出 124 次，占总次数的 95%。爆破后没有立即发生的突出称为延期突出。延迟的时间从几分钟到几十个小时，它的危害性更大。

（8）突出前常有预兆发生。例如：煤层结构变化，层理紊乱，煤层由硬变软，由薄变厚，倾角由小变大，煤由湿变干，光泽暗淡，煤层顶底板出现断裂，煤岩严重破坏；工作面煤体和支架压力增大，煤壁外鼓，掉碴，煤块进出等；打钻有顶钻、夹钻、卡钻、喷孔现象；瓦斯增大或忽大忽小，煤尘增多；煤炮声，闷雷声，深部岩石或煤层的破裂声等。

10.4.3 防治措施

开采有突出危险的矿井，必须采取防治突出的措施。防突措施可以分为两大类：实施以后可使较大范围煤层消除突出危险性的措施，称为区域性防突措施；实施以后可使局部区域（如掘进工作面）消除突出危险性的措施称为局部防突措施。

10.4.3.1 区域性防突措施

区域性防突措施主要有开采保护层、预抽煤层瓦斯和煤层注水。开采保护层是预防突出最有效、最经济的措施。

A 开采保护层

在突出矿井中，预先开采的、并能使其他相邻的有突出危险的煤层受到采动影响而减少或丧失突出危险的煤层称为保护层，后开采的煤层称为被保护层。保护层位于被保护层上方的叫上保护层，位于下方的叫下保护层。

开采保护层还必须注意以下几点：

（1）如煤层群中有几个保护层时，应首先考虑上保护层。不但符合由上而下的开采顺序，而且突出危险层同水平的巷道能位于保护范围内。如果不得不开采下保护层时，要防止采动影响而破坏未采煤层结构。

（2）矿井中所有煤层都有突出危险时，可选择突出危险程度较小的煤层作为保护层，但在此保护层的采掘过程中，必须采取防治突出的措施。

（3）矿井中所有可采煤层都具有严重突出危险时，也可以选择不可采的煤层作为保护层。

（4）开采保护层时，应同时抽采被保护层的瓦斯。

开采保护层的作用：

保护层开采后，由于采空区的顶底板岩石冒落，移动，引起开采煤层周围应力的重新分布，采空区上、下形成应力降低（卸压）区，在这个区域内的未开采煤层将发生下述变化：

1）地压减少，弹性潜能得以缓慢释放。

2）煤层膨胀变形，形成裂隙与孔道，透气系数增加。所以被保护层内的瓦斯能大量排放到保护层的采空区内，瓦斯含量和瓦斯压力都将明显下降。

3）煤层瓦斯涌出后，煤的强度增加。

所以保护层开采后，不但消除或减少了引起突出的两个重要因素——地压和瓦斯，而且增加了抵御突出的能力因素——煤的机械强度。这就使得在卸压区范围内开采被保护层时，不会再发生煤与瓦斯突出。

B　预抽煤层瓦斯

对于无保护层或单一突出危险煤层的矿井，可以采用大面积预抽煤层瓦斯作为区域性防突措施。这种措施的实质是，通过一定时间的预先抽采瓦斯，降低突出危险煤层的瓦斯压力和瓦斯含量。并由此引起煤层收缩变形、地应力下降、煤层透气系数增加和煤的强度提高等效应，使被抽采瓦斯的煤体丧失或减弱突出危险性。由于突出煤层绝大多数属于低透气性难抽煤层，因此要求加大预抽瓦斯钻孔的密度，延长抽采时间，这样才能达到预期的防突效果。

突出煤层预抽瓦斯措施在我国中梁山、北票、六枝、焦作等矿区采用穿层钻孔和顺层钻孔方法，抽采时间都在1年以上，钻孔间距基本上不超过10m，瓦斯预抽率在25%以上，均达到了消除突出危险的目的。1980年以来我国试验成功的大面积网格式穿层钻孔预抽突出危险煤层瓦斯的方法，使区域防突效果更为理想。

C　煤层注水

煤层大面积注水也是一项区域性防突措施。注水后，煤体湿润增加了煤层塑性而降低了开采煤层的应力集中，水充满煤体裂隙与空隙，减缓了瓦斯放散速度，从而可降低岩体弹性潜能和瓦斯潜能，消除或降低了突出危险性。根据实践经验，只有采取在突出煤层中大面积均匀注水、且煤体注水后的水分含量不低于5%时，才可达到防突效果。由于煤结构的不均匀性和地质构造的存在，通过钻孔注水往往很难做到均匀湿润煤体。所以可把注水作为一项辅助的防突措施，与预抽瓦斯等配套使用。

10.4.3.2　局部防突措施

局部防突措施的主要作用是卸出或降低采掘工作面中的煤体应力和排放瓦斯。这些措施有松动爆破、局部抽采瓦斯、水力冲孔、排放钻孔、金属骨架、煤层注水、超前钻孔、卸压槽等。

A　石门揭开突出危险煤层时的预防措施

大型突出往往发生于石门揭开突出危险煤层时。所以石门揭开突出危险煤层，以及有突出倾向的建设矿井或突出矿井开拓新水平时，井巷揭开所有这类煤层都必须采取防治突出的措施，并编制专门设计。常用的石门揭开突出危险煤层的措施有：

（1）松动爆破。松动爆破是向掘进工作面前方应力集中区打几个钻孔装药爆破，使煤体松动，集中应力区向煤体深部移动，同时加快瓦斯的排出，从而在工作面前方造成较长的卸压带，以预防突出的发生。松动爆破分为深孔和浅孔两种。深孔松动爆破一般用于煤巷或半煤岩巷掘进工作面，钻孔直径一般为40~60mm，深度为8~15m（煤层厚时取大值）。浅孔松动爆破主要用于采煤工作面，鸡西大通沟煤矿的施工参数为：孔径42mm、孔深2.4m、孔间距3.0m；钻孔垂直煤壁；松动炮眼超前工作面1.2m。在阳泉一矿3号煤层试验工作面的条件下，采用长钻孔控制松动爆破，即在回采工作面顺槽打平行于工作面的爆破孔也取得了较好效果。其参数为：爆破孔长度30 m、直径73mm、钻孔倾角为

1°~3°、封孔长度为7~10m、爆破孔距工作面距离为13~15m。工作面瓦斯涌出量由采取措施前的10m³/min下降到7.5m³/min。

（2）钻孔排放瓦斯。石门揭煤前，由岩巷或煤巷向突出危险煤层打钻，将煤层中的瓦斯经过钻孔自然排放出来，待瓦斯压力降到安全压力以下时，再进行采掘工作。钻孔数和钻孔布置应根据断面和钻孔排放半径的大小来确定，每平方米断面不得少于3.5~4.5个钻孔。

钻孔排放半径是指经过规定的排放瓦斯时间后，在排放半径内的瓦斯压力都降到安全值时，实测得到的。测定时由石门工作面向煤层打2~3个钻孔，测瓦斯压力。待瓦斯压力稳定后，打一个排瓦斯钻孔（见图10-5），观察测压孔的瓦斯压力变化，确定排放半径。排放瓦斯后，采取震动放炮揭开煤层时，瓦斯压力的安全值可取1.0MPa，不采取其他预防措施时，应低于0.2~0.3MPa。

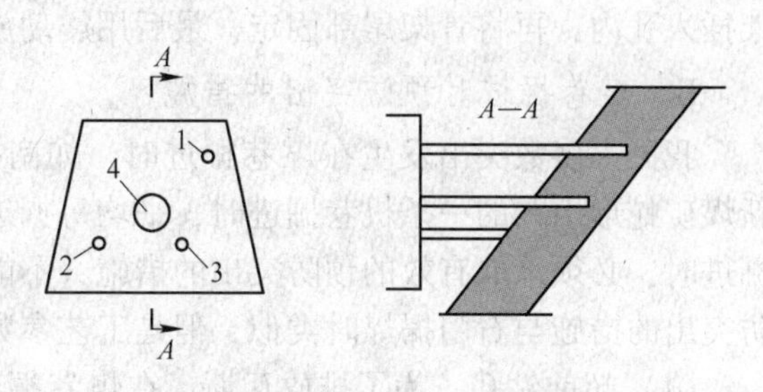

图10-5　测定排放半径的钻孔布置
1~3—测压孔；4—排瓦斯孔

此法适用于煤层厚、倾角大、透气系数大和瓦斯压力高的石门揭煤时，也大量应用于突出危险煤层的煤巷掘进。缺点是打钻工程量大，瓦斯压力下降慢，等待时间长。

（3）水力冲孔。水力冲孔是在安全岩（煤）柱的防护下，向煤层打钻后，用高压水射流在工作面前方煤体内冲出一定的孔道，加速瓦斯排放。同时，由于孔道周围煤体的移动变形，应力重新分布，扩大卸压范围。此外，在高压水射流的冲击作用下，冲孔过程中能诱发小型突出，使煤岩中蕴藏的潜在能量逐渐释放，避免大型突出的发生。

水力冲孔主要用于石门揭煤和煤巷掘进。石门揭煤时，当掘进工作面接近突出危险煤层3~5m时，停止掘进，安装钻孔向煤层打钻，孔径90~110mm。在孔口安装套管与三通管，将钻杆通过三通管直达煤层，钻杆末端与高压水管连接，如图10-6所示。冲出的煤和水与瓦斯则由三通管经射流泵加压后，送入采区沉淀池。冲孔水压一般为3.0~4.0MPa，水量为15~20m³/h，射流泵水量为25m³/h。孔数一般为1.0~1.3孔/m³，冲出的煤量为每米煤层厚度不小于20t。冲孔的喷煤量越大，效果就越好。

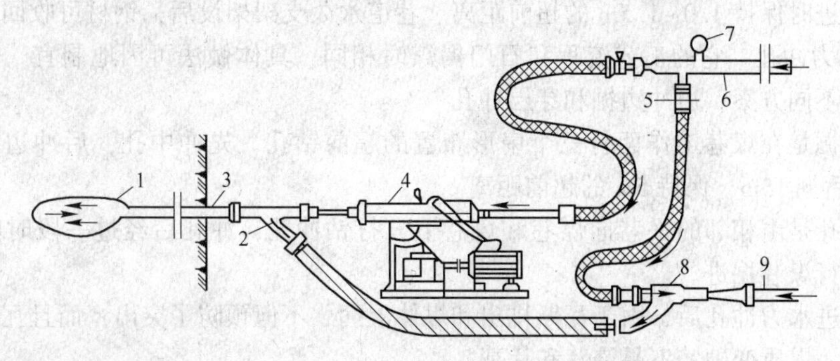

图10-6　水力冲孔工艺流程图
1—套管；2—三通管；3—钻杆；4—钻机；5—阀门；6—高压水管；
7—压力表；8—射流泵；9—撵煤水管

水力冲孔适用于地压大、瓦斯压力大、煤质松软的突出危险煤层。

（4）金属骨架。金属骨架是一种超前支架。其作用是加强石门工作面上部煤体的支撑力，以减弱或防止煤与瓦斯突出。但由于这种方法本身并未根本改变瓦斯应力和瓦斯状态，所以必须和水力冲孔、排放钻孔等措施配合使用。当石门掘进工作面接近煤层时，通过岩柱在巷道顶部和两帮上侧打钻，钻孔穿过煤层全厚，进入岩层0.5m。孔间距一般为0.2m左右，孔径为75~100mm。然后将长度大于孔深0.4~0.5m的钢管或钢轨，作为骨架插入孔内，再将骨架尾部固定，最后用震动放炮揭开煤层。

B 煤巷掘进时预防突出的措施

我国大多数突出发生在煤巷掘进时，如南桐煤巷突出约占突出总数的74%。湖南立新煤矿蛇形山井的一条机巷掘进时，平均每掘进8.9m突出一次。所以在突出危险煤层内掘进时，必须采取有效的预防突出的措施，不能因其费工费时而稍有松懈。煤巷掘进时预防突出的措施与石门揭煤时类似，但是工艺参数有所不同。

（1）超前钻孔。为了排放瓦斯，在煤巷掘进工作面前方始终保持一定数量的排放瓦斯钻孔，同时可以增加煤的强度，在钻孔周围形成卸压区，使集中应力区移向煤体深部。这种方法称为超前钻孔。

超前钻孔孔数决定于巷道断面积和瓦斯排放半径。钻孔在软煤中的排放半径为1~1.5m，硬煤中可能只有几十厘米。平巷掘进工作面一般布置3~5个钻孔，孔径为200~300mm。孔深应超前工作面前方的集中应力区，一般情况下它的数值为3~7m，所以孔深应不小于10~15m。掘进时钻孔至少保持5m的超前距离。急倾斜中厚或厚煤层上山掘进时，可用穿透式钻机，贯穿全长后，再由上而下扩大断面然后用人工修整到所需断面。

超前钻孔适用于煤层赋存稳定、透气系数较大的情况下。如果煤质松软，瓦斯压力较大，则打钻时容易发生夹钻、垮孔、顶钻，甚至孔内突出现象。

（2）超前支架。超前支架可用于煤质极松软的急倾斜和缓倾斜煤层平巷掘进工作面。其作用是，为防止工作面顶部松软悬煤垮落而引起煤与瓦斯突出，而在工作面前方巷道顶部事先打上一排超前支架，用以支撑顶部悬露的煤体支架，钻孔可以排放瓦斯，卸除部分压力减少突出潜能，支架可增加煤体的稳定性以达到防突目的。

架设超前支架的方法是先打孔，孔径为50~70 mm，仰角为8°~10°，孔距为200~250 mm，深度大于一架棚距，然后在钻孔内插入钢管或钢轨，尾端用支架架牢，即可进行掘进。掘进时保持1.0~1.5m的超前距离。巷道永久支架架设后，钢材可收回再用。

（3）水力冲孔。它的工艺流程和石门揭煤时相同，具体做法可因地制宜。例如南桐曾采用两种不同方案：边冲边掘和穿层冲孔。

边冲边掘是在煤巷工作面打三个扇形布置的超前钻孔。先冲中孔，后冲边孔。孔深20m，冲孔后掘15m，保持5m的超前距离。

穿层冲孔是由相邻的平巷向煤巷和煤巷上方打钻冲孔，冲孔后经过一段时间排放瓦斯，即可进行煤巷掘进。

煤巷掘进水力冲孔后，由于瓦斯排出和煤体湿润，不但预防了突出，而且瓦斯涌出量小，煤尘少，煤质变硬，不易垮落和片帮。

（4）卸压槽。近年来，在采掘工作面推广使用了卸压槽的方法，作为预防煤（岩）与瓦斯突出和冲击地压的措施。它的实质是预先在工作面前方切割出一个缝槽，以增加工作面前方的卸压范围。没有卸压槽时，工作面前方的卸压区很小，巷道两帮的前方更小。巷道的两帮切割出卸压槽后，卸压范围扩大，在此范围内掘进，并保持一定的超前距就可避免突出或冲击地压的发生。

此外，煤层注水，瓦斯抽采、水力压裂等都可作为区域性大面积预防突出的措施。为了减少突出发生后的危害，还应该采取一系列的技术组织措施，如独立通风，加大风量，严格通风和瓦斯管理制度，掌握突出预兆，及时撤退人员，发、佩自救器，做好地质测量和事故后的调查、统计、分析工作，等等。

我国根据50多年防治煤与瓦斯突出的理论与实践，研究总结提出了“四位一体”的总和防突措施，即：(1) 突出危险性预测，(2) 采取防突措施，(3) 防突措施的效果检验，(4) 采取安全保护措施。只要认真落实，瓦斯突出事故是可以得到有效预防的。

10.5 瓦斯爆炸及其防治

矿井瓦斯爆炸是煤矿生产中危害性极大的一种灾害。瓦斯爆炸不仅会造成大量人员伤亡，而且还会严重摧毁矿井设施、中断生产，有时还会引起煤尘爆炸、矿井火灾、井巷垮塌和顶板冒落等二次灾害，从而加重了灾害后果，使生产难以在短时期内恢复。所以，掌握瓦斯爆炸的基本概念、原因、规律和防治措施是极为重要的。

10.5.1 瓦斯爆炸机理

10.5.1.1 瓦斯爆炸的分类

爆炸式指物质从一种状态迅速变成另一种状态，并在瞬间放出大量能量的同时产生巨大声响的现象。爆炸可以分为物理爆炸和化学爆炸，矿井瓦斯爆炸属于化学爆炸。根据爆炸传播速度可将瓦斯爆炸分为以下三类：

爆燃——传播速度为每秒数十厘米至数米；

爆炸——传播速度为每秒数十米至数百米；

爆轰——传播速度超过声速，可达每秒数千米。

10.5.1.2 瓦斯爆炸的化学反应过程

瓦斯是一种能燃烧和爆炸的气体。瓦斯爆炸就是空气中的氧气与瓦斯（甲烷）剧烈反应的结果。其化学方程式为：

$$CH_4(g)+2O_2(g)=\!=\!=CO_2(g)+2H_2O(g),\Delta_r H_m^{\ominus}=+882.6\text{kJ/mol}$$

或
$$CH_4(g)+2(O_2(g)+3.76N_2(g))=\!=\!=CO_2(g)+2H_2O(g)+7.52N_2(g),$$
$$\Delta_r H_m^{\ominus}=+882.6\text{kJ/mol}$$

瓦斯在高温作用下，与氧气发生化学反应，生成二氧化碳和水蒸气，并放出大量的热。这些热量能够使反应过程中生成的二氧化碳和水蒸气迅速膨胀，形成高温、高压并以极高的速度向外冲出而产生动力现象，这就是瓦斯爆炸。从上式可知，混合气体中的氧与甲烷都全部燃尽时，一体积的甲烷要同两体积的氧气化合，即一体积甲烷要同2+7.52体积的空气（当氮气在空气中的浓度为79%，氧气为21%时）化合。这时甲烷在混合气体中的浓度为 $[1/(1+9.52)]\times100\%=9.5\%$。这一浓度是理论上爆炸最猛烈的浓度。但是，根据实验瓦斯最易引火的浓度则为7%~8%。

10.5.1.3　瓦斯爆炸的条件

瓦斯爆炸必须具备三个条件：

A　瓦斯浓度

（1）瓦斯爆炸界限。瓦斯爆炸具有一定的浓度范围，只有在这个范围内，瓦斯才能够爆炸，这个范围称为瓦斯爆炸的界限。最低爆炸浓度称为爆炸下限，最高爆炸浓度称为爆炸上限。在新鲜空气中，瓦斯爆炸的界限一般为5%~16%。

（2）瓦斯在不同浓度时的燃爆特性。当瓦斯浓度低于5%时，参加化学反应的瓦斯减少，不能形成热量积聚。因此，不能爆炸只能燃烧。当瓦斯浓度达到5%（下限）时，瓦斯就能爆炸；瓦斯浓度为5%~9.5%时，爆炸威力逐渐增强；瓦斯浓度为9.5%时，因为空气中的全部瓦斯和氧气全都参加了反应，这时爆炸威力最强。

B　一定的引火温度

瓦斯爆炸的第二个基本条件是高温火源的存在。点燃瓦斯所需的最低温度，称为引火温度。瓦斯的引火温度一般在650~750℃。

明火、煤炭自燃、电气火花、赤热的金属表面、吸烟爆破、安全灯网罩、架线火花、甚至撞击和摩擦产生的火花等都足以引燃瓦斯。因此，消灭井下一切火源是防止瓦斯爆炸的重要措施之一。

C　氧气浓度

实验表明，瓦斯爆炸界限随着混合气体中氧气浓度的降低而缩小。当氧气浓度降低到12%时，混合气体中的瓦斯就失去了爆炸性，遇火也不会爆炸。

由于氧气浓度低于12%以下时，短时间内就能导致人员窒息死亡，所以采用降低空气中的氧气含量来防止瓦斯爆炸是不切实可行的。但是在已经封闭的火区，采取降低氧气含量的方法确实是十分有效的。

10.5.1.4　瓦斯爆炸的危害

瓦斯爆炸的危害主要表现在三个方面。

A　瓦斯爆炸温度

当瓦斯浓度为9.5%时，爆炸时产生的瞬间温度可达1850~2650℃。这样的高温不仅会烧伤人员、烧毁设备，还可能引起井下火灾、扩大灾情。

B　爆炸冲击波

瓦斯爆炸产生的高温会使气体突然膨胀引起气体压力的骤然增大，再加上爆炸波的叠加作用或瓦斯连续爆炸，爆炸产生的冲击压力会更高。据测定，瓦斯爆炸后的压力约为爆炸前的10倍。爆源处气体以每秒钟几百米的速度向前冲击。爆炸时常常伴生两种冲击：

（1）正向冲击。在爆炸产生的高温、高压作用下，爆源附近的气体以极大的速度向四周扩散，在所经过的路程上形成威力巨大的冲击波现象。这一过程称为正向冲击。因此能造成人员伤亡、巷道和器材设施破坏，能扬起大量煤尘使之参与爆炸，产生更大的破坏力，还可以点燃坑木或其他可燃物而引起火灾。

（2）反向冲击。爆炸发生后由于爆炸气体从爆源处高速向外冲击，加上爆炸后生成的一部分水蒸气又很快冷却和凝聚，因此，在爆源附近就形成了低压区。这样，在压差的作用下，爆炸气体就和爆源外围的气体又以极高的速度反向冲回爆炸点。这一过程称为反向冲击。

即使反向冲击没有正向冲击力大，但由于反向冲击是沿着已经破坏的区域内的反冲，所以其破坏力更大。如果反向冲击的空气含有足够的瓦斯和氧气，而爆源附近的火源还没有熄灭，或爆炸后产生的新火源存在时，就可能造成二次或多次爆炸。

C 有毒有害气体

瓦斯爆炸后，将产生大量的有毒有害气体。一氧化碳有大量的增加，这也是造成大量人员伤亡的主要原因。如果煤尘参与了爆炸，一氧化碳的生成量就会更大，危害更为严重。一般瓦斯事故中一氧化碳的中毒人数占总死亡数 70% 以上。因此《煤矿安全规程》规定入井人员必须随身携带自救器，严禁携带烟草和点火物品，严禁穿化纤衣服等。

10.5.2 瓦斯爆炸的预防措施

预防瓦斯爆炸的技术措施主要包括三方面：防治瓦斯积聚、防治引燃火源、防治瓦斯爆炸事故扩大的措施。

10.5.2.1 防治瓦斯积聚

（1）做好矿井通风工作。煤矿井下应有安全可靠、独立的，风向合理和风量稳定的矿井通风系统；各工作面应保证有足够的供风量。停电、通风系统或通风设施遭到破坏、反风是导致通风异常的主要原因。主扇停止运转或矿井通风系统遭到破坏后，必须有恢复通风、排除瓦斯和送电的安全措施。恢复正常通风后，所有受到停风影响的地点，都必须经过通风、瓦斯检测人员检查，证实无危险后，方可恢复工作。

（2）及时处理积聚的瓦斯。在规定的时间内封闭长期不用的盲巷、冒高；未封闭的高冒区应安设导风板及风筒分叉，以防止瓦斯积聚；临时停工的工作面，不得停风；瓦斯涌出较大的区域，裂缝喷瓦斯区域，如局部难以稀释到要求浓度时，应予以封堵，以管道引出巷道，送往通风系统；机掘和机采工作面应积极配用水力引射和环隙式压风引射送风设备，以处理积聚区内的瓦斯。

（3）积存大量高浓度瓦斯的巷道，不能瞬间启动风机，应制定安全疏排方法。即在回风侧安置带有分叉的风筒，控制风筒的风量，使巷道回风风流中的瓦斯浓度控制在安全规定值以内，逐步疏排瓦斯，直至将积存的瓦斯全部排出，方可恢复生产。

（4）严格执行瓦斯浓度规定，并积极建立瓦斯监测监控系统。严格按照《煤矿安全规程》的规定执行矿井瓦斯检查制度，及时发现和处理瓦斯超限，当超过允许浓度时，应立即采取措施。

（5）分源瓦斯治理及抽采瓦斯。分源瓦斯治理是根据矿井瓦斯的不同来源而分别进行治理，需要事先通过科学的统计和预测方法，分析瓦斯来源，弄清矿井瓦斯涌出量大的原因，才能有针对性地对瓦斯涌出量大的地点和工序采取有效的措施和方法。

10.5.2.2 防治引燃火源

（1）杜绝明火。《煤矿安全规程》规定，严禁携带烟草和点火工具下井；井下禁止使用电炉，禁止打开矿灯；井口房、抽采瓦斯泵房以及通风机房周围 20m 内禁止使用明火；井下需要进行电焊、气焊和喷灯焊接时，应严格遵守有关规定，对井下火区必须加强管理；瓦斯检定灯的各个部件都必须符合规定，等等。

(2) 防治出现摩擦火花及静电积聚火花，要做到以下几点：井下应使用安全合格材质的捶打冲击工具；矿灯应保证完好，井底严禁拆开、敲打、撞击矿灯；为防治机械摩擦起火，切割部件应使用难以引燃的合金，摩擦部件金属表面应该镀敷活性小的金属（铬等），运转部件要安设过热保护装置和温度检测报警装置，应积极使用洒水降温设施；井下使用防静电的高分子材料（橡胶、塑料、树脂等）。

(3) 井下使用许用的安全设备及材料，并严格管理。井下采掘工作面应使用得到产品许可证、安全许用的机电设备和材料；应使用煤矿安全许用炸药；应使用许用的毫秒延期电雷管；严格执行打眼、装药、封泥的规定，严禁明火放炮和采用糊炮，井下应使用防爆电气设备，且防爆电气设备的运行、维护和修理工作必须符合防爆性能的各项技术要求；应坚持定期组织对电气设备和电缆进行检查、调整和维护；坚持使用检漏继电器，实现风、电、瓦斯闭锁。

10.5.2.3　防治瓦斯爆炸事故扩大的措施

一旦发生爆炸，应使灾害波及范围局限在尽可能小的区域内，以减少损失，为此应该：

(1) 编制周密的预防和处理瓦斯爆炸事故计划，并对有关人员贯彻这个计划。

(2) 每一矿井必须有反映当前实际情况的图纸。

(3) 矿井发生重大事故时，矿务局局长、矿长、局总工程师和矿总工程师必须立即赶到现场组织抢救，矿长负责指挥处理事故。

(4) 实行分区通风。各水平、各采区都必须布置单独的回风道，采掘工作面都应采用独立通风。这样一条通风系统的破坏将不致影响其他区域。

(5) 通风系统力求简单。应保证当发生瓦斯爆炸时入风流与回风流不会发生短路。

(6) 装有主要通风机的出风井口，应安装防爆门或防爆井盖，防止爆炸波冲毁通风机，影响救灾与恢复通风。

(7) 防止煤尘事故扩大的隔爆措施，同样也适用于防止瓦斯爆炸。

我国已经研制出的自动隔爆装置，其原理是传感器识别爆炸火焰，并向控制器给出测速（火焰速度）信号，控制器通过实时运算。在恰当的时候启动喷洒器快速喷洒消焰剂，将爆炸火焰扑灭，阻止爆炸传播。

11 矿井火灾

11.1 火灾概述

矿井火灾是直接威胁矿井安全生产的主要灾害之一。我国的煤矿自然发火非常严重，有56%的煤矿存在自然发火问题，凡是发生在井下巷道、工作面、采空区等地点的火灾，以及发生在井口附近的火焰或气体随同风流进入井下而威胁矿井安全生产的火灾均称为矿井火灾。矿井火灾是煤矿五大自然灾害（水灾、火灾、瓦斯、煤尘和冒顶）之一。在火灾事故中，常常会造成人员伤亡、物资器材损失、煤炭资源被烧毁等。

11.1.1 矿井火灾的形成条件

矿井火灾发生条件同燃烧发生条件一样，也必须具有以下三个条件：

（1）可燃物。在煤矿矿井里，煤炭本身就是一个大量而且普遍存在的可燃物，木、各类机电设备、油料、炸药等都具有可燃性。可燃物的存在是火灾发生的基础。

（2）热源。具有一定温度和足够的热量的热源才能引起火灾。在矿井里煤的自燃、瓦斯煤尘爆炸、爆破作业、机械摩擦、电流短路、吸烟、电焊以及其他明火等都可能是引火的热源。

（3）空气。燃烧是剧烈的氧化反应，任何可燃物只有点燃热源但缺乏足够的氧气，燃烧是无法进行的，或不能持续进行。实验证明，在氧气浓度为13%的空气环境中，燃烧不可能维持；空气中氧浓度低于14%，点燃的蜡烛就要熄灭。

上述是火灾发生的三个要素，它们必须同时存在，相互结合，才能导致火灾的发生。

11.1.2 矿井火灾的类型及其特性

11.1.2.1 根据火灾发生地点不同分类

（1）地面火灾。发生在矿井工业广场范围内地面上的火灾称为地面火灾。地面火灾可以发生在行政办公楼、福利楼、井口楼、选煤楼以及坑木场、储煤场、矸石山等地点。地面火灾外部征兆明显，易于发现，空气供给充分，燃烧完全，有毒气体发生量较少，地面空间宽阔，烟雾易于扩散，与火灾斗争回旋余地大。

（2）井下火灾。发生在井下的火灾以及发生在井口附近而威胁井下安全，影响生产的火灾统称为井下火灾。井下火灾可以发生在井口楼、井筒、井底车场、机电硐室、火药库、进回风大巷、采区变电硐室、掘进和回采工作面以及采空区、煤柱等地点。

井下火灾处于百里煤海，巷道纵横相连，即使发生也很难及时发现；井下空气供给有限，难以完全燃烧；有毒有害烟雾大量发生，随风流到处扩散；毒化矿井空气，威胁工人的生命安全；在存在瓦斯和煤尘爆炸危险的矿井，还可能引起爆炸，酿成重大恶性事故。

11.1.2.2 根据发火点对矿井通风的影响分类

（1）上行风流火灾。上行风流是指沿倾斜或垂直井巷、回采工作面自下而上流动的风流，即风流从标高低点向高点流动。发生在这种风流中的火灾，称为上行风流火灾。当上行风流中发生火灾时，因热力作用而产生的火风压，其作用方向与风流方向一致，亦即与矿井主扇风压作用方向一致。在这种情况下，它对矿井通风的影响主要特征是，主干风路（从进风井流经火源，到回风井）的风流方向一般将是稳定的，即具有与原风流相同的方向，烟流将随之排出，而所有其他与主干风路并联或者在主干风路火源后部汇入的旁侧支路风流，其方向将是不稳定的，甚至可能发生逆转，形成风流紊乱事故。因此，所采取的防火措施应力求避免旁侧支路风流逆转。

（2）下行风流火灾。下行风流是指沿着倾斜或垂直井巷、回采工作面（如进风井、进风下山以及下行通风的工作面）自上而下流动的风流，即风流由标高的高点向低点流动。发生在这种风流中的火灾，称为下行风流火灾。在下行风流中发生火灾时，火风压的作用方向与矿井主扇风压的作用方向相反。因此，随火势的发展，主干风路中的风流，很难保持其正常的原有流向。当火风压增大到一定程度，主干风路的风流将会发生反向，烟流随之逆退，从而酿成又一种形式的风流紊乱事故。

在下行风流内发生火灾时，通风系统的风流由于火风压作用所发生的再分配和流动状态的变化，要比上行风流火灾时复杂得多，因此，需要采用特殊的救灾灭火技术措施。

（3）进风流火灾。发生在进风井、进风大巷或采区进风风路内的火灾，称为进风流火灾。之所以要区别出这种类别的火灾，主要是由于其发展的特征，对井下工人的危害以及可能采取的灭火技术措施，在很大程度上又有别于上、下行风流火灾。发生在进风风流内的煤的自燃火灾，一般不易早期发现，发生后又因供氧充分，发展迅猛，不易控制。而井下采掘人员又大都处于下风流中，极易遭受高温火烟的危害，在这种火灾中还是不时发生大量的人员伤亡事故。对于这种火灾，除了根据发火风路的结构特性——上行还是下行，使用相应的控制技术措施外，还应根据风流是进风流的特点，使用适应这种火灾防治的技术措施，如全矿、区域性或局部反风等。

11.1.2.3 根据引火的热源不同分类

A 外因火灾（外源火灾）

系指由于外来热源如瓦斯煤尘爆炸、放炮作业、机械摩擦、电气设备运转不良、电源短路以及其他明火、吸烟、烧焊等引起的火灾。

外因火灾的特点是：突然发生、来势迅猛，如果不能及时发现和控制，往往酿成重大事故。在矿井火灾的总数中，外因火灾所占比重虽然较小（4%~10%），但不容忽视。据统计，国内有记载的重大恶性火灾事故，90%以上属于外因火灾。外因火灾多发生在井口楼、井筒、机电硐室、火药库以及安装有机电设备的巷道或工作面内。火灾的火焰一般是在燃烧物的表面，如果及时发现和扑救，还是容易熄灭的。

B 内因火灾（煤的自燃火灾）

是指煤炭在一定条件下，如破裂的煤柱、煤壁、集中堆积的浮煤，又有一定的风量供给，自身发生物理化学变化、吸氧、氧化、发热、热量聚集导致着火而形成的火灾。

内因火灾的发生，往往伴有一个孕育的过程，根据预兆能够在早期发现。但火源隐蔽，经常发生在人们难以进入的采空区或煤柱内，要想准确地找到火源比较困难。因此，难以扑灭，以致火灾可以持续数月、数年、甚至长达十年之久。有时燃烧的范围逐渐蔓延扩大，烧毁大量煤炭，冻结大量资源。根据1985年的统计，由于发火而冻结的煤量累计近6000万吨。

据统计，在我国统配与重点煤矿中，存在自燃发火危险性的矿井占总矿井数的46%~49%，自然发火煤层占累计可采煤层数的60%。根据1953~1984年的统计资料，内因火灾发生的次数占矿井火灾总次数的94%。因此，内因火灾理所当然受到人们的重视，成为研究的重点。

为了更深入地做好矿井火灾的调查统计工作，有时也根据火灾发生地点，燃烧物及引火性质进行分类。如由于发火地点不同可分为：井筒火灾、巷道火灾、煤柱火灾、采面火灾、采空区火灾、硐室火灾等。由于燃烧物不同可分为：机电设备（皮带、电缆、变压器、开关、风筒等）火灾、火药燃烧火灾、油料火灾、坑木火灾、瓦斯燃烧火灾、煤尘燃烧火灾以及煤的自燃火灾。根据引火性质可分为原生火灾与次生（再生）火灾。次生火灾系指由原生火灾而引起的火灾。在原生火灾的燃烧过程中，含有尚未燃尽可燃物的高温烟流，在排烟的通道上，一旦与风流汇合，获得氧气的供给很可能再次燃烧。特别是汇合点位于干燥的木支护区，更易发生次生火灾而扩大火区范围。

11.1.2.4 其他分类方法

除了上述两种常用分类以外，还有按燃烧物、引火性质及火灾发生地点分类。按燃烧物分为机电设备火灾、炸药燃烧火灾、煤炭自燃火灾、油料火灾、坑木火灾；按引火性质不同分为原生火灾与次生火灾；按火灾发生位置地点不同分为井筒火灾、巷道火灾、煤柱火灾、采煤工作面火灾、掘进工作面火灾、采空区火灾、硐室火灾等。

11.1.3 矿井火灾的危害

矿井火灾对煤矿生产及职工安全的危害主要有以下几方面：

（1）井下空间狭小，矿井通风及巷道联通关系复杂，供风量有限，发生火灾时人员避灾会受到井下环境条件的限制。

（2）煤矿井下到处都存在大量的易燃物，火灾极易发展蔓延，高温火烟在巷道流经的路程上，掺入新鲜风流时，将会在掺风地点形成新的火源。

（3）产生大量的高温火焰及有害气体，造成人员伤亡。火灾能产生大量有毒有害气体，如CO、CO_2等，这些气体随高温火烟一起流入井下各作业场所，造成人员中毒和窒息。

（4）引起瓦斯、煤尘爆炸。矿井火灾不仅提供了瓦斯、煤尘爆炸的热源，而且由于火的干馏作用，使井下可燃物（煤、木材等）放出H_2和其他多种碳氢化合物等爆炸性气体。因此，火灾会引起瓦斯、煤尘爆炸，进一步扩大灾情及伤亡。

（5）火灾烧毁设备和煤炭资源。井下发生火灾，因灭火措施不当或拖延时间，往往错失灭火良机，使火势扩大，这样就会烧毁大量的设备、器材和煤炭资源。有时封闭火区也会导致一些设备长期被封闭在火区而损失，造成大量煤炭资源呆滞，影响矿井正常生产。

（6）火灾使井下风流逆转，导致灾情扩大。矿井火灾发生后，高温浓烟流经区域的空气发生变化，温度升高。井巷中产生火风压。火风压一方面使矿井总风量发生变化，另一方面造成矿井通风网路风流方向变化，从而使烟气的流动失去控制，造成通风系统紊乱，进一步扩大灾区范围，使更多的井下人员受到火灾烟气的毒害，同时给井下的安全撤退带来极大的困难和危险，增大了事故损失和灭火救灾的困难。

11.2　外因火灾及其预防

11.2.1　外因火灾的特性

11.2.1.1　外因火灾产生的条件

产生外因火灾的三个必要条件是：有可燃物存在、有足够的氧气和足以引起火灾的热源。这也称火灾三要素，如图11-1所示。缺少任何一个要素，火灾都不能发生，或者正在发生的火灾也会熄灭。

在煤矿里，煤炭本身就是一个大量而且普遍存在的可燃物。另外，在生产过程中产生的煤尘，涌出的瓦斯以及所用的坑木，运输机胶带，电缆，机电设备，油料、炸药等都具有可燃性。它们的存在是发生火灾的前提条件。

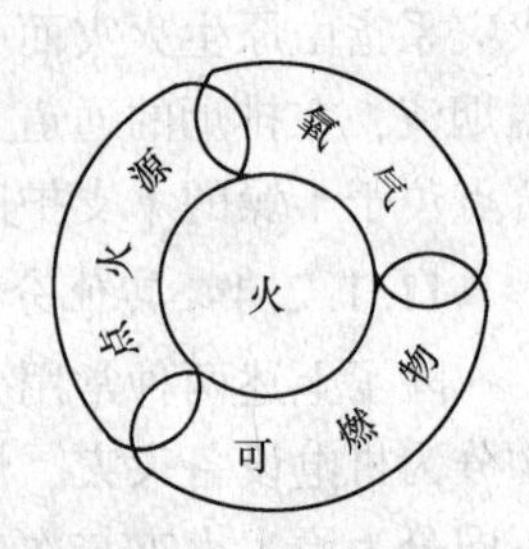

图11-1　外因火灾发生的必要条件

在一般矿井通风的巷道中，空气中的氧气含量基本与地面的空气相同，因此，井下为燃烧提供的氧气充足。但在通风不良的巷道中，为燃烧提供的氧气量可能不足，就不会产生明火燃烧。所有的有火焰的燃烧都会在氧气浓度低于10%～12%时熄灭，但是低温干馏性的燃烧却要在氧气浓度低于2%时才会熄灭。在氧浓度低于12%的空气中瓦斯失去爆炸性。

热源是触发火灾的必要因素，只有具备足够热量和温度的热源才能引燃可燃物，如低于595℃的热源不能使瓦斯与空气的混合气体燃烧。在矿井里，煤的自燃，瓦斯、煤尘燃烧与爆炸，放炮作业、机械摩擦生热、电流短路火花、电气设备运转不良产生的过热、吸烟、烧焊以及其他明火都可能是引火的热源。

可燃物、氧气与热源同时具备才能形成一场火灾。火灾三要素的概念是矿井防灭火理论与防治技术措施的基础，研究矿井火灾防治要从这三个方面着眼考虑问题。矿井防灭火技术措施的目的就是除去火灾三要素中的任何一个或一个以上的要素。

11.2.1.2　外因火灾的燃烧类型

矿井中的可燃物一般为固态（如煤、木材、胶带、风筒布等）和气态（如瓦斯、热解产生的各种挥发性气体、一氧化碳等），也有液态（如燃油、润滑油）可燃物。可燃物的种类不同，其燃烧形式也不同。

对固体和液体可燃物，燃烧的类型为分解燃烧。即在火源的高温作用下，可燃材料首先发生热分解，释放出可燃挥发性气体，这些气体遇火燃烧，产生火焰并释放出热量，释放的热量又继续加热可燃材料，使可燃物不断分解，从而使燃烧延续。井下的坑木、输送机胶带、油料等在井下的燃烧属于分解燃烧。

（1）对于气体的燃烧则分为预混燃烧和扩散燃烧两种类型：

1）扩散燃烧是高浓度的可燃气体与空气边混合边燃烧的燃烧现象。当高浓度的瓦斯从管道孔口或巷道局部空间流出，在其出口处与空气汇合时，瓦斯与空气靠分子间扩散而混合，遇火源则在扩散混合区内发生燃烧。由于可燃气体和空气的不断补给、混合，使燃烧继续。扩散燃烧只在有限的区域内发生，不会产生爆炸。

2）预混燃烧是可燃气体与空气预先混合好后的燃烧。矿井经常发生的瓦斯爆炸事故就是预混燃烧引起的。例如，在一定通风条件下，从采空区或煤层中涌出的瓦斯与井下的空气充分混合，在较大范围内充满了可燃气体，当其浓度处于燃烧（爆炸）界限之内时，一旦遇火源就会出现预混燃烧，这种燃烧在受限空间内传递，很快转变为爆炸。因此，为防止矿井瓦斯爆炸，既要严禁井下空气中的瓦斯浓度超限，又必须杜绝火源。

（2）根据井下火灾燃烧地点的供氧情况，火灾燃烧又可分为富氧燃烧和富燃料燃烧两种状态：

富氧燃烧是氧气的供给量大于或接近于燃烧所需要的氧气量的燃烧。由于供氧充足，富氧燃烧的下风侧中氧气的浓度一般大于 15%。假定火灾没被及时扑灭而继续扩散、蔓延，那么就要消耗更多的氧气并伴随产生更多的火灾气体。在燃烧产生的高温下，煤、木材和其他可燃材料中的瓦斯等可燃气体和水蒸气就会大量分解出来，当没有足够的氧气来支持这些可燃气体燃烧时，即氧气的供给量低于燃烧所需要的氧气量的燃烧称为富燃料燃烧（fuel-rich fires）。

燃烧从富氧燃烧发展到富燃料燃烧是一个很重要的过程，在这一过程中，救护队员灭火面临的危险性增加。当易燃气体遇到新鲜的空气并达到燃点时就会在易燃气体与空气的接触面发生燃烧。燃烧作用还使气流发生紊乱，当空气和没有燃烧的可燃气体相互混合还会导致爆炸的发生。

受限空间内发生火灾时，当空气供应不足时，由可燃物分解的可燃组分进入到烟流中因缺氧而不能燃烧，此时即为富燃料燃烧状态，当富燃料燃烧的高温可燃气体遇新鲜空气时发生的突然燃烧，称作回燃。在井下巷道里，发生回燃的地点一般与原火源地点有一定的距离，因此有的学者称这种火灾现象为“跳蛙”，即一些地点的明火是以跳跃的方式向前发展的。这种现象容易发生在矿井井下一些拥有大量可燃物而供风量较小的巷道。

11.2.1.3 火风压

矿井发生火灾时，火灾的热力作用会使空气的温度升高而发生膨胀，密度小的热空气在有高差的巷道中就会产生一种浮升力，这个浮升力的大小与巷道的高差及火灾前后的空气密度差有关。在地面建筑中这种现象也很普遍，被称为烟囱效应，即通常室内空气的密度比外界小，这便产生了使气体向上运动的浮力，尤其是高层建筑中的许多竖井，如楼梯井、电梯井等，气体的上升运动十分显著，这种现象有时也叫热风压。在矿井中，火灾产生的热动力是一种浮升力，这种浮力效应就被称为火风压。火风压与矿井自然风压的产生机制是一致的，都是在倾斜和垂直的巷道上出现的空气的密度差所致，只是使空气密度发生变化的热源不同，故这二者都可称为热风压。火风压就是高温烟流经倾斜或垂直的井巷时产生的自然风压的增量。矿井发生火灾后，由于火风压的作用会改变原通风系统中压力的分布和风量的分配，即可能使矿井通风系统中的风流发生紊乱，扩大事故范围，造成更为严重的损失。

11.2.1.4　节流效应

节流效应是矿井火灾过程中的一种典型现象。矿井火灾时期，由于火烟的热力作用等的影响，主干风路以及旁侧支路中的风量往往会随着火势的发展而发生变化。如由于火灾的发生，巷道内的气体受热膨胀，流动阻力增大而造成空气质量流量减少的现象称之为节流效应。

11.2.2　外因火灾的预防措施

如前所述，预防火灾发生有两个方面；一是防止火源产生；二是防止已发生的火灾事故扩大，以尽量减少火灾损失。

11.2.2.1　防止火源产生

（1）防止失控的高温热源产生和存在。按《煤矿安全规程》及其执行说明要求严格对高温热源、明火和潜在的火源进行管理。

（2）尽量不用或少用可燃材料，不得不用时应与潜在热源保持一定的安全距离。

（3）防止产生机电火灾。

（4）防止摩擦引燃：1）防止胶带摩擦起火，胶带输送机应具有可靠的防打滑、防跑偏、超负荷保护和轴承温升控制等综合保护系统；2）防止摩擦引燃瓦斯。

（5）防止高温热源和火花与可燃物相互作用。

11.2.2.2　防止火灾蔓延的措施

限制已发生火灾的扩大和蔓延，是整个防火措施的重要组成部分。火灾发生后利用已有的防火安全设施，把火灾局限在最小的范围内，然后采取灭火措施将其熄灭，对于减少火灾的危害和损失是极为重要的。其措施有：

（1）在适当的位置建造防火门，防止火灾事故扩大。

（2）每个矿井地面和井下都必须设立消防材料库。

（3）每个矿井必须在地面设置消防水池，在井下设置消防管路系统。

（4）主要通风机必须具有反风系统或设备、反风设施，并保持其状态良好。

11.3　内因火灾及其预防

我国煤炭自燃的矿井占矿井总数的 56%，具有自然发火危险的煤层占累计可采煤层数的 60%；煤炭自燃而引起的火灾占矿井火灾总数的 90%左右。近年来，随着煤炭开采技术的发展、机械设备的不断改进等，我国煤炭开采强度不断加大，这使得我国煤炭产量大幅提高，但同时也出现采空区遗煤增多、冒落高度加大、漏风严重等不利现象，这也导致了矿井自燃火灾频繁发生。煤炭自燃火灾不但造成大量煤炭资源被火区冻结，价值几千万元的综采装备被封闭在火区，甚至可能由此引发瓦斯、煤尘爆炸等恶性连锁反应。煤炭自燃已成为煤矿安全高效开采的主要制约因素之一。

11.3.1　煤炭自燃机理

煤的自热是由于煤体内不饱和的酚基化合物强烈地吸附空气中的氧，同时放出一定量的热量而造成的。煤氧复合作用学说认为，原始煤体自暴露于空气中后，与氧气结合，发生氧化并产生热量，当具备适宜的储热条件，就开始升温，最终导致煤的自燃。

由于煤是一个非均质体，其品种多样，化学结构、物理性质、煤岩成分、赋存状态、地质条件均有很大差别，所以其自燃过程也是相当复杂的，至今现有的煤炭自燃学说都还不能完全揭示煤炭自燃的机理，如还未能回答煤炭自燃过程中产生的CO、CO_2、烷烃、烯烃、低级醇、醛等气体成分是如何生成的等一系列问题。主要原因是人们还不能获得准确的煤的分子结构，因此就不能准确揭示煤氧反应的化学机理。尽管如此，煤氧复合作用学说还是揭示了煤炭氧化生热的本质，并得到了实践的验证，所以该学说已被人们广泛认同，成为指导人们防治煤炭自燃工作的重要理论。

根据现有的研究成果，人们认为煤炭的氧化和自燃是基-链反应。煤炭自燃过程大体分为三个阶段：(1) 潜伏期；(2) 自热期；(3) 燃烧期。如图11-2所示。

(1) 潜伏期。自煤层被开采、接触空气起至煤温开始升高的时间区间称之为潜伏期。

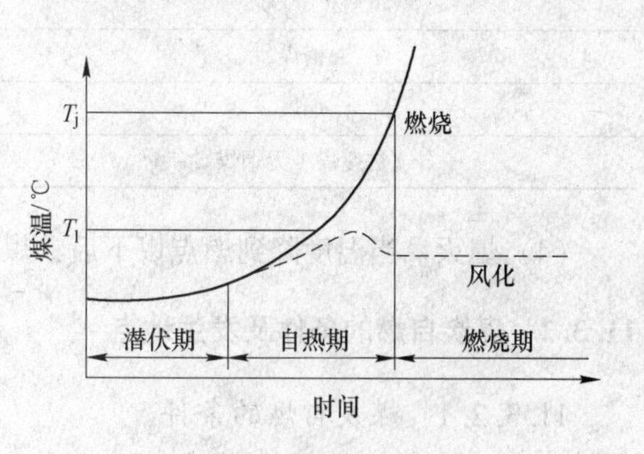

图11-2 煤炭自燃过程

煤炭在其生成过程中，形成许多含氧游离基，如羟基（-OH）、羧基（-COOH）和碳基（>C=O）等。当破碎的煤与空气接触时，煤从空气中吸附的O_2，只能与这些游离基反应，并且生成更多的、稳定性不同的游离基。此阶段煤体与氧的作用是以物理吸附为主，煤体温度的变化不明显，无宏观效应，煤的氧化进程十分平稳缓慢，然而它确实在发生变化，不仅煤的重量略有增加、着火点温度降低、表面的颜色变暗，而且氧化性被活化。由于煤的自燃需要热量的聚集，在该阶段因环境起始温度低，煤的氧化速度慢，产生的热量较小，因此需要一个较长的蓄热过程，故这个阶段通常称为煤的自燃准备期，它的长短取决于煤的自燃倾向性的强弱和外部条件。

(2) 自热期。温度开始升高起至其温度达到燃点的过程叫自热阶段。

经过潜伏期之后，煤的氧化速度增加，不稳定的氧化物分解成水（H_2O）、二氧化碳（CO_2）、一氧化碳（CO）。氧化产生的热量使煤温继续升高，超过自热的临界温度（60~80℃），煤温上升急剧加速，氧化进程加快，并出现如下特征：1）氧化放热较大，煤温及其环境（风、水、煤壁）温度升高；2）产生CO、CO_2和碳氢（C_mH_n）类气体产物，并散发出煤油味和其他芳香气味；3）有水蒸气生成，火源附近出现雾气，遇冷会在巷道壁面上凝结成水珠；4）微观结构发生变化。

临界温度也称自热温度（self-heating temperature，SHT），是能使煤自发燃烧的最低温度。一旦达到了该温度点，煤氧化的产热与煤所在环境的散热就失去了平衡，即产热量将高于散热量，就会导致煤与环境温度的上升，从而又加速了煤的氧化速度且又产生更多的热量，直至煤自燃起来。煤的自热温度与煤的产热能力和蓄热环境有关，对于具有相同产热能力的煤，煤的自热温度也是不同的，主要取决于煤所在的散热环境。如浮煤堆积量越大，散热环境越差，煤的最低自热温度就越低。因此应注意即使是同一种煤，其自热温度也不是一个常量，受散热（蓄热）环境影响很大。

在自热阶段，若改变了散热条件，使散热大于生热；或限制供风，使氧浓度降低至不能满足氧化需要，则自热的煤温度降低到常温，称之为风化。风化后煤的物理化学性质发生变化，失去活性，不会再发生自燃。

（3）自燃期。自热期的发展有可能使煤温上升到着火温度（T_s）而导致自燃。煤的着火点温度由于煤种不同而变化，如表 11-1 所示。煤温达到其自燃点后，若外界条件的变化更适于热量散发而不是聚集，煤炭自燃过程即行放慢而进入冷却阶段，继续发展，便进入风化状态，使煤自燃倾向性能力降低而不易再次发生自燃。若能得到充分的供氧风，则发生燃烧，出现明火、烟雾、一氧化碳、二氧化碳以及各种可燃气体。

表 11-1　煤的着火温度（氧含量 21%）

材　质	着火温度/℃
褐煤	270~350
烟煤	320~380
贫瘦煤、无烟煤	400

（4）熄灭。当温度降到燃点以下后，煤炭自燃熄灭。

11.3.2　煤炭自燃的条件及发生地点

11.3.2.1　煤炭自燃的条件

从煤的自燃过程可见，煤的自燃过程就是煤氧化产生的热量大于向环境散失的热量导致煤体热量聚集，使煤的温度上升而达到着火点的过程。由此可见，煤炭自燃必须具备四个条件：

（1）煤具有自燃倾向性。有自燃倾向性的煤被开采后呈破碎状态，堆积厚度一般要大于 0.4m。这是由煤的物理化学性质所决定，取决于成煤物质和成煤条件，表示煤与氧相互作用的能力。

（2）有连续的供氧条件。通风是维持较高氧浓度的必要条件，是保证氧化反应自动加速的前提。实验表明：氧浓度高于 15%时，煤炭氧化方可较快进行。

（3）热量易于积聚。

（4）持续一定的时间。上述三个条件共存的时间大于煤的自燃发火期。

11.3.2.2　煤炭自燃发生的地点

完整的煤体只能在其表面发生氧化反应，氧化生成的热量少且不易积聚，所以不会自燃。相反，煤受压时引起煤分子结构的变化，游离基增加；另外，破碎程度越大，氧化表面积就越大，也就越容易自燃。因此，煤炭自燃经常发生的地点有：

（1）有大量遗煤而未及时封闭或封闭不严的采空区（特别是采空区内的联络岩附近及采空区处）。

（2）巷道两侧和遗留在采空区内受压破坏的煤柱。

（3）巷道内堆积的浮煤或煤巷的冒顶跨帮处。

（4）与地面老窑通联处。

11.3.3 影响煤炭自燃的因素

煤自燃是煤氧化产热与向环境散热的矛盾发展的结果。因此，只要与煤自燃过程产热和热量向环境散热相关的因素都能影响煤的自然发火过程。可以将影响煤自燃的因素分为两个方面，即影响煤自燃的内在因素和外在因素。

11.3.3.1 煤自燃的内因

（1）煤的变质程度。煤的变质过程伴随着煤分子结构的变化，碳化程度越高，煤体内含有的活性结构越少。所以煤的变质程度是煤自燃倾向性的决定性因素。然而煤是很复杂的固体化合物，影响煤自燃的因素又很多，所以同一变质程度的煤可能自燃，也可能不自燃。现场的统计表面，褐煤最易自燃，无烟煤最不易自燃，烟煤的煤化度和自燃倾向性低于无烟煤而高于褐煤。烟煤是自然界最重要、分布最广、储量最大、品种最多的煤种。根据煤化度的不同，我国将其划分为长焰煤、不黏煤、弱黏煤、气煤、肥煤、焦煤、瘦煤和贫煤等，这些煤种的自燃倾向性逐渐降低。

（2）煤岩成分。煤岩成分一般分为丝煤、暗煤、亮煤和镜煤四种。在不同的煤炭中，这四种成分的数量变化很大，通常煤体中大多数是暗煤和亮煤，除极少数的情况外，丝煤和镜煤仅仅是煤中的少量混杂物质。

不同的煤岩成分有着不同的氧化性。在低温下，丝煤吸氧最多，但是，随着温度的升高，镜煤吸附氧能力最强，其次是亮煤，暗煤最难于自燃。丝煤结构松散，吸氧量强，在常温条件下，丝煤吸附氧的数量较其他煤种要多1.5~2.0倍，50℃时为5倍。丝煤的着火温度低，仅为190~270℃。所以人们认为，在常温条件下，丝煤是自燃的导因，起着引火物的作用。

镜煤与亮煤脆性大，易破碎，而且灰分少，在其次生的裂隙中常常充填有黄铁矿，开采中易碎裂为微细的颗粒，细微状的煤粒或黄铁矿都有较高的自燃氧化特性，因此它的氧化接触面积大，着火温度低。故镜煤与亮煤在丝煤吸附氧化升温的促使诱导下很容易自燃。

（3）煤的含硫量。硫在煤中有三种存在形式：硫化铁即黄铁矿（FeS_2）、有机硫以及硫酸盐。对煤自燃起主导作用的是黄铁矿。黄铁矿的比热小，它与煤吸附相同的氧量而温度的增值比煤大3倍。黄铁矿在低温氧化时产生硫酸铁和硫酸亚铁，体积增大，使煤体膨胀而变得松散，增大了氧化表面积，而且其分解产物比煤的吸氧性更强，能将吸附的氧转让给煤粒使之发生氧化。在煤中含黄铁矿越多，就越易自燃。我国许多高硫矿区如贵州的六枝，四川的芙蓉和中梁山，江西的萍乡、英岗岭，湖南的杨梅山均属自燃比较严重的矿区。我国西南主要矿区的统计资料表明，含硫3%以上的煤层均为自然发火煤层。

（4）煤的粒度、孔隙特性和破碎程度。完整的煤体一般不会发生自燃，一旦受压破裂，呈破碎状态存在，其自燃性能显著提高。这是因为破碎的煤炭不仅与氧接触的表面积增大，而且着火温度也明显降低。有人研究，当煤粒度小于1mm时氧化速率与粒径无关，并认为孔径大于10nm的孔在煤氧化中起重要作用。根据波兰的试验，当烟煤的粒度直径为1.5~2mm时，其着火点温度大多在330~360℃；粒度直径小于1mm以下时，着火点温度可能降低到190~220℃。因此，可以说，煤的自燃性随着其孔隙率、破碎度的增加而上升。这也是煤矿井下自燃多发生在粉煤及碎煤聚集的地方的原因。如采空区周围边缘地带，在垮塌的煤壁和受压破裂的煤柱等处均为自燃多发地。

（5）煤的瓦斯含量。瓦斯或者其他气体含量较高的煤，由于其内表面含有大量的吸附瓦斯，使煤与空气隔离，氧气不易与煤表面发生接触，也就不易与煤进行复合氧化，使煤炭自燃的准备期加长。当煤中残余瓦斯量大于 $5m^3/t$ 时，煤往往难以自燃。但是随着瓦斯的放散，煤与氧就更易结合。

（6）水分对煤自燃的影响。水分对煤炭自燃过程的影响有两个相互对立的过程。一方面，煤炭中的水分在初期阶段会因为蒸发作用而散失，因此，一部分热量就会以水分潜热的形式被水蒸气带走，这就会阻止煤体温度升高的趋势。另一方面，煤体也会从空气中吸收水分。这就是所谓的吸收热（有时也叫湿润热）会促使煤的温度升高。那么水分对煤的总的作用就取决于这两种过程谁占主导地位。

根据煤中水分赋存的特点，煤的水分分为内在水分和外在水分，煤的内在水分是吸附或凝聚在煤颗粒内部的毛细孔中的水分，煤的外在水分是附着在煤的裂隙和煤体表面上的水分。一般来说，煤的内在水分在100℃以上的温度才能完全蒸发到周围的空气中，煤的外在水分在常温状态下即能不断蒸发到周围空气中，在40~50℃温度下，经过一定时间，煤的外在水分即完全蒸发干。在煤的外在水分还没有全部蒸发之前，温度很难上升到100℃，因此，从这种情况看，煤的含水量对煤的氧化进程有影响，主要还是煤的外在水分。

11.3.3.2　煤自燃的外因

煤炭自燃倾向性是煤的一种自然属性。实验证明，它取决于煤在常温下的氧化能力，是煤层发生自燃的基本条件。然而在生产中，一个煤层或矿井自然发火危险程度并不完全取决于煤的自燃倾向性，还受煤层的地质赋存、开拓、开采和通风条件的制约。

A　煤层地质赋存条件

据统计，80%的自燃火灾是发生在厚煤层开采中，鹤岗矿区统计86%的自燃火灾发生在5m以上的厚煤层中。厚煤层容易自然发火的原因，一是难以全部采出，遗留大量浮煤与残柱；二是采区回采时间长，大大超过了煤层的自然发火期；三是煤层易受压破裂而发生自燃。

开采急倾斜煤层比开采缓倾斜煤层易自燃。俄罗斯库兹涅茨矿区75%的自燃火灾发生在45°~90°倾角的煤层中。徐州大黄山煤矿煤层倾角南陡北缓，南翼局部倒转，自然发火次数南翼为北翼的一倍以上。急倾斜煤层易于发生自燃火灾的原因主要是采煤方法不正规、丢煤多、采后难以封闭。

综上所述，可以认为绝大多数厚煤层都应按自然发火危险煤层处理，急倾斜厚煤层尤应如此。

地质构造复杂的地区，包括断层、褶曲发育地带、岩浆入侵地带，自然发火频繁。这是由于煤层受张力、挤压，裂隙多，煤体破碎，吸氧条件好所造成。据四川芙蓉矿统计，巷道自燃火灾52%发生在断层附近。

煤层顶板坚硬，煤柱最易受压碎裂。坚硬顶板的采空区难以冒落充填密实，冒落后还会形成与相邻近的采区甚至地面连通的裂隙，漏风难以杜绝，为自然发火提供了条件，大同矿区的自然发火就具有这方面的特征。

B 开拓开采条件

用石门、岩巷开拓，少切割煤层，少留煤柱，自然发火的危险性就小。厚煤层开采岩巷进入采区，便于打钻注浆有利于实现预防性或灭火灌浆。

采煤方法对自然发火的影响主要表现在煤炭回采率的高低，回采时间的长短上。丢煤越多，丢失的浮煤越易集中，工作面的推进速度越慢，越易发生自燃。

甘肃省窑街矿区开采特厚、易燃煤层，主采层 22m、最厚达 98m，自然发火期 3~6 个月。矿区井田范围内自明朝就有古窑开采，小窑星罗棋布，老空区纵横重叠，自燃火灾频频发生。为扭转严重的发火局面，将集中运输巷由煤层改到底板岩层；改革了采煤法，以倾斜分层、金属网假顶采煤法代替了高落式和煤皮假顶倾斜分层采煤法，并且采取了黄泥注浆。不留煤柱、老空复采的综合措施。发火率由原来的 1.65 次/万吨，降至 0.052 次/万吨。

C 通风条件

通风因素的影响主要表现在采空区、煤柱和煤壁裂隙漏风。采空区面积大，漏风量也大。在工作面的“两巷两线”（进风巷、回风巷、开切眼、停采线），过断层地带，煤层变薄跳面的地方有大量浮煤堆积，最易发生自燃。

决定漏风大小的因素有矿井、采区的通风系统，采区和工作面的推进方向，开采与控顶方法等。

最近几年，在老矿挖潜中，为了适应生产的发展，一些矿井采用了高风压大风量的主要通风机，但是对通风系统的改造注意不够，两者不相匹配。矿井风量增长有限，风压却急剧上升，有的高达 4~5kPa。其后果则是通风管理困难、漏风严重、自然发火的趋势恶化。

11.3.4 煤炭自燃预报

煤炭自燃的发展有一个过程，如果能在自燃发展的初期发现它，对于阻止其发展，避免酿成火灾，十分重要。前述的煤炭自燃发展过程中各种物理与化学变化，是早期识别和预报的根据。识别的方法可归为：（1）人的直接感觉；（2）测定矿内空气成分的变化；（3）测定矿内空气和围岩的温度；（4）物探测定方法。

11.3.4.1 人的直接感觉

利用人的感观进行探测是最简便的方法，虽然常带有一定的主观性，但是这种方法是比较可靠的。依据人体生理感觉预报矿井火灾的主要方法有：

（1）嗅觉。气味是人们能够最先感受得到的煤炭自热特征。如果在巷道中（包括回采工作面）闻到煤油味、汽油味、松节油味或焦油味，表明自燃已发展到自热阶段的后期。这些气味是煤炭低温干馏产物（如芳香烃）释放出来的，之后不久，就会出现烟雾和明火。人们利用嗅觉嗅到这些火灾气味，就可以判断附近的煤炭在自燃。

（2）视觉。巷道中出现雾气或巷道壁及支架上出现水珠（俗称为“挂汗”）表明煤炭已开始自热。因为这些现象是煤在自热时生成水并通过煤壁外渗使空气湿度增加而造成的。但是，冷热空气汇合的地方，也能出现这类现象，应根据具体情况认真鉴别，作出正确的判断。根据在煤炭自燃的最后阶段出现的烟雾，进行报警。

(3) 感（触）觉。从煤炭自热或自燃地点流出的水或空气的温度都较通常为高，可为人们直接感觉。当人接近火源附近时，有头痛、闷热、精神疲乏、裸露皮肤微痛等不舒适的感觉。这是由于煤在自燃过程中使空气中的氧含量减少、CO_2增多并放出一定量的有害气体等原因所造成的。

由于人的感觉总带有相当大的主观性，它与人的健康和精神状态有关。而且，人体器官往往要在各种征兆达到较为明显的程度时才能感觉到。因此，单凭人的直接感觉，不能作为识别早期煤炭自燃过程的可靠方法。

11.3.4.2　*测定矿内空气成分的变化*

煤在氧化过程中可使附近地区空气中的O_2减少、CO_2增多，并出现CO及烷系烯系气体。因此，分析可能有自然发火的地区或工作面的进回风流中空气成分及其变化情况，就可判定是否发生自燃。这是当前各国普遍采用的预报火灾方法。随着精密分析仪器的发展，这一方法已逐渐向连续自动监测的方向发展。作为指标气体的有：CO、烯烃（如C_2H_4、C_3H_6）、炔烃（如C_2H_2）体积，烷比（如$V(C_2H_6)/V(CH_4)$、$V(C_3H_8)/V(CH_4)$等）、烯烷比（如$V(C_2H_4)/V(CH_4)$、$V(C_3H_6)/V(CH_4)$等）和烯炔比（$V(C_2H_4)/V(C_2H_2)$）等。其中，以CO体积应用最为广泛。预测自燃的指标还有“火灾系数”，即$R_1=\frac{+\Delta V(CO_2)}{-\Delta V(O_2)}\times 100\%$、$R_2=\frac{+\Delta V(CO)}{-\Delta V(O_2)}\times 100\%$和$R_3=\frac{+\Delta V(CO_2)}{+\Delta V(CO)}\times 100\%$，式中$+\Delta V(CO)$和$+\Delta V(O_2)$分别为空气中CO和$CO_2$体积增量，$-\Delta V(O_2)$为空气中$O_2$体积的减少量。必须指出，上述指标的临界值应该是根据本矿条件经长期观测统计确定。例如，抚顺龙凤矿认为$R_2=0.2\%\sim0.8\%$（同时$R_1=16\%\sim70\%$、$R_3=0.5\%\sim5\%$作为参考）时自燃已发展到危险阶段，$R_2>1\%$时则出现烟或明火。我国多数矿井采用测定CO浓度作为早期识别煤炭自燃的主要方法。如果某处空气中CO浓度超过矿井实际统计的临界指标，即认为附近的煤炭已开始自燃。有些矿井以CO的绝对量（CO浓度和风量的乘积）作为自然发火的主要指标，它考虑了风量大小对CO浓度的影响，比较可靠。CO绝对量超过矿井实际统计的临界值时就已经发生了自燃。具体做法是在工作面进、回风巷设立测点，分别测定CO浓度和风量，并计算它们的CO绝对量，其差值即为工作面内（包括采空区逸出的）产生的CO绝对量，再与本矿统计确定的临界值比较，就可判断是否发生自燃和自燃的阶段。

必须指出，作为判定是否自燃的CO临界值，只能根据生产实践中积累的大量数据，结合具体情况经过统计分析，得出适当的数值。当地质相开采条件有重大变化时，该临界值还需作相应的修改，决不能照搬书本上的或其他矿的数据。

国内外之所以广泛以CO作为自燃预报的参数，是因为从煤的自热到着火燃烧阶段都不断放出CO，而且一般煤层中不含CO，爆破工作产生的CO能很快被风流稀释、排出。因此，只要在空气中稳定地出现微量CO，并且逐渐增加，则可视为发生了自燃。此外，CO的测定比较容易、方便。

11.3.4.3　*测定矿内空气和围岩温度*

煤炭自燃会产生高温，测定矿内空气和围岩的温度是煤炭自燃早期识别与预报的一个基本方法。测定温度方法又分为直接测定和间接测定两种。

直接测定是将测温传感器直接放入测温钻孔中或埋在采空区内测定煤岩体的温度，常采用的温度传感器有热电偶和热敏电阻。间接测温方法主要有无线电测温仪、测气味法和红外辐射仪等方法。无线电测温方法是将含有热记录装置的无线电传感器埋入采空区，根据测得的热量而发射出无线电信号。气味剂法是将含有低沸点和高蒸气压并具有浓烈气味的液态物质，如硫醇和紫罗兰酮等，将其封装在胶囊中，在设定的高温下，胶囊破裂而发出气味。红外辐射测温则是通过测定巷道壁面的红外辐射能量而测定出煤壁的表面温度。

测定温度方法操作简便，结果直观、可靠，故得到较为广泛的采用，但也存在较大的局限性。直接测温由于采空区顶板的垮落或底板裂变易引起测温仪表和导线的破坏和折断，即使在用钢套管保护的情况下也易被损坏；无线电传感器处于采空区高湿恶劣的环境中，影响了其成功的应用；气味剂法因靠漏风传播气味，移动速度慢、分布区域小，较难测取；当火源离巷道表面较远时，红外辐射测温仪因接触不到热表面就无能为力。热测定面临的最大问题还在于：由于煤体的热传导能力非常弱，热量影响的范围很小，有时钻孔即使已打到了火源边缘附近，也觉察不到火源的存在。

11.3.4.4　物探测定法

近年来，物探技术在寻找隐蔽火源中获得了应用，如核物探技术和地质雷达探测技术。核物探技术是采用测定氡气的方法判定火源位置。其原理是：氡气总是由地下向上垂直迁移，在氡气上升过程中，在井下火源区域由于高温和压力的变化会使氡气向上运移的速率发生变化，通过在地面测定出氡气的异常情况就可判别出火源的位置。但在实际测定中将受多种因素影响难以奏效，此外，目前对氡气在岩体中的传递规律尚不清楚。因此，该方法还不成熟。地质雷达则通过测定煤岩特性对电磁波的影响程度而判定煤岩的温度情况，因为火源点的高温会改变煤岩的物理特性。由于煤岩性质差异较大，测量资料的解释与处理相当困难，目前对隐蔽火源探测问题仍未找到有效的技术手段。

11.3.5　内因火灾的预防措施

11.3.5.1　选择合理的开拓开采技术措施

（1）合理地进行巷道布置：1）有些服务时间较长的巷道应尽量采用岩石巷道；2）区段煤巷采用垂直重叠布置；3）采用无煤柱护巷方式。

（2）坚持正规开采和合理的开采顺序。

（3）减少煤体破碎。

11.3.5.2　防止漏风

根据煤自燃必须满足的四个条件可知，如果能够杜绝或者减少向易自燃区域的漏风，使煤低温氧化过程得不到足够的氧量，那么在一定程度上就能够延长煤自燃发火期和防止煤自燃的发生。因此，防止漏风是防治煤自燃的重要措施之一。同时，在发火后对火区进行封闭，也必须尽量减少向火区漏风，使火区惰化，尽快使火区的火窒息。

常用的防治漏风的方法有：沿空巷道挂帘布、利用飞灰充填带隔绝采空区、利用水砂充填带隔离采空区、喷涂塑料泡沫防止漏风、利用可塑性胶泥堵塞漏风和采取“均压”措施减少漏风等。

11.3.5.3　均压通风防灭火技术

均压通风防灭火就是采用风窗、风机、连通管、调压气室等调压手段，改变通风系统内的压力分布，降低漏风通道两端的压差，减少漏风，从而达到抑制和熄灭火区的目的。均压技术是在20世纪50年代由波兰H. Bystron教授首先提出的。开始主要用于加速封闭火区的熄灭，在熄灭了几个长久不灭的大火区之后，该技术受到重视。60年代一些采煤技术发达的国家竞相采用，并多次获得成功。同期，我国也在淮南、辽源、开滦等矿区试用这一防灭火新技术。后来，在徐州、阜新、抚顺、平庄、六枝、芙蓉、大同、鹤岗等矿区逐渐推广。在推广中都有所创新，用于封闭区的均压可防止遗煤自然发火和加速火灾熄灭，用于开区的均压可以抑制工作面后部采空区遗煤自燃的发展，并可消除火灾气体的威胁。均压作为一种"以风治火"的技术，方法简单，成本最低，控制火势的发展常常立竿见影，深受现场欢迎。

根据煤矿井下煤炭自燃发火区域是否封闭，均压技术可分为开区均压和闭区均压两种类型。

A　开区均压

开区均压通常是指在生产工作面建立的均压系统，其特点是在保证工作面所需通风风量的条件下，通过通风调节实施，尽量减少向采空区漏风，抑制煤的自燃，防止一氧化碳等有毒有害气体涌入工作面，从而保证正常生产的进行。漏风通道和工作面周围的通道可以形成多种风流流动方式（如并联、角联和复杂联等），开区均压也有几种不同类型。

（1）调节风窗均压。适用于工作面采空区内形成的并联漏风方式。通常在工作面的回风巷内安设调节风窗，使工作面内的风流压力提高，以降低工作面与采空区的压差，从而减少采空区中气体涌出。适用于采空区内已有自燃迹象，并抑制采空区中的火灾气体（一氧化碳等）涌到工作面，威胁工作面的安全生产。

（2）局部通风机均压。有时为提高风路的压力，需在风路上安设带风门的风机（即辅助通风机），利用风机产生的增风作用，改变风路上的压力分布，达到均压的目的。

（3）调节风窗与局部通风机联合均压。调节风门与通风机联合均压常常采用工作面进风巷安设辅助通风机而回风巷安设调节风门的联合均压措施。

B　闭区均压

所谓闭区均压，就是对已经封闭的区域进行均压，它既可以防止封闭区中的煤炭自燃，又可加速封闭火区的熄灭速度。常用的闭区均压技术措施有：并联风路与调节风门联合均压，调压风机与调节风门联合均压，连通管均压等方法。

11.3.5.4　预防性灌浆防灭火技术

预防性灌浆就是将水和不燃性固体材料（黏土、粉煤灰等）按一定比例制成泥浆，利用矿井的高度差（静压）或者泥浆泵（动压）通过钻孔或管路送至可能发生自燃的地点，泥浆中的固体物沉淀下来，部分水则流到巷道中排出。泥浆的作用是：（1）将碎煤包裹起来，隔绝它与空气的接触；（2）固体物充填于浮煤和冒落的岩石缝隙之间形成再生顶板，从而增加严密性，减少漏风，对于厚煤层开采，有利于下分层的开采；（3）对于已经自热的煤炭有冷却散热作用。

用于制备泥浆的固体材料应满足下列要求：（1）加入少量的水就能制成泥浆；（2）渗入性强；（3）尽可能小的收缩量；（4）易于脱水；（5）不含环境可燃物和催化剂；（6）便于开采、运输和制备。为此最好选用含沙量不超过30%的沙质黏土，或者脱水性好的沙子和渗入性强的黏土制成，其中沙子含量按体积计不得超过10%。近些年来，为保护环境和土地资源，不再使用黄土而采用粉煤灰作为灌浆材料，有的也用页岩或矸石破碎后制成泥浆，效果也较好。

制作泥浆时，土水比（泥浆中固体材料的体积与水的体积之比）的确定相当重要。泥浆浓度越大，泥浆的黏度、稳定性与致密性也越大，包围隔绝的效果越好。但浓度过高输送困难，容易堵管；浓度过低，则防火效果不好。通常根据泥浆的运送距离、煤层倾角、灌浆方法与季节确定土水比。在实际使用中，通常采用的水土比为3~6∶1。

输送浆液的压力有两种：静压输送和动压输送。当静压不能满足要求时，采用动压输送。输浆倍线表示输浆管路阻力与压力之间的关系，用N表示。

预防性灌浆按与回采的关系分采前预灌、随采随灌和采后封闭灌浆三种。采前预灌是在工作面尚未回采前对其上部的采空区进行灌浆。这种灌浆方法适用于开采老窑多的易自燃、特厚煤层。采后注浆是采空区封闭后，利用钻孔向工作面后部采空区内注浆。随采随灌则是随着采煤工作面推进的同时向有发火危险的采空区灌浆，这是预防性灌浆采用的主要方法。随采随灌分为钻孔灌浆、埋管灌浆和洒浆三种方式。

采用预防性灌浆防灭火技术时，要注意预防堵管、防止跑浆、观测水情和设置滤浆密闭和排水道。

11.3.5.5 阻化剂防灭火技术

阻化剂也称阻氧剂。将其溶液喷洒在采空区的煤壁或者煤块上，具有阻止煤的氧化和防止煤的自燃的作用，因此称为阻化剂。阻化剂包括如氯化钙（$CaCl_2$）、氯化钠（NaCl）、氯化镁（$MgCl_2$）、水玻璃（Na_2SiO_3）等无机盐类化合物。该项防灭火技术是在20世纪60年代初发展起来的，在国外和国内的一些矿井都进行了应用，取得了较好的效果。它是进行煤矿防灭火的一个重要手段之一。阻化剂防火由于技术工艺系统简单，设备少，成本低，防火效果好等优点，在一些矿区得到了广泛应用。

11.3.5.6 惰性气体防灭火技术

可以被用作矿井防灭火的惰性气体主要有三种：二氧化碳（CO_2）、燃烧产生的惰性气体和氮气（N_2）。

（1）二氧化碳。二氧化碳的密度相对于空气是1.52，利用其密度大的特点就可用来对付矿井中发生在位置较低处的火灾，例如仰斜开采工作面的采空区和倾斜巷道的下部；同理，二氧化碳对控制水平和上行巷道或工作面的火灾效果就较差。二氧化碳的抑爆性能优于氮气，但二氧化碳易溶于水和比较容易吸附在煤体上，因此会损失一些气态的二氧化碳。

（2）燃烧产生的惰性气体。将火区封闭后，火区内的氧气将被消耗而成为烟气。烟气的主要成分是二氧化碳、氮气和水蒸气，这样的混合气体可看作是窒息火区的惰性气体，会使火区惰化，使火灾熄灭。但是，这样的混合气体可能含大量的可燃性气体，如果有新鲜空气进入的话，就可能发生爆炸。

直接利用火灾气体灭火，因实际使用困难，很少采用；但可采用燃油燃烧的惰气灭火。目前，国内外矿山救护队一般装备有用燃油燃烧的惰气发生装置，该装置已成为扑灭受限空间火灾的重要技术装备之一。惰气发生装置的特点是产生的惰气量大，如燃烧煤油的喷气式发动机，当燃烧速率为0.7kg/s时，会产生30m³/s的惰性烟气，发动机在产生大量烟气的同时，还会产生大约30MW的电力，可以作其他用途。为使惰气装置灭火性能更优，需用水对烟气进行冷却处理，经冷却的湿式惰气注入火区，可快速控制火势、窒息火区。

（3）氮气。氮气防灭火技术是一项防治矿井自燃火灾行之有效的技术措施。自从20世纪50年代以来，惰性气体防灭火的方法开始得到使用。从1974年起，德国的注氮气防灭火技术发展显著。我国也从20世纪70年代开始应用氮气防灭火技术。

在常温常压下，氮分子结构与化学性质非常稳定，很难与其他物质发生化学反应，它是一种良好的灭火用惰性气体。理论与实践表明，当氧含量降低到5%~10%时，可抑制煤的氧化自燃，而氧含量降低到2%以下时，则可以使煤炭燃烧熄灭并阻止其复燃。氮气防灭火技术以氮气本身特有的物理性质，丰富的氮气资源，简单的注氮工艺，使其成为矿井防灭火的一项重要技术。

12 矿　尘

12.1　矿尘及其性质

12.1.1　矿尘的概念

能够较长时间呈浮游状态存在于空气中的一切固体微小颗粒称为粉尘。煤矿粉尘系煤尘、岩尘和其他有毒有害粉尘的总称。生产过程中散放出的大量粉尘称为生产性粉尘。矿山粉尘（简称矿尘）就属于这类粉尘，它是矿井在建设和生产过程中所产生的各种岩矿微粒的总称。煤尘是从爆炸角度定义的，一般指粒径（尘粒平均的横断面直径）0.75μm以下的煤炭微粒；岩尘是从工业卫生角度定义的，一般指粒径在10~45μm以下的岩粉尘粒。

12.1.2　矿尘的分类

矿尘除按其成分分为煤尘和岩尘外，还可以有多种不同的分类方法。

（1）按矿尘粒径划分：

1）粗尘。粒径大于40μm，相当于一般筛分的最小粒径，在空气中极易沉降。

2）细尘。粒径为10~40μm，在明亮的光线下，肉眼可以看到，在静止空气中作加速沉降运动。

3）微尘。粒径为0.25~10μm，用光学显微镜可以观察到，在静止空气中作等速沉降运动。

4）超微尘。粒径小于0.25μm，要用电子显微镜才能观察到，在空气中作扩散运动。

（2）按矿尘成因划分：

1）原生矿尘。在开采之前因地质作用和地质变化等原生而生成的矿尘。原生矿尘存在于煤体和岩体的节理、层理和裂隙之中。

2）次生矿尘。在采掘、装载、转运等生产过程中，因破碎煤岩而产生的矿尘。次生矿尘是煤矿井下矿尘的主要来源。

（3）按矿尘的存在状态划分：

1）浮游矿尘。悬浮于矿井空气中的矿尘，简称浮尘。

2）沉积矿尘。从矿井空气中沉降下来的矿尘，简称落尘。

浮尘和落尘在不同风流环境下可以相互转化，矿井防尘的主要对象是浮尘。

（4）按对人体的危害程度划分：

1）呼吸性粉尘。能在人体肺泡内沉积的，粒径在5μm以下的细微粉尘。

2）非呼吸性粉尘。难于在人体肺泡内沉积的，粒径在5μm~1mm的粉尘。

3）全尘（总粉尘）。各种粒径的矿尘之和。对于煤尘，常指粒径为 1mm 以下的尘粒。呼吸性粉尘和非呼吸性粉尘之和就是全尘。

（5）按矿尘中游离二氧化硅（SiO_2）含量划分：

1）硅尘。一般指矿尘中游离含量在 10%以上的岩石粉尘。在煤矿生产中接触到的岩尘一般都为硅尘。

2）非硅尘。一般指矿尘中游离含量在 10%以下的岩石粉尘。在煤矿生产中接触到的煤尘一般都为硅尘。

12.1.3　矿尘的产生源

要准确测定煤矿粉尘的性状、评价安全生产水平和作业人员所受尘害状况及有针对性地采取粉尘控制技术控制粉尘产生量，就必须了解和掌握煤矿粉尘的产生源。矿井的主要产尘源在采煤工作面、掘进工作面，煤岩装运、转载点。其他工作场所也产生大量粉尘。

（1）采煤工作面产尘源。采煤工作面的主要产尘工序有采煤机落煤、装煤、液压支架移架、运输转载、运输机运煤、人工挖煤、爆破及放煤口放煤等。采煤工作面的各种产尘工序的产尘机理一般分为摩擦和抛落两种机制，前者产生大颗粒粉尘较多，后者产生的呼吸性粉尘较多。采煤机截煤产尘相对于其他工序来说，摩擦为主要产尘机制，其产生的呼吸性粉尘较多，因此经常更换截齿以保持截齿的锐利很重要。目前，各工序的产尘特点研究尚不充分，有待进一步加强，以便有针对性地采取粉尘控制技术措施。

（2）综采放顶煤工作面粉尘产生机制。综采放顶煤开采技术是 20 世纪 90 年代以来在我国大面积推广的比较先进的采煤方法，但工作面粉尘问题也引起较多关注。综采放顶煤工作面的产煤环节主要有采煤机落煤、放煤、移架、装煤和运煤五大工序。从微观方面分析，煤尘产生可分为摩擦、抛落和摩擦与抛落相结合三种方式。摩擦产尘发生在煤与煤、煤与岩石之间，也发生在煤与截齿及其他机械设备之间。采煤机截煤时，其截齿与煤体接触给煤体以挤压力，推动煤体移动、破坏，截齿首先与煤接触，不可避免地在两者之间产生摩擦，产生煤尘；同时，煤体被挤压部分要产生移动、破坏，在移动过程中，同煤体其他部分及煤块产生摩擦，产生粉尘。类似地，在放煤、移架、装煤和运煤过程中，也发现这种煤与煤、煤与机械设备之间的摩擦产尘现象。

12.1.4　矿尘的性质

了解矿尘的性质是做好防尘工作的基础，矿尘的性质取决于构成的成分和存在的状态，矿尘与形成它的矿物在性质上有很大的差异，这些差异隐藏着巨大的危害，同时也决定着矿井防尘技术的选择。

（1）矿尘中游离 SiO_2 的含量。矿尘中游离 SiO_2 的含量是危害人体的决定因素，其含量越高，危害越大。因此《煤矿安全规程》规定生产作业点粉尘中游离 SiO_2 的含量，每半年测定 1 次，在变更工作面时也应测定 1 次。游离 SiO_2 是许多矿岩的组成成分，如煤矿上常见的页岩、砂岩、砾岩和石灰岩等中游离 SiO_2 的含量通常多在 20% ~50%，煤尘中的含量一般不超过 5%。

（2）矿尘的密度。由于矿尘的产生或测试条件不同，其密度值亦不同。一般将矿尘密度分为真密度和堆积密度（假密度）。矿尘的真密度是指不包括矿尘尘粒之间的孔隙时，单位体积尘粒的质量；矿尘的堆积密度是指矿尘尘粒自燃扩散状态时，单位容积尘粒的质量。

（3）矿尘的粒度与比表面积。矿尘粒度是指矿尘颗粒的平均直径，单位为μm。矿尘的比表面积是指单位质量矿尘的总表面积，单位为 m^2/kg。矿尘的比表面积与粒度成反比，粒度越小，比表面积越大，因而这两个指标都可以用来衡量矿尘颗粒的大小。煤岩破碎成微细的尘粒后，首先，其比表面积增加，因而化学活性、溶解性和吸附能力明显增加；其次，更容易悬浮于空气中，如表 12-1 所示为在静止空气中不同粒度的尘粒从 1m 高处降落到底板所需的时间；另外，粒度减小容易使其进入人体呼吸系统，据研究，只有 5μm 以下粒径的矿尘才能进入人的肺内，是矿井防尘的重点对象。

表 12-1　尘粒沉降时间

粒度/μm	100	10	1	0.5	0.2
沉降时间/min	0.043	4	420	1320	5520

（4）矿尘的分散度。

在全部矿尘中各种粒径的尘粒所占的百分比叫做矿尘的分散度。矿尘分散度有两种表示方法：

1）数量分散度，指各粒径区间尘粒的颗粒数占总颗粒数的百分比；

2）质量分散度，指各粒径区间尘粒的质量占总质量的百分比。

矿山多用数量分散度，矿尘一般划分为四个粒径区间：小于 2μm、2~5μm、5~10μm 和大于 10μm。矿山实行湿式作业情况下，矿尘分散度（数量）大约是：小于 2μm 占 46.5%~60%；2~5μm 占 25.5%~35%；5~10μm 占 4%~11.5%；大于 10μm 占 2.5%~7%。一般情况下，5μm 以下尘粒占 90%以上，说明矿尘危害性很大也难于沉降和捕获。

（5）矿尘的湿润性。矿尘的湿润性是指矿尘与液体亲和的能力。矿尘微粒与液体接触时，如果接触面扩大而相互附着，即能被湿润；若接触面趋于缩小而不能相互附着，则为不能湿润。容易被水湿润的矿尘称为亲水性矿尘，不容易被水湿润的矿尘称为疏水性矿尘。微粒的粒径、形状、含水量、表面粗糙度以及电性质等对湿润性都有影响，同样粉尘由于上述因素不同，其湿润性也是不同的。

（6）矿尘的电性质。矿尘是一种微小粒子，因空气的电离以及尘粒之间的碰撞、摩擦等作用，使尘粒带有电荷，可能是正电荷，也可能是负电荷，带有相同电荷的尘粒，互相排斥，不易凝聚沉降；带有相异电荷时，则相互吸引，加速沉降，因此有效利用矿尘的这种荷电性，也是降低矿尘浓度，减少矿尘危害的方法之一。

（7）矿尘的爆炸性。煤尘和有些矿尘（如硫化矿尘）在空气中达到一定浓度并在外界高温热源作用下，能发生爆炸，称为爆炸性矿尘。矿尘爆炸时产生高温、高压，同时产生大量有毒有害气体，对安全生产有极大的危害，防止煤尘的爆炸是具有煤尘爆炸危险性矿井的主要安全工作之一。

（8）矿尘的光学特性。矿尘的光学特性包括矿尘对光的反射、吸收和透光强度等性能，通常可以利用矿尘的光学特性来测定矿尘的浓度和分散度。

（9）矿尘的凝聚性与附着性。矿尘的凝聚是指尘粒之间互相结合形成一个新的大尘粒的现象，矿尘的附着是指尘粒和其他物质结合的现象。粉尘的凝聚与附着是由分子间的引力作用而产生的，它与尘粒的粒径、分散度等因素有关，粒径越小，分散度越高，颗粒之间自然接触面积就越大，矿尘微粒之间的吸附力、溶解性和化学性也随之增强。

12.1.5　矿尘的危害

矿尘具有很大的危害性，主要表现在以下几方面：

(1) 污染工作场所，危害人体健康，引起职业病。工人长期吸入矿尘后，轻者会患呼吸道炎症、皮肤病，重者会患尘肺病，而尘肺病引发的矿工致残和死亡人数在国内外都十分惊人。据国内某矿务局统计，尘肺病的死亡人数为工伤事故死亡人数的6倍；德国煤矿死于尘肺病的人数曾比工伤事故死亡人数高10倍。因此，世界各国都在积极开展预防和治疗尘肺病的工作，并已取得较大进展。

(2) 某些矿尘（如煤尘、硫化尘）在一定条件下可以爆炸。煤尘能够在完全没有瓦斯存在的情况下爆炸，对于瓦斯矿井，煤尘则有可能参与瓦斯同时爆炸。煤尘或瓦斯煤尘爆炸，都将给矿山以突然性的袭击，酿成严重灾害。例如，1906年3月10日法国柯利尔煤矿发生的煤尘爆炸事故，死亡1099人，造成了重大的灾难。

(3) 加速机械磨损，缩短精密仪器使用寿命。随着矿山机械化、电气化、自动化程度的提高，矿尘对设备性能及其使用寿命的影响将会越来越突出，应引起高度的重视。

(4) 降低工作场所能见度，增加工伤事故的发生。在某些综采工作面割煤时，工作面煤尘浓度高达4000~8000mg/m^3，有的甚至更高。这种情况下，工作面能见度极低，往往会导致误操作，造成人员的意外伤亡。目前，大多数矿井实行湿式打眼、煤层注水、洒水喷雾等多种办法减少环境的污染，提高了可见度，同时大大地增强了操作安全性。

12.2　煤尘爆炸及其预防

煤尘是一种特殊的可燃性粉尘，我国大多数煤矿的煤尘都具有爆炸性。煤尘爆炸是在高温或一定点火能的热源作用下，空气中氧气与煤尘急剧氧化的反应过程，是一种非常复杂的链式反应。煤尘爆炸同瓦斯爆炸一样都属于矿井中的重大灾害事故。

12.2.1　煤尘爆炸机理

一般认为其爆炸机理及过程如下：

(1) 煤本身是可燃的多孔固体化合物，当它以粉末状态存在时，总表面积显著增加，吸氧和被氧化的能力大大增强，一旦遇见火源，氧化过程迅速展开；

(2) 当遇到外界高温热源，温度达到300~400℃时，煤的干馏现象急剧增强，放出大量的可燃性气体，主要成分为甲烷、乙烷、丙烷、丁烷、氢和1%左右的其他碳氢化合物；

(3) 形成的可燃气体与空气混合，在高温作用下吸收能量，在尘粒周围形成气体外壳，即活化中心，当活化中心的能量达到一定程度后，链反应过程开始，游离基迅速增加，发生了尘粒的闪燃；

(4) 闪燃所形成的热量传递给周围的尘粒，并使之参与链反应，燃烧过程急剧地循环进行，当燃烧不断加剧使火焰速度达到每秒数百米后，煤尘的燃烧便在一定临界条件下跳跃式地转变为爆炸。

12.2.2 煤尘爆炸的特征

（1）形成高温、高压、冲击波。煤尘爆炸火焰温度为1600~1900℃，爆炸源的温度达到2000℃以上，这是煤尘爆炸得以自动传播的条件之一。在矿井条件下煤尘爆炸的平均理论压力为736kPa，但爆炸压力随着离开爆源距离的增加而跳跃式增大。爆炸过程中如遇障碍物，压力将进一步增加，尤其是连续爆炸时，后一次爆炸的理论压力将是前一次的5~7倍。煤尘爆炸产生的火焰速度可达1120m/s，冲击波速度为2340m/s。

（2）煤尘爆炸具有连续性。由于煤尘爆炸具有很高的冲击波速，能将巷道中落尘扬起，甚至使煤体破碎形成新的煤尘，导致新的爆炸，有时可如此反复多次，形成连续爆炸，这是煤尘爆炸的重要特征。

（3）煤尘爆炸具有感应期。煤尘爆炸也有一个感应期，即煤尘受热分解产生足够数量的可燃气体形成爆炸所需的时间。根据试验，煤尘爆炸的感应期主要决定于煤的挥发分含量，一般为40~280 ms，挥发分越高，感应期越短。

挥发分：把煤隔绝空气加热到900℃左右，煤中的有机质和一部分矿物就会分解成气体或液体逸出，再减去煤中的水分，就是挥发分，去掉挥发分后的残渣叫做焦渣。

（4）挥发分减少或形成“黏焦”。煤尘爆炸时，参与反应的挥发分约占煤尘挥发分含量的40%~70%，致使煤尘挥发分减少。根据这一特征，可以判断煤尘是否参与了井下的爆炸。对于气煤、肥煤、焦煤等黏结性煤的煤尘，一旦发生爆炸，一部分煤尘会被焦化，黏结在一起，沉积于支架和巷道壁上，形成煤尘爆炸所特有的产物——焦炭皮痘或黏块，统称“黏焦”。“黏焦”也是判断井下发生爆炸事故时是否有煤尘参与的重要标志。

（5）爆炸产生大量CO。煤尘爆炸时会产生大量CO，在灾区气体中的浓度可达2%~3%，甚至高达8%左右。爆炸事故中70%~80%的受害者受伤是由于CO中毒造成的。

12.2.3 煤尘爆炸的条件

煤尘爆炸必须同时具备三个条件：煤尘本身具有爆炸性；煤尘必须悬浮于空气，并达到一定的浓度；存在能引燃煤尘爆炸的高温热源。

（1）煤尘的爆炸性。煤尘可分为有爆炸性煤尘和无爆炸性煤尘。它们的归属需经过煤尘爆炸试验后确定。理论和事实都证明，挥发分含量高的煤尘，越容易爆炸，而挥发分含量决定于煤的种类，变质程度越低，挥发分含量越高，爆炸的危险性越大；高变质程度的煤如贫煤、无烟煤等挥发分含量很低，其煤尘基本上无爆炸危险。

一般认为，挥发分含量小于10%，基本上属于没有煤尘爆炸危险性煤层；挥发分含量处于10%~15%之间，属于弱爆炸危险性；挥发分含量在15%以上者，属于有爆炸危险性煤层。但必须指出，作为煤的组成成分非常复杂，同类煤的挥发分成分及其含量也不一样，所以挥发分含量不能作为判断煤尘有无爆炸危险的唯一依据。《煤矿安全规程》规定：煤尘有无爆炸危险，必须通过煤尘爆炸性试验鉴定。

（2）悬浮煤尘的浓度。井下空气中只有悬浮的煤尘达到一定浓度时，才可能引起爆炸，单位体积中能够发生煤尘爆炸的最低和最高煤尘量称为下限和上限浓度，低于下限浓度或高于上限浓度的煤尘都不会发生爆炸。煤尘爆炸的浓度范围与煤的成分、粒度、引火源的种类和温度及试验条件等有关。一般说来，煤尘爆炸的下限浓度为 30~50g/m³，上限浓度为 1000~2000g/m³。其中爆炸力最强的浓度范围为 300~500g/m³。

一般情况下，浮游煤尘达到爆炸下限浓度的情况是不常有的，但是爆破、爆炸和其他震动冲击都能使大量落尘飞扬，在短时间内使浮尘量增加，达到爆炸浓度。因此，确定煤尘爆炸浓度时，必须考虑落尘这一因素，即通过试验得出落尘的爆炸下限，用作确定巷道按煤尘爆炸危险程度分类的指标。

（3）引燃煤尘爆炸的高温热源。煤尘的引燃温度变化范围较大，它随着煤尘性质、浓度及试验条件的不同而变化。我国煤尘爆炸的引燃温度在 610~1050℃之间，一般为 700~800℃。煤尘爆炸的最小点火能为 4.5~40mJ。这样的温度条件，几乎一切火源均可达到，如爆破火焰、电气火花、机械摩擦火花、瓦斯燃烧或爆炸、井下火灾等。

12.2.4　影响煤尘爆炸的主要因素

（1）煤的挥发分。煤尘爆炸主要是在尘粒分解的可燃气体（挥发分）中进行的，因此煤的挥发分数量和质量是影响煤尘爆炸的最重要因素。一般说来，煤尘的可燃挥发分含量越高，爆炸性越强，即煤化作用程度低的煤，其煤尘的爆炸性强，挥发分含量越低，其爆炸性越弱，甚至无爆炸性。我国对全国煤矿的煤尘可燃挥发分含量与其爆炸性进行试验的结果见表 12-2。

表 12-2　煤尘爆炸性

可燃挥发分含量/%	<10	10~15	15~28	>38
爆炸性	除个别外，基本无爆炸性	爆炸性弱	爆炸性较强	爆炸性很强

（2）煤尘的粒度。煤尘爆炸是由于煤尘分子与空气中的氧分子，在高温热源作用下进行剧烈氧化反应造成的。煤尘粒子越小，比表面积越大，与氧的接触面积也相应增大，氧化反应就越剧烈。同时也增加了受热面积，加速了可燃气体的释放。实验证明 1mm 以下的煤尘粒子虽然都可能参与爆炸，但粒径在 75μm 以下的煤尘特别是 30~75μm 的煤尘爆炸性最强，粒径小于 30μm 的煤尘，其爆炸性的增强趋势变缓，粒径小于 10μm 的煤尘，其爆炸性却随粒径减小而降低。

（3）煤的水分。水分能降低煤尘的爆炸性。煤尘中的水分对尘粒起着黏结作用，使颗粒变大，减少尘粒的总表面积，同时能降低煤尘的飞扬能力。此外，水分还能吸热降温，对煤尘的燃烧和爆炸具有抑制作用。但煤尘一旦发生爆炸，煤尘自身水分的抑制或减弱煤尘爆炸的作用就显得微不足道了。根据实验，即使含水分 25%的煤尘，其湿润程度已呈稠泥状，它仍能参与强烈的爆炸。

（4）煤的灰分。煤内的灰分是不燃性物质，能吸收热量，阻挡热辐射，破坏链反应，降低煤尘的爆炸性。煤的灰分对爆炸性的影响还与挥发分含量的多少有关，挥发分小于 15%的煤尘，灰分的影响比较显著；大于 15%时，天然灰分对煤尘的爆炸几乎没有影响。煤的天然灰分和水分都很低，降低煤尘爆炸性的作用不显著，只有人为地掺入灰分或水分才能防止煤尘爆炸。

（5）煤尘的浓度。煤尘的浓度是决定煤尘能否由燃烧转为爆炸以及爆炸性强弱的重要条件。超过煤尘的爆炸下限时，随着煤尘浓度的增加，爆炸强度增大；当浓度达到

300~500g/m^3（煤尘爆炸威力最强的浓度）时，随着浓度增加，爆炸强度将减弱；煤尘浓度超过爆炸上限时，不会发生爆炸。

（6）空气中的瓦斯浓度。瓦斯的存在，会扩大煤尘爆炸浓度的上、下限范围，即下限浓度明显降低，上限浓度增加。其降低和增加的范围随瓦斯浓度的增大而增大。煤尘和瓦斯在爆炸过程中是相互作用的。这两种物质的爆炸极限在互存的情况下都会变宽。例如瓦斯为1%，煤尘为40g/m^{3}以上浓度就进入爆炸区域；若煤尘浓度为20g/m^{3}以上，瓦斯浓度为3%即处在爆炸区域。

（7）空气中氧的含量。空气中氧的含量高时，点燃煤尘的温度可以降低；氧的含量越低时，点燃煤尘越困难，当氧含量低于17%时，煤尘就不再爆炸。煤尘的爆炸压力也随空气中含氧的多少而不同。含氧高，爆炸压力高；含氧低，爆炸压力低。

（8）引爆热源。要引爆煤尘，就必须有一个达到或超过最低点燃温度和能量的引爆热源。引爆热源的温度越高，能量越大，越容易点燃煤尘，而且煤尘初爆的强度也越大；反之温度越低，能量越小，越难以点燃煤尘，且即使引起爆炸，初始爆炸的强度也越小。

12.2.5　煤尘爆炸的预防措施

根据煤尘爆炸的条件，可以将预防煤尘爆炸的技术措施归纳为减、降尘措施，防治煤尘引燃措施和隔绝煤尘爆炸措施三个方面。

12.2.5.1　减、降尘措施

减、降尘措施是指在煤矿井下生产过程中，通过减少煤尘产生量或降低空气中悬浮煤尘含量以达到从根本上杜绝煤尘爆炸的可能性。为达到这一目的，煤矿上采取了多种防尘手段。其中，煤层注水减尘是一项最积极、有效的限制尘源措施。

A　煤层注水实质

煤层注水是回采工作面最重要的防尘措施之一，在回采之前预先在煤层中打若干钻孔，通过钻孔注入压力水，使其渗入煤体内部，增加煤的水分，从而减少煤层开采过程煤尘的产尘量。煤层注水的减尘作用主要有以下三个方面：

（1）煤体内的裂隙中存在着原生煤尘，水进入后，可将原生煤尘湿润并黏结，使其在破碎时失去飞扬能力，从而有效地消除这一尘源。

（2）水进入煤体各级孔、裂隙，甚至1μm以下的微孔隙中也充满了毛细作用渗入的水，使煤体均匀湿润。当煤体在开采中受到破碎时，绝大多数破碎面均有水存在，从而抑制了煤尘的产生。

（3）水进入煤体后使其塑性增强，脆性减弱，改变了煤的物理力学性质，当煤体因开采而破碎时，脆性破碎变为塑性变形，因而减少了煤尘的产生量。

B　影响煤层注水效果的因素

（1）煤的裂隙和孔隙的发育程度。对于不同成因及煤岩种类的煤层来说，其裂隙和孔隙的发育程度不同，注水效果差异也较大。煤体的裂隙越发育则越易注水，可采用低压注水（根据煤科总院抚顺分院建议：低压小于2943kPa，中压为2943~9810kPa，高压为大于9810kPa），否则应采用高压注水才能取得预期效果。但是当出现一些较大的裂隙（如断层、破裂面等），注水易散失于远处或煤体之外，对预湿煤体不利。

煤体的孔隙发育程度一般用孔隙率表示，即孔隙的总体积与煤的总体积的百分比。根据实测资料，当煤层的孔隙率小于 4%时，煤层的透水性较差，注水无效果；孔隙率为 15%时，煤层的透水性最高，注水效果最佳；而当孔隙率达 40%时，煤层成为多孔均质体，天然水分丰富则无需注水，此多属于褐煤。

（2）上覆岩层压力及支承压力。地压的集中程度与煤层的埋藏深度有关，煤层埋藏越深则地层压力越大，而裂隙和孔隙变得更小，导致透水性能降低，因而随着矿井开采深度的增加，要取得良好的煤体湿润效果，需要提高注水压力。在长壁工作面的超前集中应力带以及其他大面积采空区附近的集中应力带，因承受的压力增大，其煤体的孔隙率与受采动影响的煤体相比，要小 60%～70%，减弱了煤的透水性。

（3）液体性质的影响。煤是极性小的物质，水是极性大的物质，两者之间极性差越小，越易湿润。为了降低水的表面张力，减小水的极性，提高对煤的湿润效果，可以在水中添加表面活性剂。阳泉一矿在注水时加入 0.5%浓度的洗衣粉，注水速度比原来提高 24%。

（4）煤层内的瓦斯压力。煤层内的瓦斯压力是注水的附加阻力，水压克服瓦斯压力后才是注水的有效压力，所以在瓦斯压力大的煤层中注水时，往往要提高注水压力，以保证湿润效果。

（5）注水参数的影响。煤层注水参数是指注水压力、注水速度、注水量和注水时间。注水量或煤的水分增量是煤层注水效果的标志，也是决定煤层注水除尘率高低的重要因素。通常，注水量或煤的水分增量变化在 50%到 80%之间，注水量和煤的水分增量都和煤层的渗透性、注水压力、注水速度以及注水时间有关。

C　煤层注水方式

根据注水钻孔的位置、长度和方向，煤层注水主要有以下几种方式：

（1）工作面短孔注水。短孔注水是在回采工作面垂直煤壁或与煤壁斜交打钻孔注水，注水孔长一般为 2～3.5m，如图 12-1 所示。

（2）工作面深孔注水。深孔注水是在回采工作面垂直煤壁打钻孔注水，注水孔长一般为 5～25m，如图 12-1 所示。

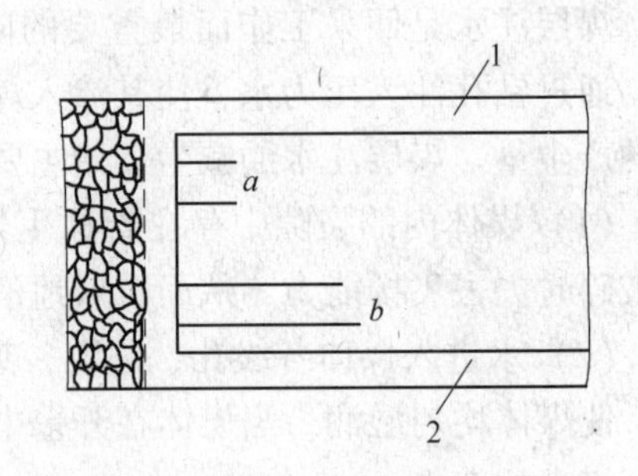

图 12-1　短孔、深孔注水方式示意图
a—短孔；*b*—深孔；1—回风巷；2—运输巷

（3）工作面长孔注水。长孔注水是从回采工作面的运输巷或回风巷，沿煤层倾斜方向平行于工作面打上向孔或下向孔注水，孔长 30～100m，如图 12-2 所示；当工作面长度超过 120m 而单向孔达不到设计深度或煤层倾角有变化时，可采用上向、下向钻孔联合布置钻孔注水，如图 12-3 所示。

（4）巷道钻孔注水。由上邻近煤层的巷道向下煤层打钻注水，或者由底板巷道向煤层打钻注水，在一个钻场可以打多个垂直于煤层或扇形布置的钻孔。巷道钻孔注水采用小流量、长时间的注水方法，湿润效果好。但是由于打岩石钻孔不经济，而且受条件限制，因此较少采用。

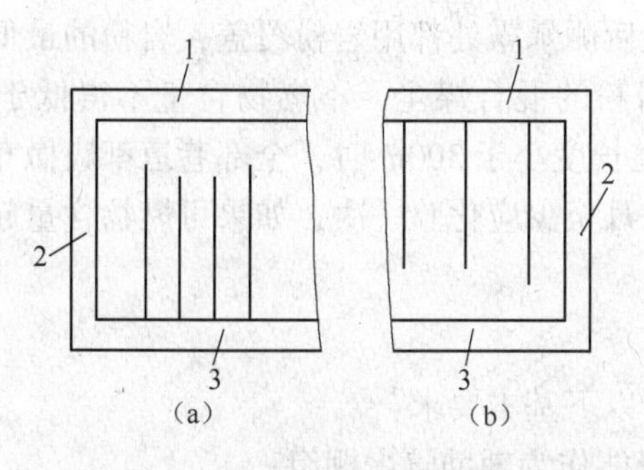

图 12-2 单向长钻孔注水方式示意图
(a) 上向孔；(b) 下向孔
1—回风巷；2—开切眼；3—运输巷

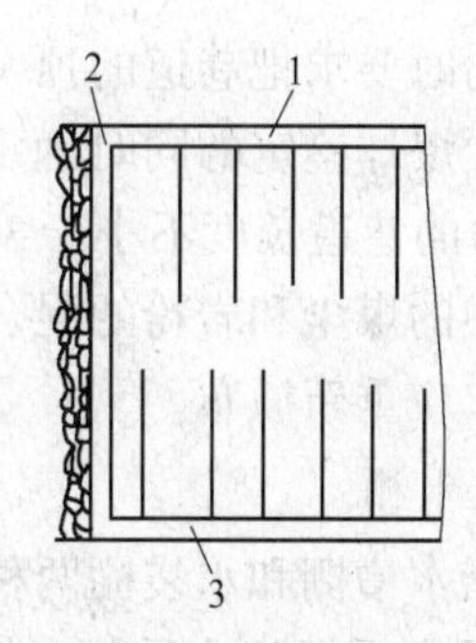

图 12-3 双向长钻孔注水方式示意图
1—回风巷；2—工作面；3—运输巷

按照供水的动力方式，煤层注水又分为静压注水和动压注水两种：

(1) 静压注水。静压注水是利用地面或上水平的静水压力，通过矿井防尘管网直接将水引入钻孔向煤体的注水方式。

(2) 动压注水。动压注水是利用水泵提供的压力向煤体的注水方式。水泵可以设在地面集中加压，也可直接设在注水地点进行加压。

通常静压注水时间长，一般数月，少则数天；动压注水时间短，一般为几天，短的仅为几十小时。

12.2.5.2 防治煤尘引燃的措施

防止煤尘引燃的措施与防止瓦斯引燃的措施大致相同，可参照前面瓦斯爆炸及其防治相关内容。同时特别要注意的是，瓦斯爆炸往往会引起煤尘爆炸。此外，煤尘在特别干燥的条件下可产生静电，放电时产生的火花也能自身引爆。

12.2.5.3 隔绝煤尘爆炸的措施

防治煤尘爆炸危害，除采取防尘措施外，还应采取降低爆炸威力、隔绝爆炸范围的措施。

A 清除落尘

定期清除落尘，防止沉积煤尘参与爆炸可有效地降低爆炸威力，使爆炸由于得不到煤尘补充而逐渐熄灭。

B 撒布岩粉

撒布岩粉是指定期在井下某些巷道中撒布惰性岩粉，增加沉积煤尘的灰分，抑制煤尘爆炸的传播。在开采有煤尘爆炸危险的矿井中，应该撒岩粉的地点有：采掘工作面的运输巷和回风巷；煤层经常积聚的地点；有煤尘爆炸危险煤层和无煤尘爆炸危险煤层同时开采时，连接这两类煤层的巷道。

惰性岩粉一般为石灰岩粉和泥岩粉。对惰性岩粉的要求是：

(1) 可燃物含量不超过5%，游离 SiO_2 含量不超过10%；

(2) 不含有害有毒物质，吸湿性差；

(3) 粒度应全部通过50号筛孔（即粒径全部小于0.3mm），且其中至少有70%能通过200号筛孔（即粒径小于0.075mm）。

撒布岩粉时要求把巷道的顶、帮、底及背板后侧暴露处都用岩粉覆盖；岩粉的最低撒布量在做煤尘爆炸鉴定的同时确定，但煤尘和岩粉的混合煤尘，不燃物含量不得低于80%；撒布岩粉的巷道长度不小于300m，如果巷道长度小于300m时，全部巷道都应撒布岩粉。对巷道中的煤尘和岩粉的混合粉尘，每三个月至少应化验一次，如果可燃物含量超过规定含量时，应重新撒布。

C　设置水棚

水棚包括水槽棚和水袋棚两种，设置应符合以下基本要求：

（1）主要隔爆棚组应采用水槽棚，水袋棚只能作为辅助隔爆棚组；

（2）水棚组应设置在巷道的直线段内。其用水量按巷道断面计算，主要隔爆棚组的用水量不小于400L/m²，辅助水棚组不小于200L/m²；

（3）相邻水棚组中心距为0.5~1.0m，主要水棚组总长度不小于30m，辅助水棚组不小于20m；

（4）首列水棚组距工作面的距离，必须保持在60~200m范围内；

（5）水槽或水袋距顶板、两帮距离不小于0.1m，其底部距轨面不小于1.8m；

（6）水内如混入煤尘量超过5%时，应立即换水。

D　设置岩粉棚

岩粉棚分轻型和重型两类。结构如图12-4所示，它是由安装在巷道中靠近顶板处的若干块岩粉台板组成，台板的间距稍大于板宽，每块台板上放置一定数量的惰性岩粉，当发生煤尘爆炸事故时，火焰前的冲击波将台板震倒，岩粉即弥漫于巷道中，火焰到达时，岩粉从燃烧的煤尘中吸收热量，使火焰传播速度迅速下降，直至熄灭。

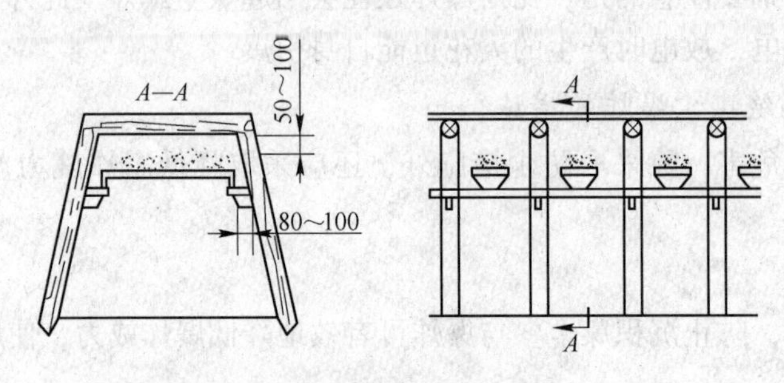

图12-4　岩粉棚

岩粉棚的设置应遵守以下规定：

（1）按巷道断面积计算，主要岩粉棚的岩粉量不得少于400kg/m²，辅助岩粉棚不得少于200kg/m²；

（2）轻型岩粉棚的排间距为1.0~2.0m，重型为1.2~3.0m；

（3）岩粉棚的平台与侧帮立柱（或侧帮）的空隙不小于50mm，岩粉表面与顶梁（顶板）的空隙不小于100mm，岩粉板距轨面不小于1.8m；

（4）岩粉棚可能发生煤尘爆炸的地点不得小于60m，也不得大于300m；

（5）岩粉板与台板及支撑板之间，严禁用钉固定，以利于煤尘爆炸时岩粉板有效地翻落；

（6）岩粉棚上的岩粉每月至少检查和分析一次，当岩粉受潮变硬或可燃物含量超过

20%时，应立即更换，岩粉量减少时应立即补充。

E　设置自动隔爆棚

自动隔爆棚是利用各种传感器将瞬间测量的煤尘爆炸时各种物理量迅速转换成电信号，指令机构使演算器根据这些信号准确计算出火焰传播速度后选择恰当时机发出动作信号，让抑制装置强制喷撒固体或液体等灭火剂，从而可靠地扑灭爆炸火焰，阻止煤尘爆炸蔓延。

12.3　矿山综合除尘

多年来粉尘防治的实践证明，通常情况下，单靠某一种方法或采取某一种措施去防治粉尘，既不经济也达不到顶期的效果，所以必须贯彻预防为主、综合防治的原则，采取标本兼治的综合防治措施。矿山综合防尘是指采用各种技术手段减少矿山粉尘的产生量、降低空气中的粉尘浓度，以防止粉尘对人体、矿山等产生危害的措施。

根据我国煤矿几十年来积累的丰富的防尘经验，大体上将综合防尘技术措施分为通风除尘、湿式作业、密闭抽尘、净化风流、个体防护及一些特殊的除、降尘措施。

12.3.1　通风除尘

通风除尘是指通过风流的流动将井下作业点的悬浮矿尘带出，降低作业场所的矿尘浓度，因此搞好矿井通风工作能有效地稀释和及时地排出矿尘。

决定通风除尘效果的主要因素是风速及矿尘密度、粒度、形状、湿润程度等。风速过低，粗粒矿尘将与空气分离下沉，不易排出；风速过高，能将落尘扬起，增大矿内空气中的粉尘浓度。因此，通风除尘效果是随风速的增加而逐渐增加的，达到最佳效果后，如果再增大风速，效果又开始下降。排除井巷中的浮尘要有一定的风速。我们把能使呼吸性粉尘保持悬浮并随风流运动而排出的最低风速称为最低排尘风速。同时，我们把能最大限度排除浮尘而又不致使落尘二次飞扬的风速称为最优排尘风速。一般来说，掘进工作面的最优风速为0.4~0.7m/s，机械化采煤工作面为1.5~2.5m/s。

《煤矿安全规程》规定的采掘工作面最高容许风速为4m/s，不仅考虑了工作面供风量的要求，同时也充分考虑到煤、岩尘的二次飞扬问题。

12.3.2　湿式作业

湿式作业是利用水或其他液体，使之与尘粒相接触而捕集粉尘的方法，它是矿井综合防尘的主要技术措施之一，具有所需设备简单、使用方便、费用较低和除尘效果较好等优点。缺点是增加了工作场所的湿度，恶化了工作环境，能影响煤矿产品的质量，除缺水和严寒地区外，一般煤矿应用较为广泛，我国煤矿较成熟的经验是采取以湿式凿岩为主，配合喷雾洒水、水封爆破和水炮泥以及煤层注水等防尘技术措施。

12.3.2.1　湿式凿岩、钻眼

该方法的实质是指在凿岩和打钻过程中，将压力水通过凿岩机、钻杆送入并充满孔底，以湿润、冲洗和排出产生的矿尘。

在煤矿生产环节中，井巷掘进产生的粉尘不仅量大，而且分散度高，据统计，煤矿尘肺患者中 95%以上发生于岩巷掘进工作面，煤巷和半煤岩巷的煤尘瓦斯燃烧、爆炸事故发生率也占较大的比重。而掘进过程中的矿尘又主要来源于凿岩和钻眼作业。据实测：干式钻眼产尘量约占掘进总产尘量的 80%~85%，而湿式凿岩的除尘率可达 90%左右，并能提高凿岩速度 15%~25%。因此，湿式凿岩、钻眼能有效降低掘进工作面的产尘量。

12.3.2.2　洒水及喷雾洒水

洒水降尘是用水湿润沉积于煤堆、岩堆、巷道周壁、支架等处的矿尘。当矿尘被水湿润后，尘粒间会互相附着凝集成较大的颗粒，附着性增强，矿尘就不易飞起。在炮采炮掘工作面放炮前后洒水，不仅有降尘作用，而且还能消除炮烟、缩短通风时间。煤矿井下洒水，可采用人工洒水或喷雾器洒水。对于生产强度高、产尘量大的设备和地点，还可设自动洒水装置。

喷雾洒水是将压力水通过喷雾器（又称喷嘴），在旋转或（及）冲击的作用下，使水流雾化成细微的水滴喷射于空气中，它的捕尘作用有：（1）在雾体作用范围内，高速流动的水滴与浮尘碰撞接触后，尘粒被湿润，在重力作用下下沉；（2）高速流动的雾体将其周围的含尘空气吸引到雾体内湿润下沉；（3）将已沉落的尘粒湿润黏结，使之不易飞扬。原苏联的研究表明，在掘进机上采用低压洒水，降尘率为 43%~78%，而采用高压喷雾时达到 75%~95%；炮掘工作面采用低压洒水，降尘率为 51%，高压喷雾达 72%，且对微细粉尘的抑制效果明显。

12.3.2.3　掘进机喷雾洒水

掘进机喷雾分内喷雾和外喷雾两种。外喷雾多用于捕集空气中悬浮的矿尘，内喷雾则通过掘进机切割机构上的喷嘴向割落的煤岩处直接喷雾，在矿尘生成的瞬间将其抑制。较好的内外喷雾系统可使空气中含尘量减少 85%~95%。

掘进机的外喷雾采用高压喷雾时，高压喷嘴安装在掘进机截割臂上，启动高压泵的远程控制按钮和喷雾开关均安装在掘进机司机操纵台上。掘进机截割时，开动喷雾装置；掘进机停止工作时，关闭喷雾装置。喷雾水压控制在 10~15MPa 范围内，降尘效率可达 75%~95%。

12.3.2.4　采煤机喷雾洒水

采煤机的喷雾系统分为内喷雾和外喷雾两种方式。采用内喷雾时，水由安装在截割滚筒上的喷嘴直接向截齿的切割点喷射，形成“湿式截割”；采用外喷雾时，水由安装在截割部的固定箱上、摇臂上或挡煤板上的喷嘴喷出，形成水雾覆盖尘源，从而使粉尘湿润沉降。喷嘴是决定降尘效果好坏的主要部件，喷嘴的形式有锥形、伞形、扇形、束形，一般来说内喷雾多采用扇形喷嘴，也可采用其他形式；外喷雾多采用扇形和伞形喷嘴，也可采用锥形喷嘴。

12.3.2.5　综放工作面喷雾洒水

综放工作面具有尘源多、产尘强度高、持续时间长等特点。因此，为了有效地降低产尘量，除了实施煤层注水和采用低位放顶煤支架外，还要对各产尘点进行广泛的喷雾洒水。

（1）放煤口喷雾。放顶煤支架一般在放煤口都装备有控制放煤产尘的喷雾器，但由于喷嘴布置和喷雾形式不当，降尘效果不佳。为此，可改进放煤口喷雾器结构，布置为双向多喷头喷嘴，扩大降尘范围；选用新型喷嘴，改善雾化参数；有条件时，水中添加湿润剂，或在放煤口处设置半遮蔽式软质密封罩，控制煤尘扩散飞扬，提高水雾捕尘效果。

（2）支架间喷雾。支架在降柱、前移和升柱过程中产生大量的粉尘，同时由于通风断面小、风速大，来自采空区的矿尘量大增，因此采用喷雾降尘时，必须根据支架的架型和移架产尘的特点，合理确定喷嘴的布置方式和喷嘴型号。

（3）转载点喷雾。转载点降尘的有效方法是封闭加喷雾。通常在转载点加设半密封罩，罩内安装喷嘴，以消除飞扬的浮尘，降低进入回采工作面的风流含尘量。为了保证密封效果，密封罩进、出口安装半遮式软风帘，软风帘可用风筒布制作。

（4）其他地点喷雾。由于综放面放下的顶煤块度大、数量多、破碎量增大，因此，必须在破碎机的出口处进行喷雾降尘。此外，还需对煤仓、溜煤眼及运输过程等处产生的粉尘实施喷雾洒水。

12.3.2.6　水炮泥和水封爆破

水炮泥就是将装水的塑料袋代替一部分炮泥，填于炮眼内。爆破时水袋破裂，水在高温高压下汽化，与尘粒凝结，达到降尘的目的。采用水炮泥比单纯用土炮泥时的矿尘浓度低20%~50%，尤其是呼吸性粉尘含量有较大的减少。除此之外，水炮泥还能降低爆破产生的有害气体，缩短通风时间，并能防止爆破引燃瓦斯。

12.3.3　净化风流

净化风流是使井巷中含尘的空气通过一定的设施或设备，将矿尘捕获的技术措施。目前使用较多的是水幕和湿式除尘装置。

12.3.3.1　水幕净化风流

水幕是在敷设于巷道顶部或两帮的水管上间隔地安上数个喷雾器喷雾形成的。喷雾器的布置应以水幕布满巷道断面尽可能靠近尘源为原则。净化水幕应安设在支护完好、壁面平整、无断裂破碎的巷道段内。一般安设位置如表12-3所示。

表12-3　水幕安设位置

矿井总入风流净化水幕	距井口20~100m巷道内
采区入风流净化水幕	风流分岔口支流内侧20~50m巷道内
采煤回风流净化水幕	距工作面回风口10~20m回风巷内
掘进回风流净化水幕	距工作面30~50m巷道内
巷道中产尘源净化水幕	尘源下风侧5~10m巷道内

水幕的控制方式可根据巷道条件，选用光电式、触控式或各种机械传动的控制方式。选用的原则是既经济合理又安全可靠。水幕是净化进风流和降低回风流矿尘浓度的有效方法。

12.3.3.2　湿式除尘器

除尘器是指把气流或空气中含有的固体粒子分离并捕集起来的装置。根据是否利用水或其他液体，除尘装置可分为干式和湿式两大类。煤矿一般采用湿式除尘装置。目前我国常用的除尘器有SCF系列除尘风机、KGC系列掘进机除尘器、TC系列掘进机除尘器、MAD系列风流净化器及奥地利AM-50型掘进机除尘设备、德国SRM-330掘进除尘设备等。

12.3.4　个体防护

个体防护是指通过佩戴各种防护面具以减少吸入人体粉尘的最后一道措施。因为井下各生产环节虽然采取了一系列防尘措施，但仍会有少量微细矿尘悬浮于空气中，甚至个别地点不能达到卫生标准，因此个体防护是防止矿尘对人体伤害的最后一道关卡。

个体防护的用具主要有防尘口罩、防尘风罩、防尘帽、防尘呼吸器等，其目的是使佩戴者能呼吸净化后的清洁空气而不影响正常工作。

（1）防尘口罩。矿井要求所有接触粉尘作业人员必须佩戴防尘口罩，对防尘口罩的基本要求时：阻尘率高，呼吸阻力和有害空间小，佩戴舒适，不妨碍视野。普通纱布口罩阻尘率低，呼吸阻力大，潮湿后有不舒适的感觉，应避免使用。

（2）防尘安全帽（头盔）。煤科总院重庆分院研制出 AFM-1 型防尘安全帽（头盔）或称送风头盔与 LKS-7.5 型两用矿灯匹配，在该头盔间隔中，安装有微型轴流风机、主过滤器、预过滤器，面罩可自由开启，由透明有机玻璃制成，送风头盔进入工作状态时，环境含尘空气被微型风机吸入，预过滤器可截留 80%~90%的粉尘，主过滤器可截留 99%以上的粉尘。经主过滤器排出的清洁空气，一部分供呼吸，剩余气流带走使用者头部散发的部分热量，由出口排出。其优点是与安全帽一体化，减少佩戴口罩的憋气感。

（3）AYH 系列压风呼吸器。AYH 系列压风呼吸器是一种隔绝式的新型个人和集体呼吸防尘装置。它利用的矿井压缩空气在经离心脱去油雾、活性炭吸附等净化过程中，经减压阀同时向多人均衡配气供呼吸。目前生产的有 AYH-1 型、AYH-2 型和 AYH-3 型三种型号。

个体防护不可以也不能完全代替其他防尘技术措施。防尘是首位的，鉴于目前绝大部分矿井尚未达到国家规定的卫生标准的情况，采取一定的个体防护措施是必要的。

13 矿井水害防治

13.1 概 述

13.1.1 矿井水与矿井水灾

A 矿井水

为了便于理解，这里先介绍几个与矿井水相关的概念。

矿床充水：矿床开采前的自然状态下于矿床和围岩中赋存的水，称为矿床充水（是一种自然现象）。

矿井水：采矿过程中流入矿井巷道的水称为矿井水。

矿井涌水：采掘过程中水进入矿井的过程称为矿井涌水。

矿井突水：超过矿井排水能力的瞬时大量涌水称为矿井突水。

充水、涌水和突水的水量大小分别称为充水强度、涌水强度（或涌水量）和突水强度（或突水量、突水涌水量），单位为 m^3/h。

为了维持正常生产与建设，必须采取各种措施防止水进入矿井，或将已进入矿井的水及时排至地面，前者叫矿井防水，后者叫矿井排水。

B 矿井水灾

当矿井涌水超过正常排水能力，造成影响矿井正常生产活动、威胁矿井安全生产、增加吨煤成本、使矿井局部或全部被淹没的矿井涌水事故，都称为矿井水灾。矿井水灾(通常称为透水)，是煤矿常见的主要灾害之一。一旦发生透水，不但影响矿井正常生产，而且有时还会造成人员伤亡，淹没矿井和采区，造成巨大的经济损失，危害十分严重。开滦范各庄矿 1984 年特大突水事故最大涌水量高达 $2053m^3/min$，为现有记载的世界采矿史上突水水量之最，造成经济损失近 5 亿元，损失煤炭产量近 8.5Mt。所以做好矿井防水工作，是保证矿井安全生产的重要内容之一。

造成矿井水害的水源有大气降水、地表水、地下水和老窑水。地下水按储水空隙特征又分为孔隙水、裂隙水和岩溶水等。现按水源特征，可把我国矿井水害分为若干类型；因为，多数矿井水害往往是由 2~3 种水源造成的，单一充水水源的矿井水害很少，故矿井水害类型是按某一种水源或以某一种水源为主命名的，一般分为地表水、老窑水、孔隙水、裂隙水和岩溶水五大类水害。其中岩溶水害又按含水层的厚度细分为薄层灰岩水害和厚层灰岩水害两类。

C 矿井水（灾）的危害

矿井水（灾）的危害主要表现在以下四个方面：

（1）造成顶板淋水，使巷道内空气的湿度增大、顶板破碎，对工人的身体健康和劳动生产率都会带来一定的影响；

（2）由于矿井水的存在，生产、建设过程中必须进行矿井排水工作，矿井水的水量越大，所需安装的排水设备越多或功率越大，排水所用的电费开支就越高，这就增大了原煤生产成本；

（3）矿井水对各种金属设备、钢轨和金属支架等有腐蚀作用，使这些生产设备的使用寿命大大缩短；

（4）当矿井水的水量超过矿井的排水能力或发生突然涌水时，轻则造成矿井局部停产或局部巷道被淹没，重则造成矿井掩没、人员伤亡，被迫停产、关井。

D　矿井水灾发生的条件

分析涌水事故可知，造成矿井水灾必须具备两个基本条件，即存在水源和涌水通道。水源就是流经或积存于井田范围内的地面水和地下水；涌水通道就是水源进入矿井的渠道，如井筒、塌陷坑、裂缝、断层、裂隙、钻孔和溶洞等。为了防止水患的发生，必须深入地进行调查研究，摸清井田内的水文地质条件，掌握矿区内水源的分布、来龙去脉及其与矿井的联系、沟通情况，并采取相应的防范措施，防患于未然。

13.1.2　矿井涌水水源

A　大气降水

大气降水是地下水的主要补给来源，所有的矿井充水都直接或间接地与大气降水有关。这里所讲大气降水水源，是指对矿井直接充水的大气降水水源。以大气降水补给为主的矿井具有下列特点：

（1）矿井开采煤层埋藏较浅。

（2）矿井主要充水岩层（组）是裸露的或者其覆盖层很薄。

（3）降水量大且采场面积也大的大型露天矿。

（4）矿井处于分水岭或地下水位变幅带内。

该类矿井的涌水特征：

（1）矿井涌水动态与当地降水的变化过程相一致，具有明显的季节和多年周期变化规律。

（2）同一矿床，随开采深度增加矿井涌水量减少，且其涌水高峰值出现延滞时间加长，可由浅部的延滞数小时至深部的数日、数十日。

（3）矿井涌水量的大小还与降水性质、强度、连续时间及入渗条件有密切关系。

B　地表水

矿井常见的地表水充水水源有：江河水、湖泊水、海洋水、水库水等。地表水体除了海洋水外，其他类型的地表水可能具有季节性，即在雨季积水或流水，而在旱季干涸无水，这种现象在我国北方及西北地区非常常见。地表水体能否构成矿井充水水源，关键在于是否存在有沟通水体与矿井之间的导水途径，只有水体和导水通道的同时存在，才能形成矿井充水。

地表水是指位于地球表面的江河、湖泊、沼泽、水库、池塘、洼地等聚积的水源。它可以通过井巷、塌陷裂缝、断层、裂隙、溶洞和钻孔等直接流入井下，造成水灾；也可以作为地下水的补给水源、经过地下水与井巷的通路流入井下，造成水灾。我国的阜新、抚顺、京西、涟邵等矿区都曾发生过由于地表水涌入矿井的水灾事故。

C 地下水

地下水源包括含水层水和断层水。

（1）含水层水。含水丰富的岩层叫含水层，如流沙层、砂岩层、砾岩层和具有喀斯特溶洞的石灰岩层等。当掘进巷道穿透含水层或煤层开采产生的采动裂隙与这些含水层相通时，含水层水就将涌入矿井。含水层水的特点是水压高、水量大、来势猛，特别是当它与地面水源连通时，对矿井生产的威胁更大。

（2）断层水。断层破碎带内的积水叫断层水。当掘进巷道或回采工作面与之沟通时，就可能造成涌水事故。

D 老空水

废弃的井巷、古井、小窑和采空区内的积水称为老空水。老空水的特点是水压力大，积水量多，多为酸性水，有较强的腐蚀性，对矿山设备危害大，来势凶猛，且常伴有大量有害气体（二氧化碳、硫化氢等）。如果开采时与之相通，就会造成透水事故，有害气体将使人中毒。所以，当井田范围内有老空积水时，应特别注意防治。

13.1.3 矿井涌水通道

矿井涌水通道是指连接水源与矿井之间的流水通道，它是矿井涌水因素中最关键、也是最难以准确认识的因素，大多数矿井突水灾害正是由于对矿井涌水通道认识不清所致。矿井涌水通道主要有自然的断裂带、地震裂隙和导水陷落柱等和人为的采矿裂隙、岩溶塌陷及天窗、钻孔等。

A 断裂带通道

由构造断裂形成的断层破碎带，往往具有较好的透水性，会形成矿井涌水的良好通道。大量的统计结果表明，突水绝大多数是与断层有着直接关系的，90%以上的突水发生在断层带本身及邻近范围内，其中断层突水占74%，断层影响突水占23%，由于断层面或断层牵引的裂隙带导水而引发的矿井突水灾害在矿井突水事故中占有绝对主导的位置。

B 地震裂隙通道

位于地震活动带的矿井，由于地震作用可以在水源与井巷之间造成新的裂隙，彼此连通，成为涌水通道，增加矿井涌水量。

C 导水陷落柱通道

岩溶陷落柱是华北石炭二叠系煤田的一种重要地质现象。陷落柱一般不同程度地贯穿奥灰以上的地层，可能成为奥灰水进入矿井的通道。如河北井陉矿区已查明陷落柱71个，在这些陷落柱分布带上共发生大小突水38次，总突水量达170.67m^3/min，有的陷落柱直接构成突水通道。

从矿井涌水的观点来说，陷落柱可分为全涌水型、边缘涌水型和疏干型三类。其中，以全涌水型陷落柱对矿井充水的危害最大，井巷工程一旦揭露就发生突水，突水量大而稳定；边缘涌水型陷落柱为井巷工程揭露时，一般以滴淋水为主，涌水量不大；疏干型陷落柱被揭露时只有少量滴水或无水。陷落柱绝大多数不导水，如一旦揭露涌水陷落柱，尤其是全涌水型陷落柱，往往酿成水害。

D　采矿造成的裂隙通道

（1）顶板冒落通道：煤层开采以后，由于在地下形成采空空间，如果没有专门顶板管理技术，则必然造成采空区上覆岩层的变形、移动、破坏，在一定范围内产生贯通裂隙，通常称为导水裂隙。一旦导水裂隙与含水层或地表沟通，便会导致矿井大量涌水。导水裂隙是矿井涌水的一个典型通道。

（2）底板突破通道：当煤层底板隔水层之下赋存有高承压水时，在煤层未开采前，水岩处于一定的力平衡状态之下，煤层被开采后，在隔水层之上形成临空边界并产生应力释放后，在矿压和水压的作用下，隔水底板岩层必然受到不同程度的破坏，形成新的破裂面或使原有的闭合裂隙活化。一旦这种破裂面或裂隙沟通底板承压含水层水时，必然导致底板之下承压含水层水涌入矿井。这种因巷道掘进或煤层开采扰动其底板隔水层使其形成的导水通道称为底板破坏式导水通道。

E　岩溶区塌陷及“天窗”造成的通道

岩溶即喀斯特（KARST），是水对可溶性岩石（碳酸盐岩、石膏、岩盐等）进行以化学溶蚀作用为主，流水的冲蚀、潜蚀和崩塌等机械作用为辅的地质作用，以及由这些作用所产生的现象的总称。由岩溶作用所造成的地貌，称岩溶地貌。在有一定厚度松散层覆盖的岩溶矿区，如矿井长期排水，会使地下水位下降过大，使岩溶通道疏通，增加其联通性。岩溶含水层大量排水可导致矿井突水、涌砂和地表塌陷。这种岩溶塌陷，可成为导致松散层地下水、岩溶水或地表水涌入矿井通道。其涌水特点是：岩溶越发育，塌陷越严重，通道越大，涌水与涌砂量越多。如广西泗顶厂矿区，1975年5月14日暴雨后，长达127m的河床上产生严重塌陷，导致1/3河水溃入井下，瞬时水量达14.49m^3/s，涌砂量达1100m^3，造成淹井。当岩溶含水层隔水顶板有“天窗”，通过天窗产生塌陷时，天窗本身可以起通道作用，导致邻层地下水、甚至地表水涌入矿井。

F　钻孔造成的通道

从建井到矿井正常生产过程中，要进行大量的钻孔施工，如矿井各勘探阶段的地质钻孔、水文钻孔、矿区内供水水源孔、瓦斯抽采钻孔等，所有钻孔终孔后都应按封孔设计要求和钻探规程的规定进行封孔。未封闭或封闭不良的钻孔都有可能成为沟通煤层上部或下部含水层的导水钻孔。当采掘工程揭露或接近时，会酿成突水事故。如山东新汶局良庄矿1962年7月14日在±0m水平11煤层下山掘进中，遇封孔不合格的35号钻孔突水，使上部流砂层水、一灰水和下部四灰水导入矿井，最大涌水量为288m^3/h，造成矿井局部停产。

13.1.4　矿井充水程度

矿井充水程度是指地下水涌入矿井内的水量的多少，用来反映矿井水文地质条件的复杂程度。生产矿井常用含水系数或者矿井涌水量2个指标来表示矿井的充水程度，基建矿井的充水程度常用矿井涌水量表示。

A　含水系数

含水系数又称富水系数，它是指生产矿井在某时期排出水量$Q(m^3)$与同一时期内煤

炭产量 $P(t)$ 的比值。即矿井每采 1t 煤的同时，需从矿井内排出的水量。含水系数 K_P（m^3/t）的计算公式为：

$$K_P = Q/P \tag{13-1}$$

根据含水系数的大小，将矿井充水程度划分为以下 4 个等级：

（1）充水性弱的矿井：$K_P<2m^3/t$；

（2）充水性中等的矿井：$K_P=2\sim5m^3/t$；

（3）充水性强的矿井：$K_P=5\sim10m^3/t$；

（4）充水性极强的矿井：$K_P>10m^3/t$。

B　矿井涌水量

矿井涌水量是指单位时间内流入矿井的水量，用符号 Q 表示，单位为 m^3/d、m^3/h、m^3/min。

根据涌水量大小，矿井可分为以下 4 个等级：

（1）涌水量小的矿井：$Q<2m^3/min$；

（2）涌水量中等的矿井：$Q=2\sim5m^3/min$；

（3）涌水量大的矿井：$Q=5\sim15m^3/min$；

（4）涌水量极大的矿井：$Q>15m^3/min$。

C　矿井突水点突水量等级划分

矿井突水的突水量大小差异很大，对矿井的危害程度也不相同。

根据我国矿井突水情况，1984 年 5 月，煤炭工业部对矿井突水点突水量做了等级划分。其等级标准是：

（1）小突水点涌水量：$Q\leqslant1m^3/min$；

（2）中等突水点涌水量：$1m^3/min<Q\leqslant10m^3/min$；

（3）大突水点涌水量：$10m^3/min<Q\leqslant30m^3/min$；

（4）特大突水点涌水量：$Q>30m^3/min$。

13.1.5　造成矿井水灾的主要原因

发生矿井水灾的根源，在于水文情况不清、设计不当、措施不力、管理不善和人的思想麻痹、违章作业。具体来说有以下 7 个方面的原因：

（1）地面防洪、防水措施不详。地面防洪、防水措施不周详，或有了措施不认真贯彻执行，暴雨、山洪冲破了防洪工程，洪水由井筒或塌陷区裂缝大量灌入井下，而造成水灾。

（2）井筒位置设计不当。把井筒（井巷）布置于不良的地质条件中或强含水层附近，施工后在矿山压力和水压力共同作用下，易导致顶底板透水事故。或井筒的井口位置标高低于当地历年最高洪水位，这样一旦暴雨袭来，山洪暴发，就可能造成淹井事故。

（3）资料不清，盲目施工。对井田内的水源的分布情况，及其相互通连的关系等水文地质资料不清楚，或掌握不准确，就进行盲目施工，致使当掘进井巷接近老空区、充水断层、强含水层、溶洞等的水源时，施工者仍然不知道，未能事先采取必要的探放水措施，而造成突水淹井或人身事故。

(4) 施工质量低劣。井巷施工质量差，容易导致井巷塌落、冒顶、跑沙，导通顶板含水层而发生透水事故。

(5) 乱采乱掘破坏煤柱。乱采乱掘破坏了防水煤柱或岩柱而造成透水事故，特别是一些小煤窑毫不顾及大矿的安危，只讲个人利益，乱采乱挖隔离煤柱或岩柱而造成透水事故的现象更为突出。

(6) 技术差错造成事故。由于对断层附近、生产矿井与废弃矿井之间、老采空区与新采区之间是否留设煤柱和确定煤柱尺寸时出现技术决策错误，该设煤柱的没有设，或所留设的煤柱尺寸大小，起不到应有的作用，导致矿井水灾发生。另外，测量误差或探水钻孔方向偏离，没有准确掌握水源位置、范围、水量和水压等技术参数；或者是巷道掘进方向偏离探水钻孔方向，超出了钻孔控制范围，与积水区掘透等技术差错也会导致涌水事故。

(7) 麻痹大意强行违章。许多事例说明，造成水灾的主要原因不是地质资料不清或技术措施不正确，而是忽视安全生产，思想上麻痹大意，丧失警惕，违章作业。

(8) 其他原因。除以上所述原因外，如果井下未构筑防水闸门，或虽有防水闸门，但在矿井发生突水事故时未能及时关闭，没起到应有的堵截水的作用，也将导致水灾。井下水泵房的水仓不按时清理，容量减小；水泵的排水能力不足，在矿井发生突水时，涌水量超过排水能力，而且持续的时间很长，采取临时措施也无法补救时，矿井也会被淹没。

矿井发生突水事故的可能性总是存在，但是只要我们搞清水灾发生的可能原因，并有针对性地采取措施，加强管理，杜绝违章，矿井水灾是完全可以避免的。

13.2 矿井水害防治

矿井水害防治是指在煤田（或矿井）充水条件分析和矿井涌水量预测的基础上，根据充水水源、通道和水量大小的不同，分别采取不同的防治措施。做好矿井防治水工作，首先，应在查明矿区地质和水文地质条件的基础上，因地制宜地采取措施加以防治；其次，矿井水的防治工作应坚持以防为主，防、排、疏、堵相结合；再次，应坚持先易后难，先近后远，先地面后井下，先重点后一般，地面与井下相结合，重点与一般相结合的原则；最后，应注意矿井水的综合利用，实现排供结合，保护矿区地下水资源和环境。

13.2.1 地表水防治

地表水的防治是指由采矿活动产生的地面塌陷、裂隙和地表裂缝区或疏放岩溶水引起的地面岩溶塌陷区、含水层露头及地表水体（暂时和永久的）区段，采取的修筑防治水工程和其他防治水措施，以防治或减少降水和地表水渗（灌）入井下的工作。地面防治水是预防矿井水灾的第一道防线，它既能保证矿井的安全，又能减少矿井的排水费用。

要做好地面防治水工作，首先要掌握地表水的性质、特点及变化规律，其次要掌握本矿区的地形、地貌及当地气候条件，最后要研究确定防治水措施及防排水工程。地面防水措施可以概括为6个字，即排、疏、堵、填、蓄、查。

(1) 排，即排泄山洪、排放积水。具体有以下措施：

1) 挖沟排洪。矿井井口和工业场地内建筑物的高程，必须高出当地历年最高洪水位；在山区还必须避开可能发生泥石流、滑坡的地段。井口及工业场地内建筑物的高程低于当地历年最高洪水位时，必须修筑堤坝、沟渠或采取其他防排水措施，以防暴雨山洪从井口灌入井下。当矿井四周环山或依山而立时，山洪极易灌入井下，甚至淹没矿井。这时应根据水流的方向在矿井的上方挖排洪沟，使暴雨山洪泄入排洪沟，并引至井田以外。

2）排泄矿区内的积水。对矿区内面积较大的洼地、塌陷区及池沼等积水区内的积水，可开凿排水沟渠排泄积水，也可修筑围堤防止积水，必要时可安设排水设备排除积水，以减少对矿井的威胁。

3）设置排洪站。对于洪水季节河水有倒流现象的矿区，应在泄洪总沟的出口处建立水闸，设置排洪站，以备河水倒流时用水泵向外排水。

（2）疏，即疏干或迁移地表水源。当井田范围内存在有江河、湖泊、沟渠等地表水，且煤体上部无足够厚度的隔水地层时，应尽可能将这些地表水源疏干或迁移。疏干或迁移，可以彻底解除地表水对矿井的威胁。

（3）堵，即加固河床堵渗漏，灌注浆液堵通道。当经过井田范围内的河流（冲沟、渠道），其河床渗水性强，能导致大量河水渗入井下时，则应采取局部或全部铺底的办法加固河床，以制止或减少河水渗（漏）入井下。

对于可能将地面与井下连通的基岩裂隙、溶洞、废钻孔及古井老窑等，都必须灌注水泥砂浆或用黏土填平夯实，以防漏水。

（4）填，是指充填、平整洼地。对于矿区内容易积水但面积不大的洼地、塌陷区，可用黏土充填，并夯实，使之高出地面，排出或防止积水。

（5）蓄，是指在井口和工业场地上游的有利地形建筑水库，雨季前把水放到最低水位，以争取最大蓄洪量，减少降雨对矿井的威胁。

（6）查，是指加强地面防水工程的检查。在雨季到来之前，对地面防水工程应做全面检查，发现问题及时处理。此外，在雨季期间还应做好防洪宣传组织工作，充分发动群众，以便有领导、有组织、有计划地同洪水做斗争。

13.2.2 井下防治水

井下防治水措施也可概括为6个字，即查、测、探、放、截、堵。

（1）查，即查明水源和通道。为了查明水源和可能涌水的通道，应掌握以下情况：

1）冲积层的组成及厚度，各分层的含水性及透水性；

2）裂隙和断层的位置、错动距离、延伸长度、破碎带范围、含水情况和导水性能；

3）含水层与隔水层的位置、数量、厚度，各含水层的涌水量、透水性及其与开采煤层的距离；

4）老窑、古井和现在正开采的小煤窑的位置分布、开采范围、开采深度和积水情况，废弃钻孔的处理情况等；

5）开采过程中，围岩破坏及地表塌陷情况，观测岩层垮落带、断裂带、沉降弯曲带的高度及其对涌水的影响。

（2）测，即做好水文观测工作。主要包括：

1）收集当地气象、降水量和河流水文资料（流速、流量、水位、枯水期和洪水期等）；

2）查明地表水体的分布、水量的补给、排泄条件；

3）查明洪水泛滥对矿区、工业广场及居民点的影响程度；

4）通过探水钻孔和水文观测孔，观测各种地下水源的水位、水压和水量变化，分析水质，查明矿井水的来源及其补给关系；

5）观测矿井涌水量及其季节性变化规律等。

（3）探，即井下探水。在生产矿井范围内，常有一些充水的小窑老空、断层及强含水层。当采掘工作面接触或接近这些水体时，常采取超前探放水的措施。“有疑必探，先探后掘”是超前探放水的重要原则。当采掘工作面接近老空或含水断层、接近或需要穿过强含水层（带）、采掘煤层受顶底板含水层威胁或采掘工作面发现煤层变潮和光泽变暗、煤层发汗及煤壁变冷、工作面气温降低和出现雾气、煤壁挂红或掌子面有水叫声、巷道顶板淋水或底板鼓起时，均需进行超前探放水。

（4）放，即疏放水。疏放水就是在探明矿井水源之后。根据水源的类型采取不同的疏放水方法，有计划、有准备地将威胁矿井安全生产的水源疏放干，它是防止矿井水灾最积极、最有效的措施。下面按不同类型的水源说明其疏放水方法。

1）老空水疏放方法：

①直接放水。当水量不大，不致超过矿井排水能力时，可利用探水钻孔直接放水。

②先堵后放。当老空水与溶洞水或其他水源有联系，动水储量很大，不堵住水源则短时间排不完或不可能排完，这时应先堵住出水点，然后排放积水。

③先放后堵。如老空水或被淹井巷虽有补给水源，但补给量不大，或在一定季节没有补给。在这种情况下，应选择时机先行排放，然后进行堵漏、防漏施工。

④先隔后放。当采区位于不易泄水的山涧或沙滩洼地之下，雨季渗水量过大时，应暂时隔离，把积水区留到开采末期处理；另外，若积水水质很坏，腐蚀排水设备．也应先暂时隔离，做好排水准备工作后再排放。

2）含水层水疏放方法：

①地面疏放。在地面打钻孔或打大口径水井，利用潜水泵抽排。

②利用疏干巷道疏放。如果煤层顶板有含水层，可把采区巷道提前掘出，使含水层的水通过其空隙和裂隙疏放出来。若将疏水道直接布置在被疏干的含水层中，会提高疏放效果。

③利用钻孔疏放。若含水层距煤层较远或含水层较厚，可在疏水巷道中每隔一定距离向含水层打放水钻孔进行疏干。若在煤层下部，岩层的储水能力大于上部含水层的泄水量时，可利用泄水或吸水钻孔导水下泄，以疏干煤层和上部含水层，这是一种理想的经济的疏干方法。

④巷道与钻孔结合疏放。在水文地质条件复杂，如喀斯特发育的矿区，因喀斯特发育程度不同，采用疏放措施也不同，要根据具体条件布置疏干巷道和疏干钻孔。

（5）截，即截水。在探到水源后，由于条件所限无法放水，或者虽能放水但不合理时，便利用防水墙、防水闸门、防水煤柱或岩柱等设施，永久地或临时性地截住水源，将采掘区与水隔开，使局部地点涌水不至于威胁其他区域。

1）防水墙。防水墙是井下防水、截水的一种设施。用于隔绝积水区（水泥）或有透水危险的区域。根据防水墙服务时间的长短和作用的不同，可分临时性的和永久性的两类，前者，一般用木料和砖砌筑；后者是用混凝土或钢筋混凝土浇筑。水闸墙的形状有平面、圆柱面和球面三种。不论哪种防水墙均应有足够的强度，不发生变形、不透水和不发生位移。因此，修筑防水墙的地点应选择在岩石坚硬及没有裂隙的地点，且应在墙的四周围掏槽砌筑。

2）防水闸门。防水闸门一般设置在有突水危险采区的巷道出入口和井下主要设施（如井底车场、水泵房、变电所等）与矿井联络的巷道内，突水时关闭闸门，控制水害。防水闸门通常设置在有足够强度的隔水层地段，由混凝土墙、门框和门扇等组成。门框的尺寸应能满足运输需要，门扇可根据水压大小用钢板或铁板制成。门的形状通常呈平面状；当水压超过2.5~3MPa时，则采用球面状。为便于平时运输，水闸门处应设有短的、易于拆卸的活动钢轨，发生水患时，可迅速拆除。门扇与门框之间要加厚胶皮或铅板，以防漏水。

3）防隔水煤（岩）柱。在矿井可能受水威胁的地段，留设一定宽度（或高度）的煤（岩）柱，称为防隔水煤（岩）柱。在煤层露头风化带、含水、导水或与富含水层相接触的断层、矿井水淹区、受保护的地表水体、受保护的导水钻孔、井田技术边界（如人为边界或断层边界）必须留设防隔水煤（岩）柱。

防隔水煤（岩）柱的留设需考虑被隔水源的水压和水量、煤层厚度和产状、巷道尺寸、围岩被破坏的程度，以及采空后顶板的冒落情况等因素。

（6）堵，即注浆堵水。注浆堵水是防治地下水患的有效措施之一。注浆堵水是指将各种材料（黏土、水泥、水玻璃、化学材料等）制成浆液压入地下预定地点（突水点、含水层储水空间等），使之扩散、凝固和硬化，从而起到堵塞水源通道，增大岩石强度或隔水性能的作用，达到治水的目的。

注浆堵水具有下列优点：减轻矿井排水负担，节省排水用电，从而降低吨煤成本；有利于地下水资源的保护和利用，减轻对环境的破坏；改善采掘工程的劳动条件，提高工效和质量；加固井巷或工作面的薄弱地带，减少突水可能性；能使被淹矿井迅速恢复生产。

一般在下列场合采用注浆堵水：

1）当涌水水源本身水量不大，但与其他强大水源有密切联系，单纯采用排水的方法排除矿井涌水成为不可能或不经济时；

2）当井筒或巷道必须穿过若干个含水丰富的含水层或充水断层，如果不堵住水源将给矿井建设带来很大危害，甚至不可能进行掘进时；

3）当井筒或工作面严重淋水，为了加固井壁、改善劳动条件、减少排水费用时；

4）某些涌水量特大的矿井，为了减少矿井的涌水量，降低常年排水费用时。

要搞好注浆堵水，首先要制订好方案，严格选择制作浆液的材料；其次要掌握好注浆工艺，确保注浆质量，只有这样才能保证堵水的效果。

注浆材料很多，可分为硅酸盐和化学浆液两大类。硅酸盐类浆液有单纯水泥浆液和水泥+水玻璃（硅酸钠）浆液两种。由于水泥来源广、价格便宜、强度高，成为应用最多的注浆材料。但它的初凝时间太长，结石率低，易被水冲走。水泥+水玻璃混合浆液初凝时间可控制在1min以内，结石率可达100%。化学类浆液黏度小，渗透能力强，凝胶时间可控制在几秒到几十分钟以内。目前国内外用得较多的是丙凝MG-646、铬木素、MS-10树脂和AF-3甲醛丙酮等。

13.3　突水及其预测

凡因井巷、工作面与含水层、被淹井巷、地表水体或含水的裂隙带、溶洞、陷落柱、顶板冒落带、构造破碎带等接近或沟通而突然产生的出水事故，称为矿井突水（简称突水）。

矿井突水按采掘工作所处的阶段，可分为掘进突水与回采突水；按突水点与开采煤层所处的相对位置，可分为顶板突水、底板突水与煤柱突水；按突水相对于采掘工程进行的时间可分为即时突水与滞后突水等。依据突水点的水量大小，将突水点分为小突水点（$Q<60m^3/h$）、中等突水点（$Q=60\sim600m^3/h$）、大突水点（$Q=600\sim1800m^3/h$）和特大突水点（$Q>1800m^3/h$）。

13.3.1　突水的征兆

各种类型的突水，事前都可能出现各种征兆，下面分别给以介绍：

A　一般征兆

(1) 煤层变潮湿、松软；煤帮出现滴水、淋水现象，且淋水由小变大；有时煤帮出现铁锈色水迹。

(2) 工作面气温降低，或出现雾气及硫化氢气味。

(3) 有时可听到水的“嘶嘶”声。

(4) 矿压增大，发生片帮冒顶及底鼓。

B　工作面底板灰岩含水层突水征兆

(1) 工作面压力增大，底板鼓起，底鼓量有时可达500mm以上。

(2) 工作面底板产生裂隙，并逐渐增大。

(3) 沿裂隙或煤帮向外渗水。

(4) 底板破裂，沿裂缝有高压水喷出，并伴有“嘶嘶”声或刺耳水声。

(5) 底板发生“底爆”，伴有巨响，水大量涌出，水色呈乳白或黄色。

C　冲积层水的突水征兆

(1) 突水部位发潮，滴水，滴水逐渐增大，仔细观察可发现水中有少量细砂。

(2) 发生局部冒顶，水量突增并出现流砂。流砂常呈间歇性，水色时清时浊，总的趋势是水量、砂量增加，直至流砂大量涌出。

(3) 发生大量溃水、溃砂，这种现象可以影响到地表，致使地表出现塌陷坑。

以上征兆是典型情况，在一些突水过程中，并不一定全部表现出来，所以，应该细心观察，认真分析、判断。

13.3.2　突水水源分析与判别

分析和判断突水水源可以对突水的发展及突水的后果做出预测，是组织抢救和正确决策的前提，分析水源一般可以利用以下方法：

A　直观分析法

矿井突水后，应仔细观察突水点及周围情况，包括出水点位置、周围的地质情况、巷道压力，以及水的气味、颜色、声音、水压、水温及水中携带的物质，根据突水的现象和突水特征直观地分析突水水源。

B 水文地质条件分析法

发生突水后，应对突水的水文地质条件进行综合分析，可从以下几个方面进行分析：

（1）煤层底板接近强含水层，致使水突破隔水层。

（2）底板有断层、裂隙、隐伏的陷落柱，发生地下水垂向补给。

（3）采掘工作面接近或揭露含水陷落柱。

（4）断层使强含水层与煤层中的薄层灰岩含水层接触，地下水发生侧向补给。

（5）工作面接近或揭露与强含水层串通的钻孔。

（6）浅部露头补给。

（7）地表水和冲积层水补给。

（8）断层带含水，并与地表水或强含水层沟通。

（9）采掘工作面揭露含水层或含水溶洞。

（10）上下采空区被导水裂缝带连通。

上述 10 项突水因素应逐一分析，以便准确地判断突水水源和地点。

C 水化学试验法及示踪试验

地下水是天然的溶液，在存储和运移的过程中，与围岩发生反应，地下水的化学成分会记录不同的水文地质条件和地化环境等，因此可以通过水化学试验，了解地下水所反映的水文地质条件和地化环境，查清不同含水层的水质差别，用来判别井下突水水源。

将示踪剂投放到可能成为补给水源的水体中，然后在井下出（突）水点进行取样检测，用以确定地下水的补给关系。

D 水质判别模型法

地下水中的化学成分是地质、水文地质历史发展过程的结果，与形成地下水的水文地质环境有关。因此，不同含水层在不同时期有着区别于其他含水层的水化学特征。地下水化学成分的这种横向差异是建立水质判别模型的条件。有多个含水层的矿井，应对区内各含水层和地表水体进行系统的地下水化学成分分析，建立起本矿区可用于判断突水水源的水质判别模型。一旦发生突水，只要测定突水点的地下水水质，便可通过水质判别模型判定突水水源。

E 地下水动态分析法

地下水在自然状态下一般保持相对稳定的运动规律，在矿井突水时，水位发生急剧变化的往往是突水水源，不变化的含水层一般不是突水水源；当多个含水层同时发生变化时，一般变化大的含水层是主要突水水源，变化小的是次要水源。

13.3.3 突水的影响因素与预测

13.3.3.1 影响底板突水的因素

底板突水机理比较复杂。一般认为，影响底板突水有以下主要因素：

（1）含水层富水性及水压。含水层的富水性是底板突水发生的内在因素，决定着突水量的大小及其稳定性；水压则是底板突水的基本动力。在煤层底板隔水层条件相同时，水压越大，底板突水的概率越高，对于遭受变形破坏较为严重的底板隔水层，水压作用越明显。在我国受奥灰或茅口灰岩水影响的矿井，随着矿井的延深，底板承受的水压越来越大，矿井受底板水的威胁也随之增大。

（2）隔水层是底板突水的抑制因素。当其他条件相同时，隔水层的厚度越大越不易发生底板突水。隔水层抑制底板突水的能力除取决于其厚度外，还与其岩性及组合关系有关。研究表明，柔性岩石有利于阻止水的渗入；刚性岩层抵抗矿压破坏的能力较强；刚柔相间的底板有利于抑制底板突水。

（3）断裂构造。断裂构造是底板突水的重要因素。据统计，80%~90%以上的突水发生在断裂带及其附近，断裂构造所起的作用表现为降低底板隔水层的强度，缩短煤层与底板含水层的间距，甚至成为承压水涌入矿井的导水通道，从而导致底板突水。

（4）矿压是底板突水的触发与诱导因素。矿压对煤层底板的变形破坏主要是在隔水层上部形成矿压破坏带从而直接影响隔水层的有效厚度，为突水的发生创造条件。在天然条件下，水压的作用与经过原生破坏后的隔水层的阻水能力已大体上处于相对平衡状态时，一旦加上矿压的破坏作用，相对平衡即遭破坏，底板突水随之发生。因此，人们将矿压视为底板突水的诱发因素。如果底板下含水层具有一定的水压，隔水层的稳定性就成了控制底板突水的决定因素。当水压和隔水层的稳定性处于相对平衡时，构造（主要是断裂）和矿压的作用将促使矛盾由不突水向突水转化。当自然条件下的水压与受构造影响削弱后的隔水层稳定性处于相对平衡状态时，矿压则成为诱发底板突水的主要因素。地应力大时，更会加剧底板突水的发生。

13.3.3.2 突水预测

A 易发生突水地段

据统计，当煤层底板存在强含水层时，在下列构造部位突水几率最大：

（1）断层交叉或汇合处，如焦作演马庄矿北东向的F_3断层与东西向的3条小断层相交处均发生突水，其突水量分别为$120m^3/min$、$57m^3/min$和$89m^3/min$。

（2）断层尖灭或消失端一带，如演马庄矿F_4断层的尖灭地段及峰峰二矿F_{18}断层尖灭地段都曾发生突水，其突水水量分别为$15m^3/min$和$14.4m^3/min$。

（3）褶曲轴部裂隙密集带或小断裂密集带，如焦作王封矿西部背斜轴一带常常突水。

（4）背斜倾伏端一带，如湖南煤炭坝、斗笠山、双狮岭等矿区的倾伏背斜的倾伏端一带突水频繁，突水点水量占全矿区涌水量的90%以上。

（5）两条大断层相互对扭地带（即张扭性破碎带）如焦作中马村矿西端李河断层和东端李庄断层形成对扭状态，导致这一地段小构造密集，突水频繁。

（6）与导水或富水大断裂成人字形连接的小断裂带，如李封矿一采煤区的四条与凤凰岭断层呈人字形连接的小断层两侧，突水点成群分布。

（7）复合部位小断层与次级小褶曲轴在地层倾向急剧转折带上的复合部位，或小褶曲轴与地层倾向转折带的复合部位或平缓小褶曲翼部。如峰峰四矿中奥灰水垂向进入大青灰岩的补给通道处在这类复合地段。

（8）压性断裂下盘、张性断裂上盘因富水性强，井巷通过或接近时往往发生突水。

（9）新构造活动强烈的断裂带，如峰峰矿区62%的突水发生在活动强烈的断裂带处。

（10）不同力学性质的断裂组成的断裂带，富水性强，易于发生突水。

B 采掘前的突水预测

采掘前的突水预测方法有水文地质法和突水系数法两种。

(1) 水文地质法。利用矿区已有的地质构造、突水点分布、水量及其稳定程度，或单孔放水量、岩溶发育及充填程度，以及观测孔水压、水质、水温等资料综合整理、分析后，编制具有岩溶水强径流带或富水程度不同地段的分区图，将易于突水的构造部位，进一步分成亚区，预测可能发生突水的大致范围或地段。

在水文地质分区的基础上，对矿区或突水性最强的地段，利用隔水层等厚线、隔水层顶面等高线、采矿对底板岩层的破坏深度、含水层等水压线以及小断层、陷落柱等资料进行综合分析后，编制突水预测图。

(2) 突水系数法。突水系数是指单位隔水层厚度所承受的水压，又称水压比。其表达式为：

$$T_s = \frac{P}{M - C_p} \tag{13-2}$$

式中 P——隔水层承受的水压，MPa；

M——底板隔水层厚度，m；

C_p——采矿对底板隔水层的扰动破坏厚度，m。

通过上式算出的某一地段安全等效隔水层厚度或突水系数值小于其实际的等效隔水层厚度或临界突水系数值时，此地段是安全的，否则可能突水。

突水系数是通过长期生产实践总结出来的，在煤矿生产中得到了广泛的应用，对评价与预测煤矿底板突水起到了积极的作用。但存在一些问题：1）由于已知突水点的80%~90%发生在断层带及附近，因此，这些突水资料总结出的临界突水系数值用于评价和预测构造破坏地段的底板突水较为可靠，评价或预测正常块段底板突水偏于保守；2）根据对大量突水资料的统计分析，用浅部突水资料来预测或评价深部突水也偏于保守；3）在实际突水资料缺乏或较少的矿区，临界突水系数值难于确定；4）在实际应用中，因受专门水文地质孔数量的限制和灰岩含水层岩溶发育和富水性的极不均匀等因素影响，在通过内插法编制的等水压线图上确定的水压值很难满足精度要求。

(3) 采掘过程中的突水预测。在前述预测工作的基础上，对有突水危险的区段或易于发生突水的构造部位及其附近地段，采取下列方法进行预测：

1）钻探方法。用钻探方法对含水层中的高水压区或底板水导升高度进行探测，进行突水预测，在多个矿区应用效果较好。

2）放射性测量方法。地下水在渗透过程中不断地溶解和吸收围岩中的放射性元素衰变产生的氡气，测量氡气的含量可以反映出该处与底板水导升高度的距离，也反映底板隔水层裂隙发育程度及其富水性。利用放射性方法，尤其是用测量氡气的含量来确定底板水的导升高度及隔水层的含水性已取得明显效果。

3）物探方法。当采掘面的迎头或巷道底板接近含水、导水和富水的破碎带或其他富含水层和构造时，其工作面周围温度降低、湿度大。据此特征，可以用电法等物探方法预报突水。

4）突水征兆的监测。对有发生突水危险地段的采掘工作面，建立突水观测组，在采掘过程中监视突水征兆，尤其是监测采空区内侧剪切带的变化，一旦发现异常，便立即采取防治措施。

14 矿山救护

由于矿井建设和生产过程中的自然条件复杂、作业环境较差，人们对矿井灾害客观规律的认识还不够深入，加之人员麻痹大意、违章作业、违章指挥现象的存在，使矿井灾害事故时有发生。为了迅速有效地处理矿井突发事故，保护职工生命安全，减少国家资源和财产损失，必须根据两大“规程”（《煤矿安全规程》、《矿山救护规程》）的要求，做好救护工作。同时，还要教育职工，使职工掌握自救和互救技能。

14.1 矿山救护队

矿山救护队是处理矿井火灾、瓦斯、煤尘、水、顶板等灾害的专业性队伍，是职业性、技术性组织，严格实行军事化管理，是煤矿井下一线特种作业人员。实践证明，矿山救护队在预防和处理矿山灾害事故中发挥了重要作用。

矿山救护队必须经过资质认证，取得资质证书后，方可从事矿山救护工作。矿山企业（包括生产和建设矿山的企业）均应设立矿山救护队，地方政府或矿山企业，应根据本区域矿山灾害、矿山生产规模、企业分布等情况，合理划分救护服务区域，组建矿山救护大队或矿山救护中队。生产经营规模较小、不具备单独设立矿山救护队条件的矿山企业应设立兼职救护队，并与就近的取得三级以上资质的矿山救护队签订有偿服务救护协议，签订救护协议的救护队服务半径不得超过100km；矿井比较集中的矿区经各省（区）煤炭行业管理部门规划、批准，可以联合建立矿山救护大（中）队。矿山救护队驻地至服务矿井的距离，以行车时间不超过30min为限。年生产规模6×10^5t（含）以上的高瓦斯矿井和距离救护队服务半径超过100km的矿井，必须设置独立的矿山救护队。

14.1.1 矿山救护队的组织

根据《矿山救护规程》规定，矿山救护队有如下几种类型：

A 救护大队

（1）救护大队由2个以上中队组成。

（2）救护大队负责本区域内矿山重大灾变事故的处理与调度、指挥，对直属中队直接领导，并对区域内其他矿山救护队、兼职矿山救护队进行业务指导或领导，应具备本区域矿山救护指挥、培训、演习训练中心的功能。

（3）救护大队设大队长1人，副大队长2人，总工程师1人（分别为正、副矿处级），副总工程师1人，工程技术人员数人；应设立相应的管理及办事机构（如办公、战训、培训、后勤等），并配备必要的管理人员和医务人员。矿山救护大队指挥员的任免，应报省级矿山救援指挥机构备案。

B 救护中队

(1) 救护中队由3个以上的小队组成，是独立作战的基层单位。

(2) 救护中队设中队长1人，副中队长2人（分别为正、副区科级），工程技术人员1人。直属中队设中队长1人，副中队长2~3人，工程技术人员至少1人。救护中队应配备必要的管理人员及汽车司机、机电维修、氧气充填等人员。

C 救护小队

救护小队由9人以上组成，是执行作战任务的最小战斗集体。救护小队设正、副小队长各1人。

D 兼职矿山救护队

兼职矿山救护队由符合矿山救护队员身体条件，能够佩用氧气呼吸器的矿山骨干工人、工程技术人员和管理人员兼职组成，协助专业矿山救护队处理矿山事故的组织。

(1) 兼职矿山救护队应根据矿山的生产规模、自然条件、灾害情况确定编制，原则上应由2个以上小队组成，每个小队由9人以上组成。

(2) 兼职矿山救护队应设专职队长及仪器装备管理人员。兼职矿山救护队直属矿长领导，业务上受总工程师（或技术负责人）和矿山救护大队指导。

(3) 兼职矿山救护队员由符合矿山救护队员条件，能够佩用氧气呼吸器的矿山生产、通风、机电、运输、安全等部门的骨干工人、工程技术人员和干部兼职组成。

14.1.2 矿山救护队的任务

根据《矿山救护规程》规定，矿山救护队的主要任务如下：

A 救护队任务

(1) 抢救矿山遇险遇难人员。

(2) 处理矿山灾害事故。

(3) 参加排放瓦斯、震动性爆破、启封火区、反风演习和其他需要佩用氧气呼吸器作业和安全技术性工作。

(4) 参加审查矿山应急预案或灾害预防处理计划，做好矿山安全生产预防性检查，参与矿山安全检查和消除事故隐患的工作。

(5) 负责兼职矿山救护队的培训和业务指导工作。

(6) 协助矿山企业搞好职工的自救、互救和现场急救知识的普及教育。

B 兼职救护队任务

(1) 引导和救助遇险人员脱离灾区，协助专职矿山救护队积极抢救遇险遇难人员。

(2) 做好矿山安全生产预防性检查，控制和处理矿山初期事故。

(3) 参加需要佩用氧气呼吸器作业和安全技术工作。

(4) 协助矿山救护队完成矿山事故救援工作。

(5) 协助做好矿山职工自救与互救知识的宣传教育工作。

14.1.3 矿山救护的工作原则

(1) 矿山救护队必须认真执行国家的安全生产方针，坚持“加强战备，严格训练，主动预防，积极抢救”的原则，时刻保持高度的警惕，并做到“召之即来，来之能战，战之能胜”。

（2）矿山救护队接到事故召请电话时，应问清事故地点、类别、通知人姓名，立即发出警报，迅速集合队员。必须在接到电话 1min 内出动，不需乘车出动时，不得超过 2min 出动，迅速赶到事故矿井。

（3）矿井发生重大事故后，必须立即成立抢救指挥部，矿长任总指挥，矿山救护队长为指挥部成员对救护队的行动全面指挥。处理事故时，应在灾区附近的新鲜风流中选择安全地点设立井下基地。基地指挥由指挥部选派人员担任，有矿山救护队指挥员、待机小队和急救员值班，并设有通往地面指挥部和灾区的电话、有必要的备用救护器材和装备，有明显的灯光标志。

（4）矿井发生火灾、瓦斯或煤尘爆炸、水灾等重大事故后，救护队必须首先进行侦察工作，准确探明事故的类别、原因、范围、遇险遇难人员数量和所在地，以及通风、瓦斯、有毒有害气体等情况，为指挥部制定符合实际情况的处理事故方案提供可靠依据。进入灾区侦察或作业的小队人员不得少于 6 人，并根据事故性质的需要，携带必要的技术设备。

（5）抢救遇险人员是矿山救护队的首要任务，要创造条件以最快的速度、最短的路线，将受伤、窒息的人员运送到空气新鲜的地点进行急救，同时引导未受伤人员撤离灾区。

（6）救灾工作需要果断、勇敢并与科学性相结合，不能有侥幸心理和蛮干行为。指挥人员应在准确把握事故情况的基础上，分析研究，根据《煤矿安全规程》制定出切实可行的作战方案，抓住战机，组织力量，尽快地抢救人员和处理事故。

（7）事故处理结束，经抢救指挥部同意后，救护队才能整理装备带队返回。

14.1.4　矿山救护队常用技术装备

矿山救护队配备的技术装备按用途不同可分为个体防护类、灭火装备类、检测仪表类、运输通信类和装备工具类等。

个体防护类装备包括氧气呼吸器、氧气补给器、自动苏生器、自救器、冰冷防热服等；灭火装备类包括惰气发生装置、高泡灭火机、中泡灭火机、惰泡发射机、石膏喷注机、CO_2发生器、高扬程水泵等；检测仪表类包括化验设备、红外线烟雾温度测定仪、便携式爆炸三角形测定仪、氧气呼吸器校验仪、便携式气体检测仪、测风仪表等；搜救类装备包括寻人仪、生命探测仪等；运输通信类包括救护车辆和井上下通信设备等。

14.1.4.1　氧气呼吸器

氧气呼吸器是一种与外界空气隔绝的个体防护装置，它能保证矿山救护人员免遭外界有毒有害气体的侵害、维持正常的呼吸循环。目前，世界各国矿山救护队使用的氧气呼吸器，以大气压力为基准可以划分为负压氧气呼吸器和正压氧气呼吸器两大类。

A　负压氧气呼吸器

负压氧气呼吸器佩戴者在整个呼吸循环过程中，呼气时，系统内的压力高于大气压力；吸气时，系统内的压力低于大气压力。负压氧气呼吸器按使用用途可以分为救护工作型、抢救型和逃生型三类。其中救护工作型有 AHG-3 型、AHG-4 型、AHG-4A 型和 AHY6 型四种；抢救型有 AHG-2 型和 AHG-1 型两种；逃生型有过滤式、化学式和压缩氧式三种自救氧气呼吸器。

下面以 AHG-4A 型氧气呼吸器为例作简要介绍。AHG-4A 型氧气呼吸器构造如图 14-1 所示，图 14-2 和图 14-3 为口具和呼吸面罩构造。

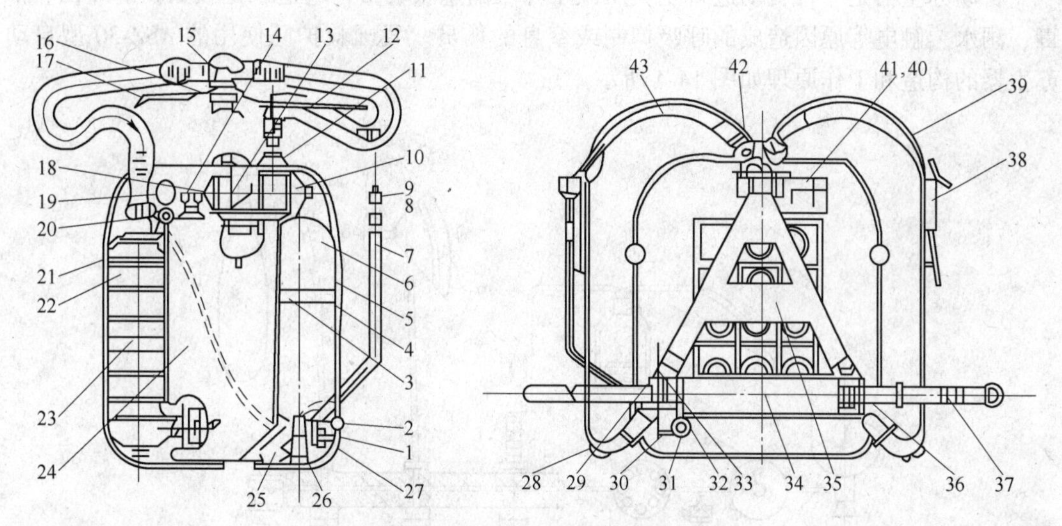

图 14-1 AHG-4A 型氧气呼吸器

1—外壳；2—手动补给接头；3—氧气瓶左紧带；4—氧气瓶右紧带；5—开口销；6—氧气瓶；7—压力表导管；8—氧气压力表；9，41—垫圈；10—降温器；11—吸气阀；12—右头带；13—保护片；14—自动排气阀；15—呼吸软管组件；16—口具组件（或全面罩）；17—左头带；18—输氧管；19—调节器；20—联调节器导管；21—呼气阀；22—清净罐；23—清净罐束紧带；24—呼吸袋；25—分路器；26—氧气瓶开关；27—联氧气瓶导管；28—调节带；29—钩环螺帽；30—手动补给按钮；31—压力表开关；32—联接螺丝；33—保护管；34—腰垫；35—A 型带；36—联接钩环；37—腰带；38—哨子；39—左肩带；40—螺钉；42—扣环；43—右肩带

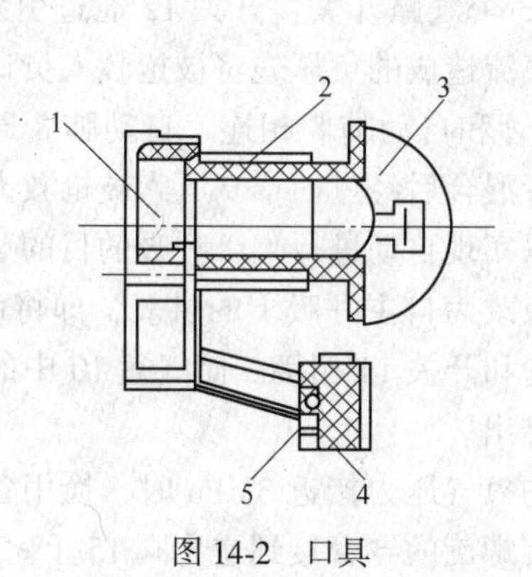

图 14-2 口具

1—口具主体；2—扎紧线绳和保护套；3—口片；4—颏托软垫；5—保护套

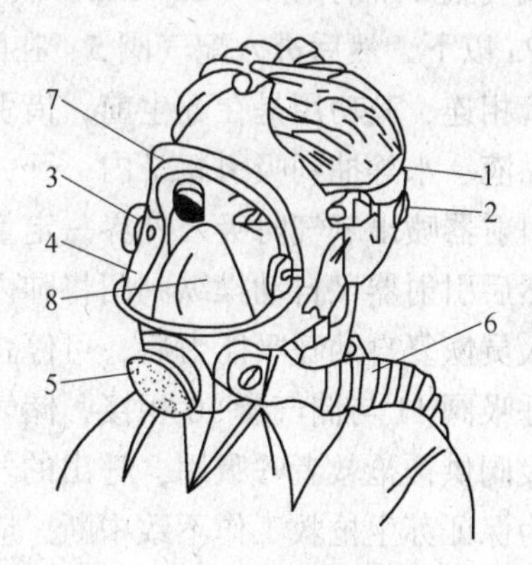

图 14-3 呼吸面罩

1—头带；2—带扣；3—手柄；4—眼窗玻璃；5—传声器；6—呼吸软管；7—擦水器；8—阻水罩

负压氧气呼吸器的呼吸循环系统低于外界大气压力，一旦发生泄漏，容易造成外界有害气体进入呼吸系统内，使佩用人员中毒。且该呼吸器防护方式采用口具鼻夹式，佩用过程中易脱落，因此，正逐步用正压氧气呼吸器来代替。

B 正压氧气呼吸器

正压氧气呼吸器呼吸循环系统工作压力始终高于外界大气压力。按照构造不同分为呼吸舱式正压氧气呼吸器和气囊式正压氧气呼吸器。

14.1.4.2　自动苏生器

自动苏生器是一种自动进行正负压人工呼吸的急救装量，它适于抢救如胸部外伤、中毒、溺水、触电等原因造成的呼吸抑制或窒息的伤员。我国救护队使用的 ASZ-30 型自动苏生器的构造和工作原理如图 14-4 所示。

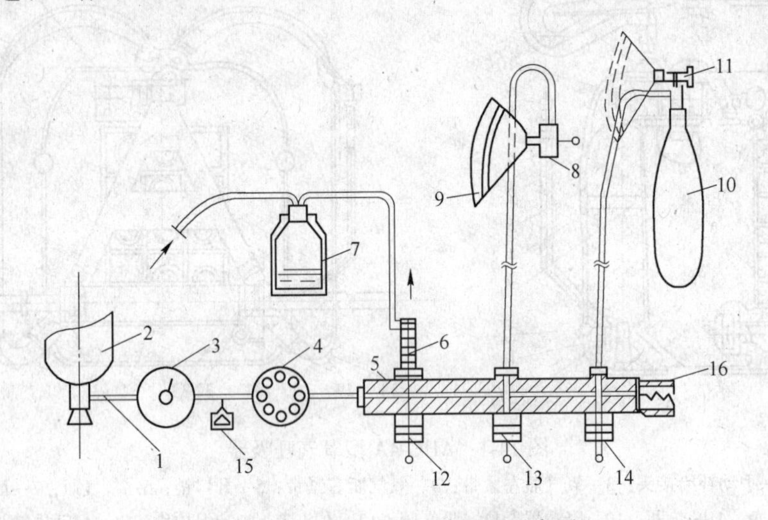

图 14-4　自动苏生器工作原理示意图

1—氧气管；2—氧气瓶；3—压力表；4—减压阀；5—配气阀；6—引射器；7—吸引瓶；8—自动肺；9—面罩；10—储气囊；11—呼吸阀；12~14—开关；15—逆止阀；16—安全阀

氧气瓶 2 中的高压（20 MPa）氧气经氧气管 1、压力表 3 进入减压阀 4，将压力减到 0.5MPa 以下，然后进入配气阀 5。在配气阀 5 上有 3 个气路开关：开关 12 通过引射器 6 和导管相连，其功用是在苏生前，借引射器中高速气流造成的负压先将被抢救人员口中的泥、黏液、水等抽到吸引瓶 7 内。开关 13 利于导气管和自动肺 8 相连，自动肺 8 通过其中的引射器喷出氧气时吸入外界一定量的空气，二者混合后经过面罩 9 压入被抢救人员肺内，然后引射器又自动操纵阀门将肺内气体抽出，以实现自动进行人工呼吸的目的。当被抢救人员恢复自动呼吸能力后，可停止自动人工呼吸改为自主呼吸下的供氧，即将面罩 9 通过呼吸阀 11 与储气囊 10 相接，储气囊通过导气管和开关 14 相接。储气囊 10 中的氧气经呼吸阀供被抢救者呼吸用，呼出的气体由呼吸阀排出。

为保证苏生抢救工作不致中断，应在氧气瓶内的氧气压力接近 3MPa 时，换用备用氧气瓶或工业大氧气瓶供氧，备用氧气瓶使用两端带有螺旋的导管接到逆止阀 15 上。此外，在配气阀上还备有安全阀 16，它能在减压后氧气压力超过规定数值时泄出一部分氧气以降低压力，使苏生工作能可靠地进行。

14.1.4.3　氧气充填泵

氧气充填泵是将大储量氧气瓶中的氧气充入小氧气瓶内，使后者压力提高到 20~30MPa 的设备。它主要用于矿山救护队，也广泛用在消防、航空、医疗和化工部门。目前使用的有 ABD-200 型（电动机功率 1kW）、CT-250 型（电动机功率 3kW）和 AE-120 型（电动机功率 2.2kW）电动氧气充填泵。

14.1.4.4 救护通信装备

矿山救护通信设备（俗称灾区电话），是矿山救护队在抢险救灾过程中不可缺少的通信设备。目前使用的有 PXS-1 型声能电话机和 KJT-75 型救灾通信设备，随着技术的进步，救灾通信正逐步向可视化方向发展。

A 声能电话机

PXS-1 型声能电话机为矿用防爆型，有效通话距离 2~4km。该机由发话器、受话器、声频发电机、扩大器等组成。有手握式对手握式和手握式对面罩式组成无源通话两种安装形式。在抢险救灾时，进入灾区的人员可选用发话器、受话器全装在面罩中，扩大器固定在腰间的安装形式，如图 14-5 所示。日常工作联络或指挥所用时，可选用手握式电话机，其安装形式如图 14-6 所示。PXS-1 型声能电话机由声能供电，扩大器、对讲扩大器的电源选用 6F22.9V 层叠电池供电。该机携带方便，使用可靠，具有防尘、防潮、防爆等特点。

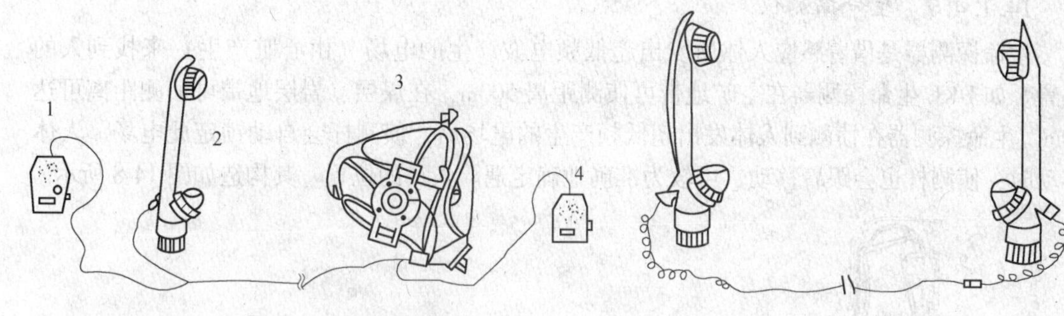

图 14-5 手握式对面罩式的安装形式
1—对讲扩大器；2—手握式发受话器；
3—面罩式发受话器；4—扩大器

图 14-6 手握式对手握式的安装形式

B 矿山救援可视化通信装置

矿山救援可视化通信装置通过视频、音频信号的高速传输，可实时监视和直接联络井下事故现场。该装置由救护队员随身携带，将井下事故现场图像实时传输到井下基地和地面指挥中心，井下灾区的救护队员和井下基地及地面指挥中心之间可实时进行信息沟通，救援全过程的视频图像、语言资料可完整存储，并能回放，为事故原因分析、总结经验教训提供了不可多得的基础资料。同时能实时通过互联网进行权限性传输，外地业内人士可直接了解灾区救援情况对救援过程进行指导。

14.1.4.5 冰冷防热服

冰冷防热服（也叫冷却服）用于救护队员在高温地区工作时免受高温危害和提高工作效率。普通冰冷防热服由冰衣和冰袋组成。冰衣有三层：内层为尼龙编织物，中层为隔热聚酯毡，外层为镀铝玻璃纤维服。其袖口、领口和胸带是由加宽编织物制成的，使上身严密不透气。冰袋用纽扣扣在冰衣的内层胸前和背部，由 44 个隔离的冰槽组成。根据作业环境的温度不同，一般可用 1~2h。

图 14-7 为苏联根据接触式排热原理研制的 ПТК-100 型冷却服，由下列各部分组成：带有头盔的绝热服 7、双层的水冷却服 8、有弹性的聚集管 9、装有冰块的储水箱 1、气动泵 2、设在鞋内的有弹性的触压装置 3、绝热鞋 4、绝热护腿套 5 和绝热手套 6。采用冰作为致冷剂，水作为冷却剂。

14.1.4.6　寻人仪

在救灾过程中，利用寻人仪能够迅速发现遇险遇难人员位置以便尽快地进行抢救。美国矿业局研制了一种低频无线电收发装置，这个装置很小，适于矿工系在腰带上。它完全密封，发射机的天线安装在一个小盒内，能够间断产生600~30000Hz的定位信号。由于每台发射机只能产生一个固定频率，故可从其发出的频率鉴别遇险遇难人员。这套装置除发射机外，还包括一个基音接收器，一个按钮和一个开关。接收器能使遇险矿工收到来自地面的声音信息，它是由地面上的发射机发出的。

我国研制成功的KXY型矿井寻人仪，由微型发射器和测向机等组成，可测定遇险遇难人员的方位和距离。微型发射器安装在矿工佩戴的矿灯内，矿灯充电后即可发出呼救信号，其耗电功率小，不影响矿灯的正常照明。测向机用于探测发射器发射信号，确定遇险遇难人员的方位。

14.1.4.7　生命探测仪

生命探测器是借着感应人体所发出超低频电波产生的电场（由心脏产生）来找到人的位置。如DKL生命探测器在空旷地带可侦测距离500m，在煤层、岩层地带可侦测距离可达80m。生命探测器在侦测到人体发出超低频产生的电场后，侦测杆会自动锁定此电场，人体移动时，侦测杆也会跟着移动，可较为准确地确定遇险人员的位置。其构造如图14-8所示。

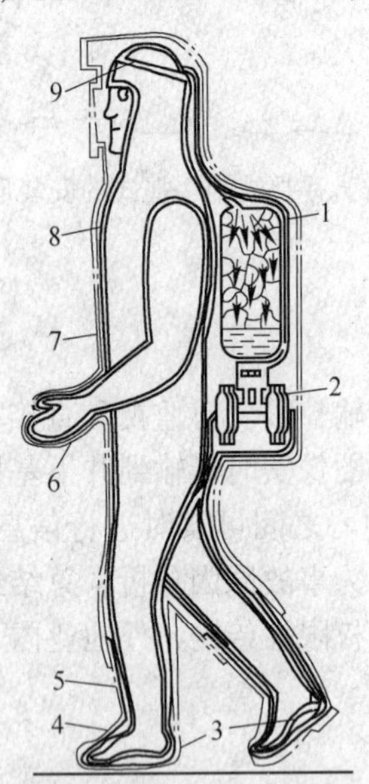

图14-7　ПТК-100型冷却服

1—装有冰块的储水箱；2—气动泵；3—设在鞋内的有弹性的触压装置；4—绝热鞋；5—绝热护腿套；6—绝热手套；7—带有头盔的绝热服；8—双层的水冷却服；9—有弹性的聚集管

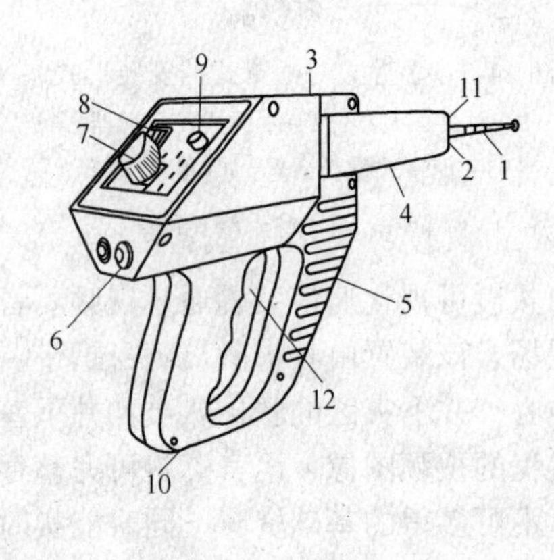

图14-8　DKL生命探测仪结构图

1—伸缩天线；2—天线底部；3—镭射开关；4—侦测杆总成；5—本体；6—保留功能按钮；7—选择按钮；8—计算机开关；9—计算机灯；10—电瓶充电口；11—镭射；12—扳机按钮

14.2　矿　工　自　救

多数灾害事故发生初期，波及范围和危害程度都比较小，这是消灭事故、减少损失的最有利时机。而且灾害刚发生，救护队很难马上到达，因此在场人员要尽可能利用现有的设备和工具材料将其消灭在萌芽阶段。如不能消灭灾害事故时，正确地进行自救和互救也是极为重要的。

14.2.1 发生事故时在场人员的行动原则

发生事故后，现场人员应尽量了解和判断事故的性质、地点和灾害程度，迅速向矿调度室报告。同时应根据灾情和现有条件，在保证安全的前提下，及时进行现场抢救制止灾害进一步扩大。在制止无效时，应由在场的负责人或有经验的老工人带领，选择安全路线迅速撤离危险区域。

当井下掘进工作面发生爆炸事故时，在场人员要立即打开并按规定佩戴好随身携带的自救器，同时帮助受伤的同志戴好自救器，迅速抬至新鲜风流中。如因井巷破坏严重，退路被阻时，应千方百计疏通巷道。如巷道难以疏通，应坐在完好支架的下面，等待救护队抢救。采煤工作面发生爆炸事故时，在场人员应立即佩戴自救器，在进风侧的人员要逆风撤出，在回风侧的人员要设法经最短路线，撤退到新鲜风流中。如果由于冒顶严重撤不出来时，应集中在安全地点待救。

井下发生火灾时，在初始阶段要竭力扑救。当扑救无效时，应选择相对安全的避灾路线撤离灾区。烟雾中行走时迅速戴好自救器。最好利用平行巷道，迎着新鲜风流背离火区行走。如果巷道已充满烟雾，也绝对不要惊慌、乱跑，要冷静而迅速辨认出发生火灾的地区和风流方向，然后有秩序地外撤。如无法撤出时，要尽快在附近找硐室等地点暂时躲避，并把硐室出入口的门关闭以阻断风流，防止有害气体侵入。

当井下发生透水事故时，应避开水头冲击（手扶支架或多人手挽手），然后撤退到上部水平。不要进入透水地点附近的平巷或下山独头巷道中。当独头上山下部唯一出口被淹没无法撤退时，可在独头上山迎头暂避待救。独头上山水位上升到一定位置后，上山上部能因空气压缩增压而保持一定的空间。若是采空区或老窑涌水，要防止有害气体中毒或窒息。

井下发生冒顶事故时，应查明事故地点顶、帮情况及人员埋压位置、人数和埋压状况，采取措施，加固支护，防止再次冒落，同时小心地搬运开遇险人员身上的煤、岩块，把人救出。搬挖的时候，不可用镐刨、锤砸的方法扒人或破岩（煤），如岩（煤）块较大，可多人搬或用撬棍、千斤顶等工具抬起，救出被埋压人员。对救出来的伤员，要立即抬到安全地点，根据伤情妥善救护。

14.2.2 矿工自救设施与设备

14.2.2.1 *避难硐室*

避难硐室是供矿工遇到事故无法撤退而躲避待救的一种设施。避难硐室有两种：一是预先设在采区工作地点安全出口路线上的避难硐室（也称为永久避难硐室）；二是事故发生后因地制宜构筑的临时避难硐室。“《煤矿安全规程》执行说明”对永久避难硐室的要求是：设在采掘工作面附近和放炮器启动地点，距采掘工作面的距离应根据具体条件确定；室内净高不得小于2m，长度和宽度应根据同时避难的最多人数确定，每人占用面积不得小于0.5m^2；室内支护必须良好，并设有与矿（井）调度室直通电话；室内必须设有供给空气的设施，每人供风量不少于 0.3m³/min；室内应配备足够数量的隔离式自救器；避难硐室在使用时必须用正压通风。

临时避难硐室是利用独头巷道、硐室或两道风门间的巷道，由避难人员临时修建的。为此应事先在这些地点备好所需的木板、木桩、黏土、沙子和砖等材料，在有压气条件下还应装有带阀门的压气管。若无上述材料时，避难人员可用衣服和身边现有的材料临时构筑，以减少有害气体侵入。

在避难硐室避难时的注意事项是：

(1) 进入避难硐室前，应在硐室外留有衣物、矿灯等明显标志，以便救护队发现；

(2) 待避时应保持安静，不急躁，尽量俯卧于巷道底部，以保持精力、减少氧气消耗，并避免吸入更多的有毒气体；

(3) 硐室内只留一盏矿灯照明，其余矿灯全部关闭，以备再次撤退时使用；

(4) 间断敲打铁器或岩石等发出呼救信号；

(5) 全体避难人员要团结互助、坚定信心；

(6) 被水堵在上山时，不要向下跑出探望。水被排走露出棚项时，也不要急于出来，以防 CO_2、H_2S 等气体中毒；

(7) 看到救护人员后，不要过分激动，以防血管破裂；

(8) 待避时间过长遇救后，不要过多饮用食品和见到强光，以防损伤消化系统和眼睛。

14.2.2.2　压风自救装置

压风自救装置是利用矿井已装备的压风系统，由管路、自救装置、防护袋（急救袋）三部分组成，已在煤矿普遍使用。

在井下使用的压风自救装置系统如图 14-9 所示，它安装在硐室、有人工作场所附近、人员流动的井巷等地点。当井下出现煤与瓦斯突出预兆或突出时，避难人员立即去到自救装置处，解开防护袋，打开通气开关，迅速钻进防护袋内。压气管路中的压缩空气经减压阀节流减压后充满防护袋，对袋外空气形成正压，使其不能进入袋内，从而保护避难人员不受有害气体的侵害。防护袋是用特制塑料制成，具有阻燃和抗静电性能。每组压风自救装置上安多少个头（开关、减压阀和防护袋），应视工作场所的人数而定。

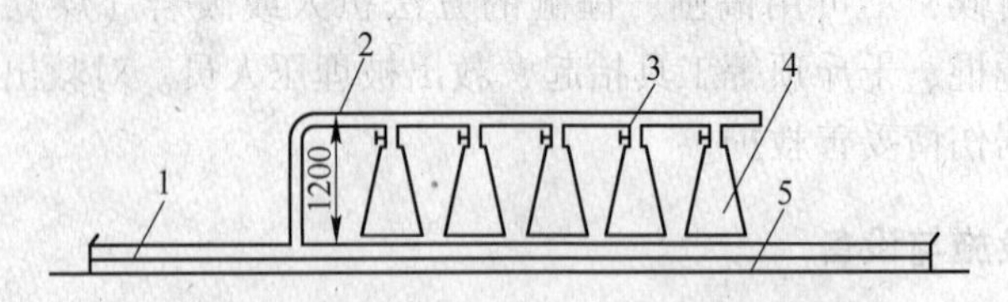

图 14-9　压风自救装置示意图

1—压风管路；2—压风自救装置支管；3—减压阀；4—防护袋；5—巷道底板

14.2.2.3　自救器

自救器是一种轻便、体积小、便于携带、着装迅速、作用时间短的个人呼吸装备，并在井下发生火灾、爆炸、煤与瓦斯突出事故时，供人员佩戴免于中毒或窒息之用。

从国内外煤矿事故统计来看，因未佩戴自救器而中毒导致死亡的人数占很大比例。因此，我国《煤矿安全规程》规定：每一入井人员必须随身携带自救器。

自救器分为过滤式和隔离式两类，隔离式自救器又有化学氧和压缩氧两种，如表 14-1 所示。

表 14-1 自救器分类及其防护特点

类型	名 称	防护的有害气体	防护特点	条件限制
过滤式	CO 过滤式自救器	CO	人员呼吸时所需的 O_2 仍是外界空气中的 O_2	周围空气中 O_2 浓度不低于 18%，CO 浓度不大于 1.5%
隔离式	化学氧自救器	不限	人员呼吸的 O_2 由自救器本身供给，与外界空气成分无关	不受条件限制
	压缩氧自救器	不限		

我国生产有 AZL-40 型、AZL-60 型、MZ-3 型和 MZ-4 型等过滤式自救器，AZG-40 型和 AZH-40 型化学氧自救器，AYG-45 型和 AYG-60 型压缩氧自救器。

A AZL-60 型过滤式自救器

这种自救器是用于矿井发生火灾或瓦斯爆炸时防止 CO 中毒的呼吸保护装置，它适用于周围空气中 O_2 浓度不低于 18%的条件下。当 CO 浓度小于 1.5%、环境温度在 50℃以下时，使用时间可达 60min。

AZL-60 型过滤式自救器的外形如图 14-10 所示，主体结构和气路系统如图 14-11 所示。过滤罐内装有触媒剂 11，在常温下能将空气中的 CO 转化为 CO_2。为防止吸气和呼气中的水汽使触媒剂失效，在触媒剂的下层和上层分别装有高效干燥剂 12 和硅橡胶吸气阀

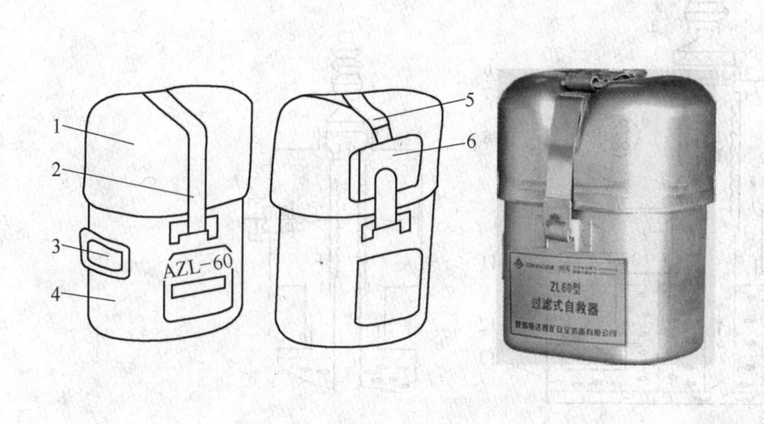

图 14-10 AZL-60 型过滤式自救器外形

1—上壳；2—封口带；3—号码牌；4—下壳；5—开启扳手；6—腰带环

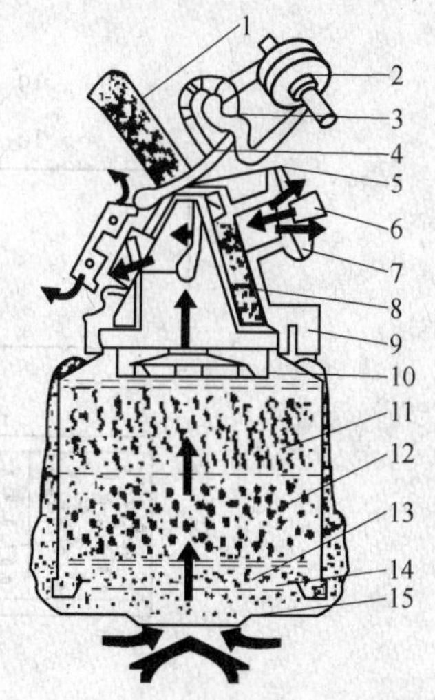

图 14-11 AZL-60 型过滤式自救器主体结构和气路系统

1—头带；2—鼻夹；3—鼻夹绳；4—鼻夹提醒片；5—呼气阀；6—牙垫；7—口具；8—热交换器；9—下颚托；10—吸气阀；11—触媒层；12—干燥剂层；13—滤尘层；14—底盖；15—滤尘砂袋

10。口具盒内的热交换器8，用来降低吸气的温度（最高不超过48℃）。鼻夹提醒片4可以提醒不要忘记佩戴鼻夹。为防治煤尘进入过滤罐增大呼吸阻力，在过滤罐外部套一个滤尘砂袋15。

B　AZH-40型化学氧自救器

这种自救器为隔离式自救器，可用于矿井发生各种灾害情况下矿工的自救。该自救器有效作用时间为：步行速度5.5km/h或从事中等强度劳动（196000N·m/h）时，不少于40min，静坐条件下大于2h。

AZH-40型化学氧自救器的结构原理如图14-12所示。人的呼气从口具1经呼吸软管3、带降温器的阀盒4、呼气阀19、呼气管8、药罐中心管18，再从药罐11的底部返上来，经过药箱中的生氧剂13（药片状或粒状超氧化钾），将呼气中的水汽及CO_2吸收掉并放出O_2，富氧的空气再进入气囊6以供吸气时使用。吸气时，富氧空气经吸气阀20、阀盒4、呼吸软管3、口具1而吸入人的肺部。当生氧量超过人的呼吸需要时，气囊因积聚过多气体而膨胀，设在气囊上的拉绳遂将排气阀7拉开，气囊中过剩的气体即从排气阀排泄到外界大气中去。

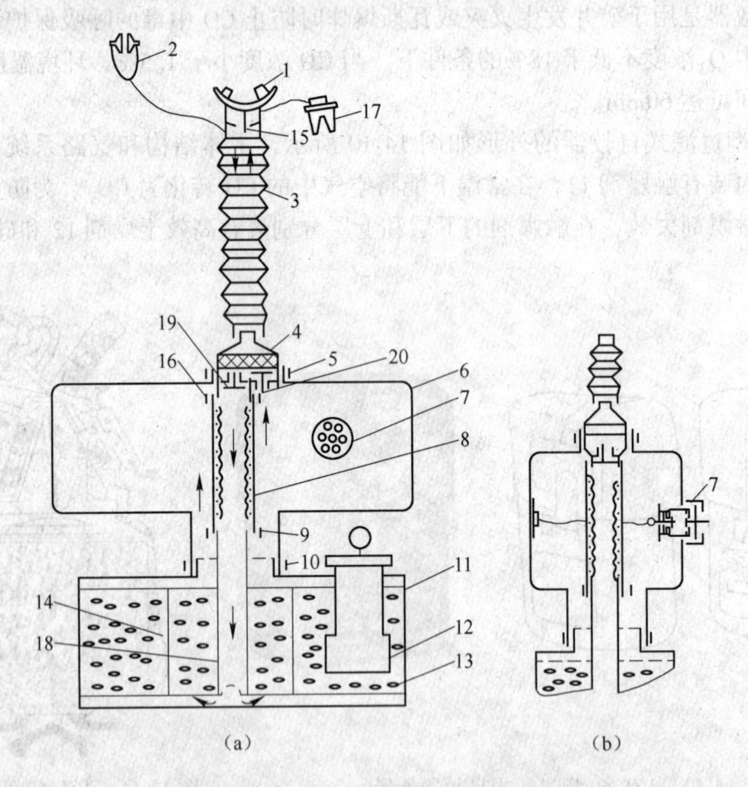

图14-12　AZH-40型自救器的结构原理

1—口具；2—鼻夹；3—呼吸软管；4—带降温器的阀盒；5—上箍圈；6—气囊；7—排气阀；8—呼气管；9—下小箍圈；10—下大箍圈；11—生氧药罐；12—启动装置；13—生氧剂；14—散热片；15—口具衬管；16—中箍圈；17—口具塞；18—药罐中心管；19—呼气阀；20—吸气阀

启动装置（见图14-12中12）是为了自救器在使用一开始即能产生氧气而设置的，其结构如图14-13所示。当打开自救器后，拉动拉环4，启动针5被拉出，滚珠9在弹簧作用下向中心滚动，冲击座 6 失去卡紧力在弹簧 7 的作用下向下冲击，使硫酸瓶 11 直接与撞针孔板 12 相撞，在尖凸部分作用下被击破，其中酸液流出，经孔板上的小孔、引导漏斗 10 流入药剂筒 15 内，与其中的 NaO_2生氧药剂相互作用产生出氧气（在 30s 内可生氧 2L 以上），溢出到生氧药罐中，继而进入气囊。使用时，当甩掉自救器外壳后，气囊应逐渐自动充气鼓起，药剂筒壁变热，这表明自救器已正常启动。如一旦气囊未鼓起，则应立即用嘴从口具向气囊内吹气，吹鼓后再戴好口具、鼻夹，先缓步撤退，待生氧剂放氧充足后再加快行走步伐。

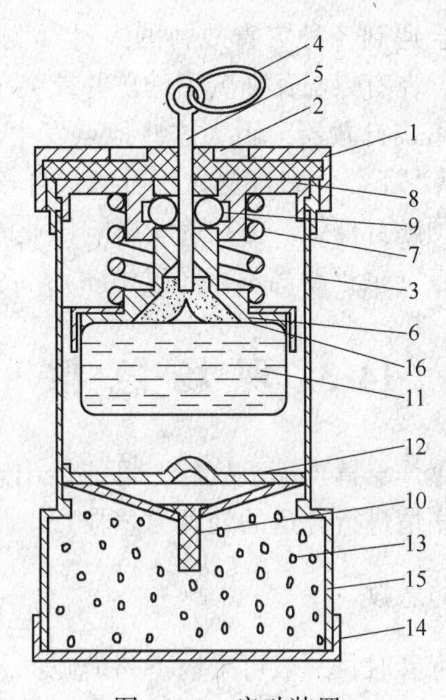

图 14-13 启动装置

1—固定螺帽；2—密封胶垫；3—套筒；4—拉环；5—启动针；6—冲击座；7—弹簧；8—启动卡；9—滚珠；10—硫酸引导漏斗；11—硫酸瓶；12—撞针孔板；13—NaO_2启动生氧药剂；14—底盖；15—药剂筒；16—胶结剂

化学氧自救器的缺点：

（1）生氧剂（KO_2或 NaO_2）中混入有机物时具有易燃易爆性。另外，钢板外壳在受到强烈冲击时会产生火花；

（2）当湿气进入自救器内罐时，使生氧剂吸湿放氧，时间一长就会使生氧罐变成“压力氧气管”，极易引起自动着火爆炸；

（3）使用过（或报废）的自救器内部残存有相当数量的生氧剂，加之无外壳保护，极易混进有机物而着火等。

因此，化学氧隔离式自救器应放置在不受煤、岩冒落冲击、不会掉入运转的机械（如采煤机、运输机等）或其他能使自救器遭受强烈冲击的地方，并定期对自救器进行气密性检查。不能将使用过的或报废的化学氧隔离式自救器丢弃在井下，应运回地面妥善处理。

C 佩戴自救器时的注意事项

（1）戴上自救器后，外壳会逐渐变热，吸气温度逐渐升高，表明自救器工作正常。决不能因为吸气干热而把自救器拿掉。

（2）隔离式自救器佩戴初期生氧剂放氧速度慢，如果条件允许（没有被炸、被烧、被埋及被堵危险时），应尽量缓慢行走，等氧气足够呼吸时再加快速度。撤退时最好按4~5km/h的速度行走，呼吸要均匀，不能跑。

（3）佩戴过程中口腔产生唾液，可以咽下，也可以任其自然流入口水盒降温器，但绝对不可以拿下口具往外吐。

（4）在未到达可靠的安全地点前，严禁去下鼻夹和口具，以防有害气体毒害。

D　自救器的选用原则

对于流动性较大、可能会遇到各种灾害威胁的人员（测风员、瓦斯检测员）应选用隔离式自救器。就地点而言，在有煤与瓦斯突出的矿井或突出区域的采掘工作面和瓦斯矿井的采掘工作面，应选用隔离式自救器，因为这些地点发生事故后往往空气中 O_2 的浓度过低或CO浓度过高。其余情况下，一般都应选用过滤式自救器。

对选用的各类自救器必须随身携带。但在确实影响作业的情况下，可以把隔离式自救器挂在随时能取到的安全地点（最远距离不得超过10m），放炮时还必须随身携带。

14.3　现场急救

矿井发生水灾、火灾、爆炸、冒顶等事故后，可能会出现中毒、窒息、外伤等伤员。在场人员对这些伤员应根据伤情进行合适的处理与急救。

14.3.1　对中毒、窒息人员的急救

在井下发现有害气体中毒者时，一般可采取下列措施：

（1）立即将伤员抢运到新鲜风流中，安置在安全、干燥和通风正常的地点。

（2）立即清除患者口、鼻内的污物，解开上衣扣子和腰带、脱掉胶鞋。

（3）用衣服（有条件时用棉被和毯子）覆盖在伤员身上以保暖。

（4）根据心跳、呼吸、瞳孔、神志等特征，初步判断伤员伤情的轻重。正常人每分钟心跳60~80次、呼吸16~18次，两眼瞳孔是等大等圆的，遇光线后能迅速收缩变小，神志清醒。而休克伤员的两瞳孔不一样大，对光线反应迟钝或不收缩。可根据表14-2判断伤员的休克程度。对于呼吸困难或停止呼吸者，应及时进行人工呼吸，当出现心跳停止的现象（心音、脉搏和血压消失，瞳孔完全散大、固定，意志消失）时，除进行人工呼吸外，还应同时进行胸外心脏挤压法急救。

表14-2　休克程度分类表

休克分类	轻　度	中　度	重　度
神志	清楚	淡漠、嗜睡	迟钝或不清
脉搏	稍快	快而弱	摸不着
呼吸	略快	快而浅	呼吸困难
四肢温度	无变化或稍发凉	湿而凉	冰凉
皮肤	发白	苍白或出现花纹斑	发紫
尿量	正常或减少	明显减少	尿量极少或无尿
血压	正常或偏低	下降显著	测不到

（5）当伤员出现眼睛红肿、流泪、畏光、喉咙痛、咳嗽、胸闷等现象时，说明是SO_2中毒。当出现眼睛红肿、流泪、喉咙痛及手指、头发呈现黄褐色时，说明是NO_2中毒。对重度CO中毒和SO_2、NO_2只能进行口对口的人工呼吸或用苏生器苏生，不能采用压胸或压背法的人工呼吸，以免加重伤情。

（6）人工呼吸持续的时间以伤员恢复自主性呼吸或真正死亡时为止。当救护队员到达现场后，应转由救护队用苏生器苏救生。

14.3.2 对外伤人员的急救

A 对烧伤人员的急救

煤矿烧伤的急救要点可以概括为“灭、查、防、包、送”五个字。

（1）灭。尽快扑灭伤员身上的火，使伤员尽快脱离热源，缩短烧伤时间。

（2）查。检查伤员呼吸和心跳情况；查看是否有其他外伤或有害气体中毒；对于爆炸冲击烧伤的伤员，应特别注意有无颅脑或内脏损伤和呼吸道烧伤等。

（3）防。要防止休克、窒息和创面污染。伤员因疼痛或恐惧发生休克或发生急性喉头梗阻而窒息时，可进行人工呼吸等急救。在现场检查和搬运伤员时，为了减少创面的污染和损伤，伤员的衣服可以不脱、不剪。

（4）包。用较干净的衣服把伤面包裹起来，防止感染。在现场，除化学烧伤可用大量流动的清水冲洗外，对创面一般不做处理，尽量不弄破水泡以保护表皮。

（5）送。把重伤员迅速送往医院。搬运伤员时，动作要轻柔，行进要平稳，并随时观察伤情。

B 对出血人员的急救

对出血伤员抢救不及时或不恰当，就可能使伤员流血过多而危及生命。出血较多者，一般表现为脸色苍白，出冷汗，手脚发凉，呼吸急促。对这类伤员，首先要争分夺秒、准确有效地止血，然后再进行其他急救处理。止血的方法随出血种类的不同而不同，出血的种类有：

（1）动脉出血。血液鲜红，随心跳频率从伤口向外喷射。

（2）静脉出血。血液暗红，血流缓慢而均匀。

（3）毛细血管出血。表现为创面渗血，血液呈红色，像水珠似地从伤口流出。

对于动脉出血应采用指压止血、加压包扎止血或止血带止血法；大的静脉出血可用加压包扎法止血；对毛细血管和静脉出血，用纱布、绷带（无条件时，可用干净布条等）包扎伤口即可。

C 对骨折人员的急救

对骨折人员急救，首先用毛巾或衣服做衬垫，然后根据现场条件用木棍、木板、竹笆等材料做成临时夹板，对受伤的肢体临时固定后，抬运升井，送往医院。对受挤压的肢体，不得按摩、热敷或绑止血带，以免加重伤情。

14.3.3 对溺水者的急救

发生水灾后，应首先抢救溺水人员。人员溺水时，由于水大量地流入人的肺部，可造成呼吸困难而窒息死亡。所以，对溺水人员应迅速采取下列急救措施：

(1) 转送。把溺水者从水中救出后，要立即送到比较温暖和空气流通的地方，脱掉湿衣服，盖上干衣服，不使受凉。

(2) 检查。立即检查溺水者的口鼻，如果有泥沙等污物堵塞，应迅速清除，擦洗干净，以保持呼吸道通畅。

(3) 控水。使溺水者取俯卧位，用木料、衣服等垫在溺水者肚子下面，或将左腿跪下，把溺水者的腹部放在救护者的右侧大腿上，使头朝下，并压其背部，迫使其体内的水由气管、口腔里流出。

(4) 人工呼吸。上述方法控水效果不理想时，应立即做俯卧压背式人工呼吸或口对口吹气式人工呼吸，或体外心脏挤压。

14.3.4 对触电者的急救

(1) 立即切断电源。

(2) 迅速观察伤员的呼吸和心跳情况。如发现已停止呼吸或心音微弱，应立即进行人工呼吸或体外心脏挤压。

(3) 若呼吸和心跳都已停止时，应同时进行人工呼吸和体外心脏挤压。

(4) 对遭受电击者，如发现有其他损伤（如跌伤、出血等），应作相应的急救处理。

第3篇

通信与信号

15 井下通信

为适应煤矿井下特殊环境的通信要求，需要采用专门的矿井电话通信设备。由于井下通信所处系统环境条件复杂、多样、因此通信设备除了满足井下其他电气设备的隔爆、防潮、防尘等项要求外，还要求具有一般通信设备的适应能力强、通信距离远、噪声小等特点。

矿井通信联络系统又称矿井通信系统，是煤矿安全生产调度、安全避险和应急救援的重要工具。《国家安全生产监督管理总局国家煤矿安全监察局关于建设完善煤矿井下安全避险“六大系统”的通知（安监总煤装［2010］146号）》要求煤矿要按照在灾变期间能够通知人员撤离和实现与避险人员通话的要求，进一步建设完善矿井通信联络系统。

矿井通信系统的作用主要包括：

（1）煤矿井下作业人员可通过通信系统汇报安全生产隐患、事故情况、人员情况等，并请求救援等。

（2）调度室值班人员及领导通过通信系统通知井下作业人员撤人、逃生路线等。

（3）日常生产调度通信联络等。

矿井通信系统分类：（1）矿用调度通信系统；（2）煤矿IP调度电话系统；（3）矿井广播通信系统；（4）矿井移动通信系统。

15.1 调度电话系统

矿用调度电话系统一般由矿用本质安全型防爆调度电话、矿用程控调度交换机（含安全栅）、调度台、电源、电缆等组成，如图15-1所示。

其特点为：

（1）不需要煤矿井下供电；

（2）当井下发生瓦斯超限停电或故障停电等，不会影响系统正常工作；

（3）当发生顶板冒落、水灾、瓦斯爆炸等事故时，只要电话和电缆不被破坏，就可与地面通信联络；

（4）系统抗灾变能力强。

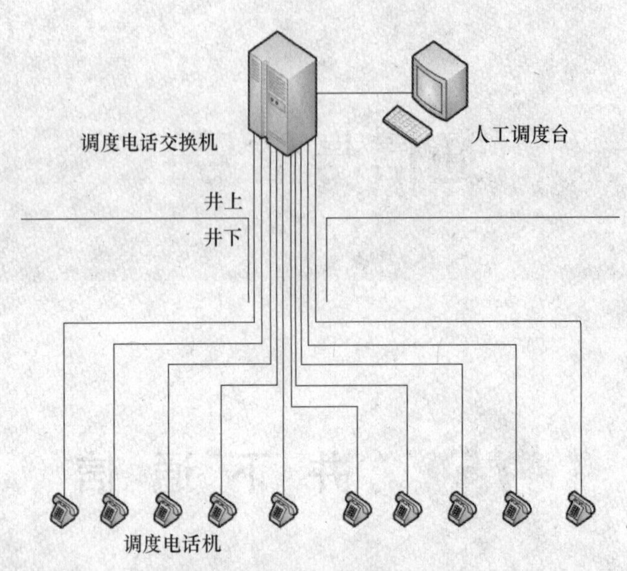

图15-1　调度电话系统示意图

煤矿井下调度电话系统的特殊要求：煤矿必须装备矿用调度电话系统；用于煤矿井下的调度电话必须是矿用本质安全型防爆电话；调度电话应直接连接设置在地面的地面一般兼本质安全型调度交换机（含安全栅），并由调度交换机远程供电；为防止煤矿井下因事故停电，影响系统正常工作，严禁调度电话由井下就地供电，或经有源中继器接调度交换机；调度电话至调度交换机应采用矿用电缆连接；调度电话至调度交换机的无中继通信距离应不小于10km。

必须设有直通矿调度室的调度电话的地点包括：矿井地面变电所、地面通风机房、主副井绞车房、压风机房、井下主要水泵房、井下中央变电所、井底车场、运输调度室、采区变电所、上下山绞车房、水泵房、带式输送机集中控制硐室等主要机电设备硐室、采掘工作面、突出煤层采掘工作面附近、爆破时撤离人员集中地点、采区和水平最高点、井下避难硐室（或救生舱）等；距掘进工作面30～50m范围内，应安设电话；距采煤工作面两端10～20m范围内，应分别安设电话；采掘工作面的巷道长度大于1000m时，在巷道中部应安设电话。

调度电话系统主要是安装在关键节点上，其缺点是：

（1）需要有人接听方能通话，不能广播预案；

（2）没有覆盖全矿井；

（3）需要敷设大量从井上至井下的电缆。

15.2　煤矿IP调度电话系统

随着矿井高速以太网传输平台的普及，IP（internet protocoi）电话将音频信号以标准IP包形式在井下局域网上进行传输，解决了有线广播存在的布线困难，损耗大维护管理复杂等问题。IP电话可以充分利用现有的工业以太网传输平台。IP电话原理：通过语音压缩算法对语音数据进行压缩编码处理，然后把这些语音数据按IP等相关协议进行打包，经过 IP 网络把数据包传输到接收地，再把这些语音数据包串起来，经过解码解压处理后，恢复成原来的语音信号，从而达到由 IP 网络传送语音的目的。IP 电话通话原理见图 15-2。

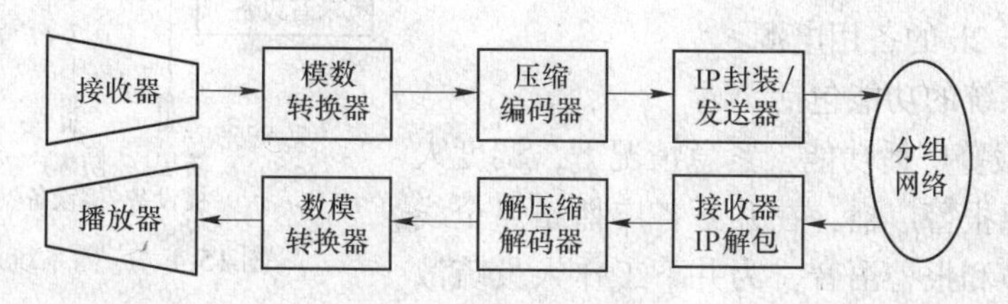

图 15-2 IP 通话原理

矿用 IP 电话通信系统一般由矿用本质安全型防爆 IP 电话、矿用防爆交换机、矿用防爆电源（一般有维持系统工作 2h 的备用电源，可与矿用防爆交换机一体化）、调度台、地面普通交换机、光缆等组成，如图 15-3 所示。

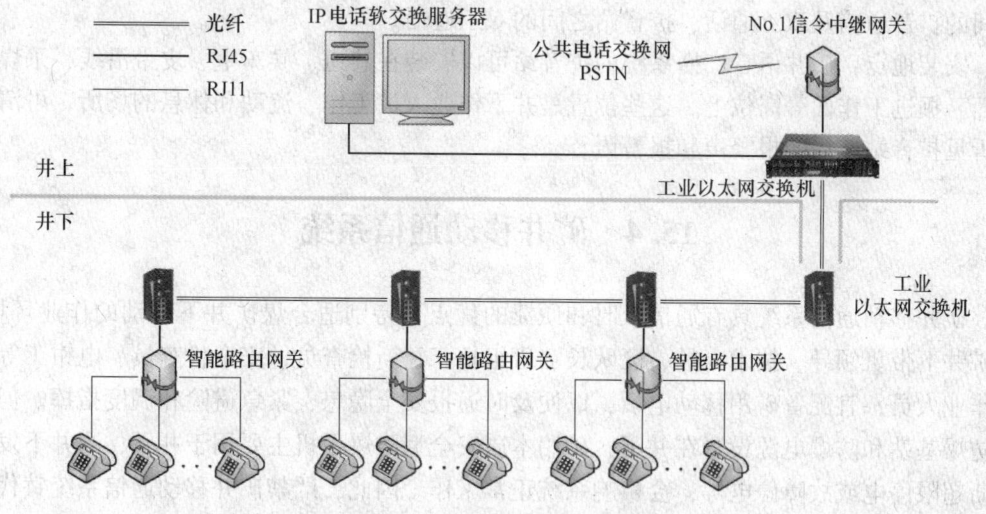

图 15-3 IP 电话通信系统示意图

缺点：(1) 基于 IP 的矿井调度系统能够实现井上井下的通话，但是由于无法覆盖全矿，而且遇到紧急情况需要有人在附近接听电话，不能实现自动播放，只能用于调度通话，不能作为应急通信联动系统。(2) 调度台和地面普通交换机设置在地面。矿用本质安全型防爆 IP 电话和矿用防爆交换机设置在井下。当井下发生瓦斯超限停电或故障停电等，会影响系统正常工作。

因此，严禁用矿用 IP 电话通信系统替代矿用调度通信系统。

15.3 煤矿广播系统

煤矿广播系统一般由地面广播录音及控制设备、井下防爆广播设备、防爆显示屏、电缆等组成，如图 15-4 所示。

其中，广播录音及控制设备设置在地面，防爆广播设备和防爆显示屏设置在井下。由于防爆广播设备和防爆显示屏功率较大，因此需井下供电，当井下发生瓦斯超限停电或故障停电等，会影响系统正常工作。因此防爆广播设备和防爆显示屏配有不小于2h的备用电源。

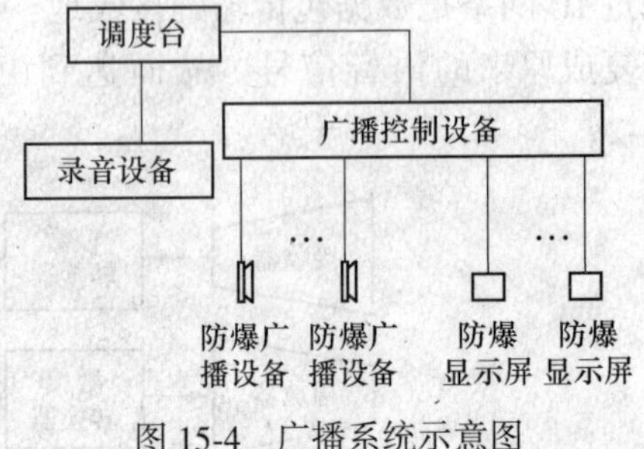

图15-4　广播系统示意图

煤矿广播系统的功能包括：

(1) 紧急报警广播功能：紧急情况下，调度人员可以启动紧急报警广播，在井下各广播站点全线播放紧急报警声和报警语音，为井下工作人员疏散撤离提供必要的声讯信息；同时调度人员的指挥命令也可通过麦克风进行全线广播。

(2) 背景音乐和宣传语音广播功能：正常情况下，可将广播室播音员的语音在井下各广播站点全线或分区播放；正常情况下，可将音源播放计算机播放的背景音乐、宣传语音，在井下各广播站点全线或分区播放。

(3) 通信联络功能：系统中扩音站配接本安电话机后，可实现广播调度站与扩音站之间的扩音通信及双工通话、扩音站之间的双工通话。

安装地点：矿井语音广播系统的扩音站可以安装在巷道、候车室、皮带沿线、采煤工作面、掘进工作面等岗位上。这些位置是井下作业人员工作、流动和休息的场所，可清晰地听见扩音站广播的报警声和报警语音。

15.4　矿井移动通信系统

矿井移动通信系统具有通信及时和便捷的优点，特别适合煤矿井下移动的作业环境。煤矿井下带班领导、技术人员、区队长、班组长、瓦斯检查员、安全检查员、电钳工等流动作业人员，宜配备矿用移动电话，以便及时通报安全隐患、紧急避险和调度指挥。但矿用防爆基站和防爆电源设置在井下，矿用本质安全型防爆手机主要用于井下，当井下发生瓦斯超限停电或故障停电等，会影响系统正常工作。因此，严禁矿井移动通信系统替代矿用调度通信系统；有条件的矿井，在装备矿用调度通信系统的条件下，应装备矿井移动通信系统；积极推广应用矿井移动通信系统并与调度电话系统互联互通。

移动通信系统技术分类：

A　矿井透地通信系统

透地通信是以大地为电磁波传播媒介，无线电波穿透大地的无线电通信方式。该系统由位于地面的信息输入设备、大功率发射机、天线和工作人员携带（也可固定放置或机载）的传呼机组成，如图15-5所示。

工作原理：信息输入系统将输入的信息转换成数字基带信号送给发射机，发射机将数字基带信号调制成特低频数字信号经天线发射、穿透大地进入井下巷道，井下传呼机接收到特低频信号后，将其转换为工作人员能够识别的文字显示、声光等信号。

特点：系统的天线根据所覆盖区域的大小、形状、接收机离地表深度、大地介质状况等设置，长度达数十千米；发射机功率也较大，达数千瓦；由于系统的信息输入装置、发射机和发射天线均置于地面，当井下发生灾变时，不会影响系统正常工作，系统可靠性高。

工作参数：频段为特低频频段（300~3000Hz）；发射天线长达数十千米；发射机的功率达数千瓦。

缺点：信道容量小、单向通信、电磁干扰大、应用范围受限制、施工难度大。

B 矿井感应通信系统

感应通信是通过架设专用感应线，或者利用巷道内已有的导体（如电机车架空线、照明线等）进行导波的通信方式。当感应线附近的发射机发射电磁波时，电磁波感应到感应线上，产生感应电流。该电流在感应周围产生信号场强，沿途的接收机天线可因感应而接收信号，如图 15-6 所示。

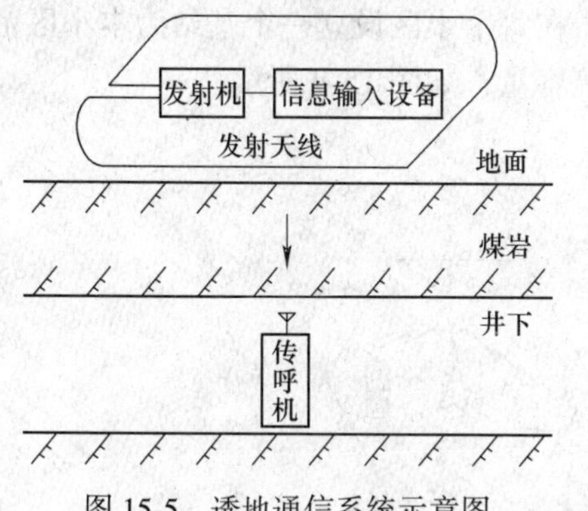

图 15-5 透地通信系统示意图

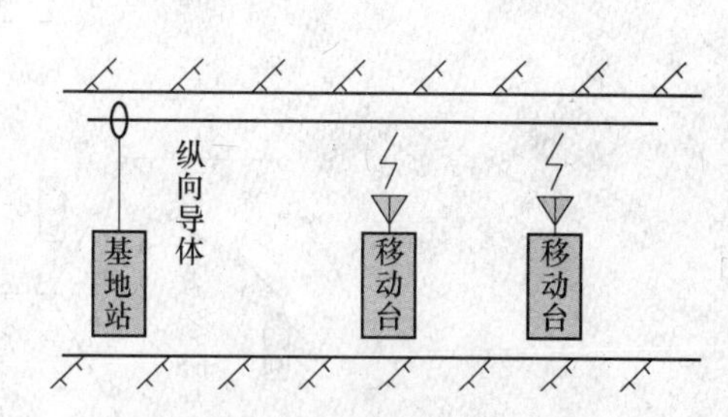

图 15-6 感应通信系统示意图

工作在中低频段，以导体作为感应体，实现语音通话功能。感应通信系统具有系统组成简单、价格较低、感应线敷设简便（甚至可以用金属管道、电机车架空线、照明线等作为感应线），是过去煤矿井下比较受欢迎的一种移动通信方式。感应通信系统为减小传输衰减，选择的传输频率较低，干扰多、噪声较大。

C 矿井漏泄通信系统

漏泄通信是利用特制的表面连续开孔或疏编的同轴电缆（又称漏泄电缆）沿巷道传输无线信号的通信方式，信号源产生的射频信号一边向前传输，一边向外辐射，如图 15-7 所示。工作频段为 VHF 频段（30~300MHz）。

漏泄同轴电缆主要由内导体、绝缘介质、带槽孔外导体、电缆护套组成，如图 15-8 所示。由于漏泄电缆具有同轴电缆和线形天线的双重作用，因此漏泄同轴电缆又被称为辐射电缆或同轴天线。

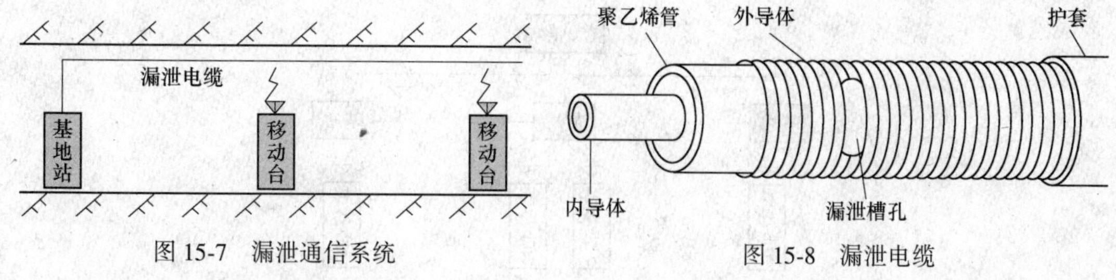

图 15-7 漏泄通信系统　　图 15-8 漏泄电缆

漏泄通信系统的特点：

（1）信道较稳定。受巷道形状、截面、分支、拐弯、倾斜和巷道围岩介质等外界环境影响小，系统各项性能均优于透地和感应通信系统。

(2) 信道容量比感应和透地通信系统大。

(3) 可靠性差。采用大量的双向中继器增加了系统成本，任何一个中继器的故障都会造成中继器以远的部分系统瘫痪。

(4) 系统维护不便。井下的恶劣环境造成漏泄电缆的性能大幅度下降，系统设备多，馈线长。

因此，漏泄通信不宜作为多功能煤矿井下无线通信系统。

D　小区制通信系统

“小区制”系统也叫蜂窝系统，是将所有要覆盖的地区划分为若干个小区，地面每个小区的半径可视用户的分布密度在1~10km左右，在每个小区设立一个基站为本小区范围内的用户服务，并可通过小区分裂进一步提高系统容量，如图15-9所示。

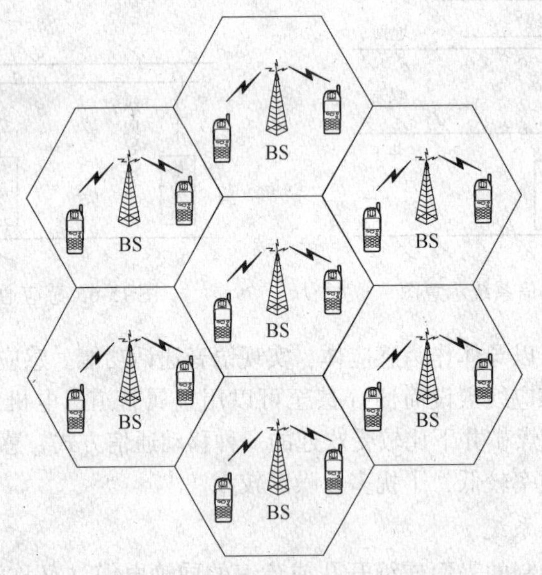

图15-9　地面蜂窝状服务区示意图

根据煤矿井下巷道的特点，将矿井蜂窝小区设计成链状条形的（见图15-10），提高了系统抗故障能力和可靠性。特征为：

(1) 基站与交换机之间连接用电缆或光缆。

(2) 交换机功能：系统管理、越区切换、调度电话、有线电话网接入等。

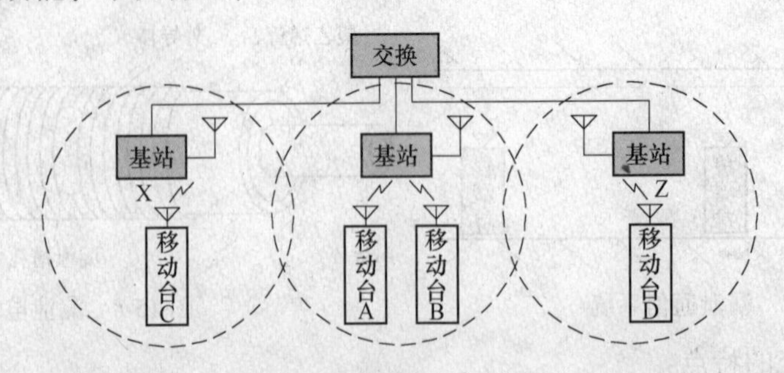

图15-10　采用基站和交换机的矿井移动通信系统

（3）在本小区内，移动台与移动台之间可实现无线直通，或经基站转接通信。

（4）系统的抗故障能力强。任一基站发生故障，只会影响局部通信，不会影响整个系统。

E WiFi 通信

WiFi 全称 wireless fidelity，又称 802.11b 标准，传输速度较高，可以达到 11Mbps，另外它的有效距离也很长。WiFi 是由 AP（access point）和无线网卡组成的无线网络。AP 一般称为网络桥接器或接入点，它是当作传统的有线局域网络与无线局域网络之间的桥梁。WiFi 通信系统的组网方式有两种：自组网络模式（ad-hoc mode）和基础结构模式（infrastructure mode），如图 15-11 所示。

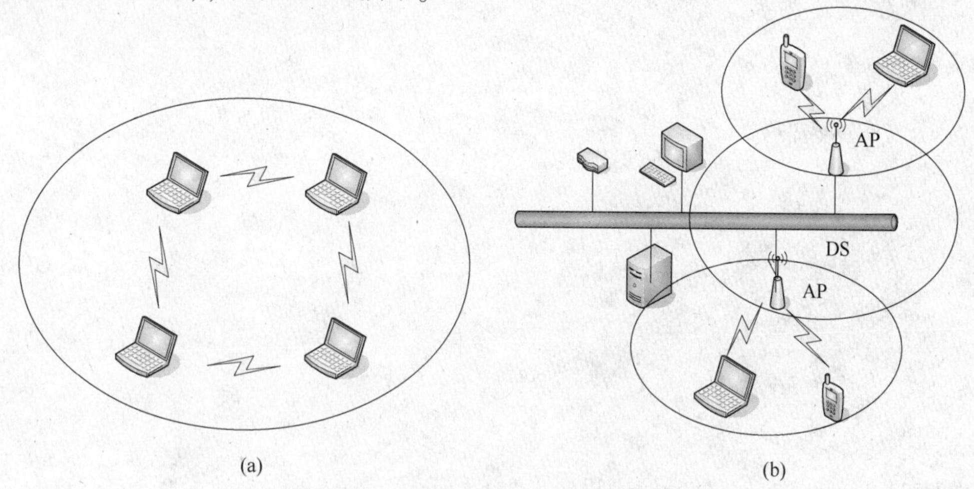

图 15-11 WiFi 通信系统的组网方式

（a）WiFi 自组网络模式原理图；（b）WiFi 基础结构模式原理图

煤矿井下 WiFi 移动通信系统，如图 15-12 所示。

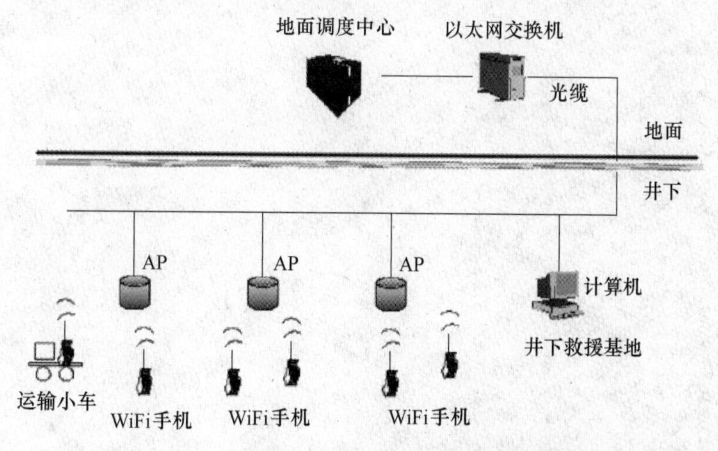

图 15-12 煤矿井下 WiFi 移动通信系统示意图

15.5 通信联络系统建设原则

通信联络系统建设原则为：

（1）系统可靠性。系统必须稳定可靠，只有一个稳定的系统方能为煤矿安全提供可靠的通信。

（2）全面覆盖。系统必须覆盖到全矿井下大部分工作区域及通行，不留死角。

（3）利旧原则。为了保护投资，对于煤矿已经建设的系统需要保留，不搞重复建设，利旧也有助于缩短建设周期。

（4）互联互通。通信联络建设完成后利旧的各系统之间必须实现互联互通。

（5）统一管理。建成后的系统必须具备统一调配指挥的能力。

16 矿山信号

信号在矿产生产过程中起着不可缺少的作用，通过信号的发送与接收，正常情况下，可以使生产连续安全进行；故障情况下，可以使救援工作顺利展开。没有信号或者不能正确地发送信号，会使煤矿的生产与人身安全遭受巨大损失。

16.1 概述

16.1.1 矿山信号的分类

矿山信号分类：

(1) 矿山生产信号。采煤工作面的输送机信号和井筒提升信号为矿井生产信号。

(2) 矿山运输信号。矿山运输信号指的是井底车场、运输大巷中电机车和斜巷中带式输送机信号。

(3) 矿山调度信号。矿山调度信号就是矿山监控信号，包括监控矿山采掘、运输、固定机械等主要设备的开停状态以及变电所供电状态的生产信号；监控风门状态、煤矿井下瓦斯浓度、温度等工作环境的安全信号等。

(4) 井下环境监测信号。监测井下煤尘、一氧化碳、风量、风速、顶板压力等自然参数的信号。

16.1.2 对矿山信号装置的要求

对矿山信号装置的要求：

(1) 声光兼备。对于主要的信号，必须同时装设音响信号和灯光信号，以便于确认。

(2) 信号显著。音响信号要有足够的音量，提醒接收信号的人员注意接收，灯光信号要有足够的亮度且要保留下来、便于接收信号的人员确认信号的种类。

(3) 操作简单。信号的发送应该快捷、方便、通过按钮就能将信号发出，或者井筒检修工通过短接电子继电器的两根裸导线也能发出信号。

(4) 工作可靠。无论在正常生产还是在故障情况下，都要能够可靠地发送和接收信号。为了保证信号系统可靠工作，《煤矿安全规程》第四百六十九条规定：井筒和巷道内的通信和信号电缆应与电力电缆分挂在井巷的两侧，如果受条件所限：在井筒内，应敷设在距电力电缆 0.3m 以外的地方；在巷道内，应敷设在电力电缆上方 0.1m 以上的地方。这样规定是为了防止一旦电力电缆发生爆破、短路着火等事故，通信和信号电缆也受到影响，使通信和信号系统中断工作，不但影响矿井的生产，还妨碍故障的处理及救援工作。此外，这样规定也是为了防止电力电缆的磁场干扰通信和信号系统的正常工作。《煤矿安全规程》还规定，井下照明和信号装置，应采用具有短路、过载和漏电保护的照明信号综合保护装置。图16-1为矿用隔爆型照明信号综合保护装置。该装置把1140V或660V电源电压降为127V电源电压向照明信号系统供电，一旦照明或信号系统发生短路、电缆漏电等故障时，该装置能自动断电并自锁，确保信号系统安全工作。

图16-1　矿用隔爆型照明信号综合保护装置

16.1.3　矿山信号系统的组成

矿山信号系统一般由信号发送设备（按钮、开关等）、信号传递设备（导线、继电器等）、信号接收设备（电铃、信号灯等）、信号电源4个部分组成。

16.2　生产信号

矿山生产信号设备包括信号发送设备（信号按钮、信号继电器），信号接收设备（电铃、电笛、信号灯等），从信号发送设备到信号接收设备之间要由专用信号电缆来连接。下面介绍几种典型的信号发送与接收设备。

16.2.1　隔爆按钮

如图16-2所示为隔爆按钮，适用于煤矿井下含有瓦斯、煤尘的场所，其额定电压为36V，额定电流为5A。

16.2.2　隔爆单击电铃与隔爆连击电铃

图16-3所示为隔爆电铃，适用于煤矿井下含有瓦斯、煤尘等爆炸性气体的环境，作为接受信号的音响装置。

图16-2　隔爆按钮

图16-3　隔爆电铃

16.2.3　组合电铃

为了安装方便、节省空间，目前已将上述电铃、按钮、信号灯等组合成为一体，称为组合电铃。图 16-4 所示为 XBH 系列组合电铃。该电铃适用于煤矿井下及其周围介质中有甲烷、煤尘等爆炸性混合气体的环境中，在交流 50Hz、电压为 127V 的供电线路中，以声音和光的形式就地表达成远距离传送警示性信息。

16.2.4 电笛

电笛是一种发送报警信号的装置，如图 16-5 所示。电笛的结构与电铃基本相同，只是电笛的衔铁不是带动杠杆运动，而是带动撞杆运动，撞杆运动时不是敲击铃碗，而是撞击弹性钢膜片，钢膜片在空气中振动能产生很强的特殊声音，因而电笛适用于报警。

图 16-4 XBH 系列组合电铃

图 16-5 电笛

16.3 运输信号

矿山运输的任务主要由电机车完成，而主要运输巷道和井底车场运输繁忙，来往通过的车辆多，为了充分发挥巷道的通过能力，保证电机车和非机动车及行人的安全，《煤矿安全规程》第三百五十一条规定：采用机车运输时，列车通过的风门，必须设有当列车通过时能够发出在风门两侧都能接收到声光信号的装置。两辆机车或两辆列车在同一轨道同一方向行驶时，必须保持不少于 100m 的距离。在弯道或司机视线受阻的区段，应设置列车占线闭塞信号；在新建和改扩建的大型矿井井底车场和运输大巷，应设置信号集中闭塞系统。《煤矿安全规程》第三百五十五条规定：架线电机车使用的直流电压，不得超过 600V。

根据《煤矿安全规程》要求，在井下大巷运输的弯道、岔口风门处，要设置平巷运输语言声光信号器。图 16-6 所示为 XJH127 型平巷运输语言声光信号器，当电机车进入信号器所在区域时，信号器就会发出红色闪光信号和语音提示；当电机车驶离该区域时，语音停止，绿灯闪亮。该信号器使用交流 127V 电压。为防止同一方向、同一轨道上的两车追尾，每隔 200m 左右（考虑车身长度）就要设置一套自动闭塞信号装置。在弯道，司机视线受阻区域，

图 16-6 XJH127 型平巷运输语言声光信号器

也要设置机车占线的自动闭塞信号。所谓列车占线自动闭塞信号，就是当列车在某个区段行驶时，该区段前后一定范围内会亮起红灯表示有车占用，不允许其他车辆进入该区段，以确保安全，该区段即为闭塞区段；对于大型井底车场和运输大巷的信号集中闭塞系统，由于规模大，电气原理复杂，不适合在教材中分析，故本书只介绍两个比较简单的自动闭塞信号系统。

自动闭塞信号的发送装置主要有两种：信号导线和轨道接触器。使用信号导线发送信号适用于使用架空线为电机车供电的情况，而对于使用蓄电池供电的电机车则要使用轨道接触器发送信号。本书只介绍使用信号导线发送信号的方法。

信号导线安装在架空线旁边，与架空线并列敷设。信号导线的段数根据闭塞区段的段数设置。当列车运行到某段信号导线下方时，机车车头的受电弓就会碰触该段信号导线，使该段信号导线与架空线接触，与该段信号导线相连的信号继电器就会得电、动作，发出相应的信号。与信号导线相连的信号继电器为直流继电器，额定电压有275V，300V，550V三种。

信号的接收装置为色灯信号机。

16.4　调度信号

为了对整个矿井的生产、运输及自然条件（如水、瓦斯、煤尘）等情况有一个综合、全面的了解，并能根据具体情况安排、指挥生产运输、事故处理等，每个矿井都需要设立调度室，《煤矿安全规程》第四百七十八条规定：主副井绞车房、井底车场、运输调度室、采区变电所、上下山绞车房、水泵房、带式输送机集中控制硐室等主要机电设备硐室和采掘工作面，应安装电话。井下主要水泵房、井下中央变电所、矿井地面变电所和地面通风机房的电话，应能与矿调度室直接联系。除了使用电话了解情况、发出指令外，调度室还需要收集大量信号并显示出来。调度人员坐在调度室中，就能通过监控主机和显示屏幕洞悉全矿的生产参数和安全参数，并根据实际情况通过电话发出指令或直接向监控分站发出断电指令。

矿山调度信号就是通过收集信号来检视煤矿各主要生产环节设备的工作情况和井下环境参数，并根据具体情况发出指令。矿山调度信号系统不同于矿山生产信号系统和矿山运输信号系统，主要区别在于信号的发送设备和传输方式方面。矿山生产信号和矿山运输信号的发送设备主要是按钮和信号导线，使用专用信号电缆传输。而为矿山调度室发送信号的设备种类、地点及环境参数各异，因此信号的发送设备、传输方式也是多种多样。

过去距离调度室较近的设备使用专用信号电缆传输信号，较远时就要使用电话线进行载波传输，传输电缆的需求量很大。现在调度室获取信号、发出反馈指令可以通过煤矿综合监控系统来完成。在这个监控系统中，智能型传感器取代了传统的起单一检测作用的传感器。使用现场总线将智能型现场设备（如传感器、断电器、变送器等）与高层设备（监控主机等）连接起来，二者之间可以进行双向的、多点一线的数字通信，取代了传统的点对点式传输方式。使用一根电缆可以连接多个现场设备，大大节省了电缆，对施工和今后维护都带来极大的好处。

目前煤矿综合监控系统已有多种成熟的产品，其构成、功能也是大同小异。煤矿综合监控系统包括矿井安全监控系统、矿井供电监控系统、带式输送机监控系统、提升监测系统、井下电机车运输监控系统、通风机监控系统、压风机监控系统等多个子系统。各子系统可以单独工作，也可与综合监控系统联网。煤矿综合监控系统示意图如图16-7所示，该系统主要由地面控主机、传输接口、传输光缆、电力参数变送器、安全隔离器、本安电源及传感器等部分组成。

矿山调度信号是把煤矿各个生产环节主要机电设备的工作情况及井下部分环境参数及时地“反映”给地面中央调度室。

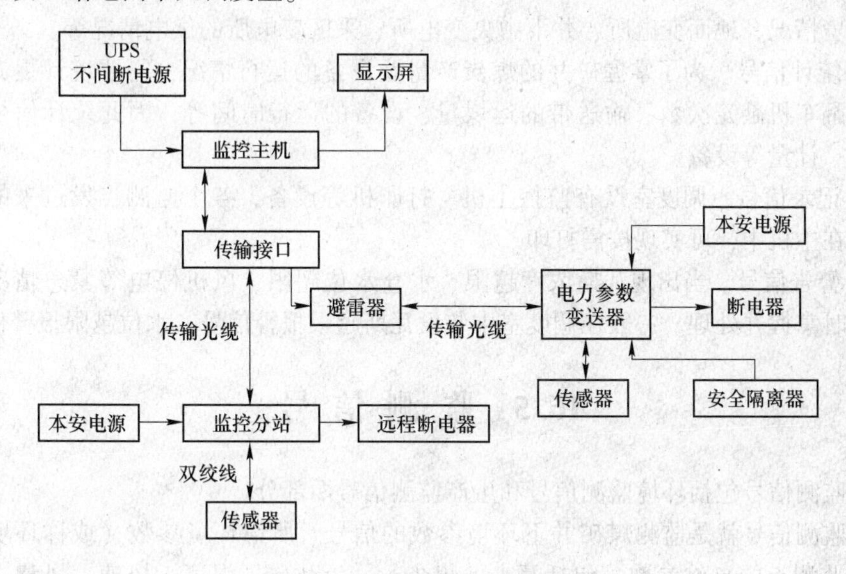

图16-7 煤矿综合监控系统示意图

从来煤的生产过程来看，需要检视的主要对象是：

(1) 工作面采掘机械，如普采面的采煤机、刨煤机，综采面的综采机，煤岩巷掘进机等工作情况；

(2) 工作面运输机械，如刮板输送机、破碎机、转载机，可伸缩胶带输送机等工作情况；

(3) 主要巷道中电机车运输的工作情况；

(4) 固定机械，如提升机、通风机、空压机、水泵等的工作情况；

(5) 储煤场机械的工作情况等。

此外，还要对井下部分环境监测信号进行检视。

调度信号的主要装置：

(1) 信号发送装置。用来发送初始脉冲电流，表示工作机械的启动或停止，水仓水位上升或下降等信号。信号的发送可以利用启动器上的辅助接点或控制回路继电器的动作来完成，也可以用磁感应发生器或其他非电量-电量转换装置来承担。

(2) 信号传输装置。信号传输一般采用载波传输或有线传输两种方式，载波传输是利用电话线路载波将信号传至中央调度室；有线传输是由专用电缆线路将信号送至中央调度室。

(3) 信号接收装置。由载波接收机收到信号后，经过信号处理，推动继电器动作，接通灯光信号电源发亮，接通电子计数器计数，或接通计时电路计时等。

(4) 信号电源。发射机电源一般取自各发送点的控制回路36V交流电源，接收机由调度室稳压电源供给。

就工作性质而言，调度信号可分为以下四种：

(1) 检视信号。主要检视工作面采掘机械（如采煤机、掘进机、风机等），工作面运输机械（如刮板输送机、破碎机、转载机、带式输送机等），主要巷道中电机车、固定机械（如提升机、通风机、空压机和水泵等），井下风门关闭情况，瓦斯浓度、风速、温度等井下环境情况，地面变电所、井下中央变电所、采区变电所的供电情况等。

(2) 统计信号。为了掌握矿井的煤炭产量及设备的运行情况，需要统计提升机的提升次数，翻车机翻笼次数、输送带的运煤量、设备的运行时间等，因此统计信号需要计数、计时、计量等设备。

(3) 记录信号。调度室设有监控主机、打印机等设备，各个监测点发过来的信号储存、记录在主机中，可实现按需打印。

(4) 警告信号。当出现瓦斯浓度越限、水仓水位超限、风机停电等紧急情况时，调度室应及时掌握并处理。一般在调度室中装设瓦斯超限报警信号、水位越限报警信号等。

16.5 监测信号

煤矿监测信号包括环境监测信号和生产监测信号两部分。

环境监测信号就是监测煤矿井下环境参数的信号。所谓环境参数（或称环境安全参数）就是监测点的自然参数，包括瓦斯、煤尘、一氧化碳、温度、风速、风量、负压和顶板压力等。环境监测的任务是将这些自然参数“反映”到地面中央调度室，进行集中连续监视，并在井下有关安全的参数出现危险数值时，自动报警或自动切断危险区域的电源。

生产监测信号就是监测煤矿生产机械工作情况（工况）的信号，包括对采煤机组位置、煤仓煤位、胶带输送机运煤量、水仓水位、压风机风压，水泵流量、罐笼翻车数、罐笼（或箕斗）提升数、各种机电设备开停情况等的监测。生产监测的任务是使中央调度室调度员及时掌握煤矿各个生产环节主要机电设备的工作情况，以便及时调度、指挥，监督并协调生产。

煤矿监测系统一般由以下四部分组成：

(1) 传感器。传感器是将非电量的变化转换成电量变化的装置。对传感器的要求主要考虑其精度、灵敏度、变换特性的直线性、可靠性、频率响应、输出电压以及在恶劣条件下能否正常工作等因素。

(2) 井下分站。井下分站的主要任务是数据采集和传输，一方面对传感器送来的信号进行处理，使其转换成便于传输的信号，以便送至地面中心站；另一方面将地面中心站发送来的指令或从传感器送来的有关信号，送至指定的执行部件，以完成预定的处理任务；给传感器供电也是分站的任务之一。对分站的要求是，应具有足够的容量，地面中心站有故障时能够独立工作，有一定的数据储存功能以及体积小、重量轻，具有防爆性能。

(3) 地面中心站。地面中心站的主要任务是数据处理，它多采用微机对各分站传输来的信号进行处理。在中心站内一般配备有计算机、打印机、屏幕显示、控制台、模拟盘以及与计算机连接的接口部分，可集中连续监测、监控井下环境及生产设备的工况。

（4）信道。信道是指传输信息的媒质或通道，如架空明线、电缆等。煤矿环境监测系统大多采用通信电缆作为信道，也有借用井下电话线作信道的。有时为了研究方便，将发送端和接收端的一部分，如将调制器、解调器等划归信道考虑。评价信道一般可从传输信号的可靠性、一对芯线可传输的信息量、传输信息的速率（即单位时间内传输的信息量）及传输距离等几方面来考虑。

第4篇

地面工业广场

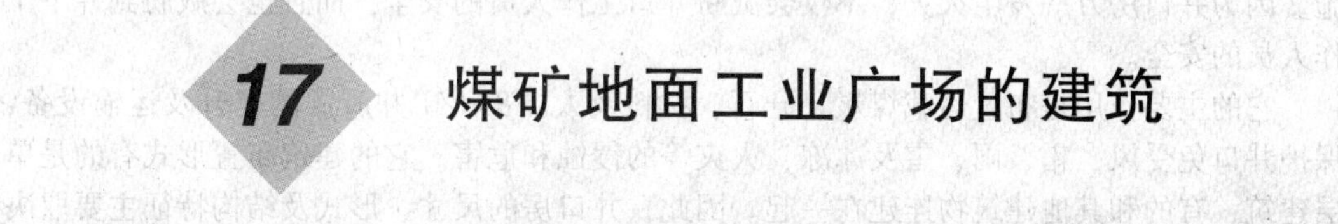

17 煤矿地面工业广场的建筑

17.1 煤矿地面建筑基本知识

煤矿地面建筑是煤矿地面上所修建的建筑物和构筑物的总称。煤矿地面建筑的建设必须贯彻“适用、经济和在可能的条件下注意美观”的建筑方针，以及工业建筑必须贯彻“坚固、适用、经济和技术先进”的建设方针。

在决定煤矿建筑的建筑方案和设计标准时，应根据以下几方面综合考虑：

(1) 矿井的规模；

(2) 矿井的服务年限；

(3) 煤矿地面生产的工艺特征；

(4) 建筑材料的供应条件；

(5) 施工技术水平；

(6) 建设的投资情况及地区的自然条件。

煤矿地面的建筑物，可分为三种类型：

(1) 主要生产厂房指直接服务于煤矿地面生产工艺系统的厂房。包括井口房、提升机房、扇风机房、选矸楼及洗煤厂等；

(2) 辅助生产厂房指为生产提供动力、修配、储存业务用的厂房。包括变电所、锅炉房、机修厂、材料仓库、坑木加工房、油脂库、水泵房等；

(3) 行政福利用房包括行政办公室、矿灯房、浴室、食堂、礼堂、医务所等。

主要生产厂房和辅助生产厂房属于工业建筑，行政福利用房属于民用建筑。民用建筑和工业建筑在建筑标准和结构构造方面都不相同。

为了满足现代化煤炭生产的需要，在煤矿地面要修建许多煤矿特殊构筑物，这些有特殊用途的构筑物称为煤矿地面工程构筑物。例如：为配套煤矿提升系统而修建的矿井井架和井塔；用以安装和支承运输设备的胶带运输机走廊（栈桥）和储装煤炭用的煤仓等。它们都是煤矿生产中最主要的工程构筑物。

矿井地面工程构筑物必须满足安全、经济、结构合理三方面的要求。它应具有足够的强度、刚度和稳定性，同时也要适合生产工艺过程的要求和一些特殊设计要求。在经济上要在尽可能的情况下降低成本，从而达到结构合理、安全经济满足煤炭生产要求的目的。

17.2　煤矿地面生产技术建筑物

17.2.1　井口房

17.2.1.1　井口房及其作用

井口房是建在井口或井口旁边的建筑物，它和矿井井架连在一起形成一个整体。根据煤矿安全防火的要求：井口房须用耐火材料及半耐火材料修建，井口房内也要设置消防设施。因为井口房万一发生火灾，不仅会威胁井口工作人员的安全，而且也会威胁到井下工作人员的安全。

它的主要作用是布置运载煤炭、矸石、材料及人员出入矿井所需的提升及运输设备，保护井口免受风、霜、雨、雪及冰冻、火灾等的侵蚀和危害。它的建筑布置形式有的是单层建筑，有的和其他建筑物连建在一起。因此，井口房的尺寸、形式及结构特征主要取决于矿井的提升和运输系统的布置及操作方法。

17.2.1.2　井口房的类型

根据矿井提升方式的不同，一般立井均设置井口房。斜井及平硐则根据需要设置。因此，井口房可分为以下几种类型。

A　立井井口房

（1）副立井井口房。副立井井口房也称立井普通罐笼提升的井口房。在煤矿生产中，通常都在副立井设置普通罐笼提升设备，它除服务于少量煤及矸石的提升外，主要是为了升降人员，材料及设备。

这类井口房根据矿井提升能力的大小有单层和双层建筑。井口房内设有矿车运行的窄轨铁道。在入风井的井口房内还设有空气加热室。井口房门应方便材料设备运送和行人。图17-1为单层建筑普通罐笼提升井口房的构造示意图。

（2）主立井井口房。在煤炭生产中，立井主井是用来提升煤炭的。因此，在主立井井口房内设置箕斗提升或翻转罐笼提升设备。用箕斗提升或翻转罐笼提升的井口房，在结构和布置上基本是相同的。不同的只是建筑物底层的设施。用翻转罐笼提升时，底层有供人员乘罐上、下井及材料车进出罐的设备。箕斗井的井口房则没有。

这类井口房与普通罐笼提升的井口房相比，在结构上比较复杂，高度也较高（可达30m或更高）；井口房都是多层建筑，一般为钢筋混凝土框架结构。

此类井口房的高度取决于受煤仓的顶面标高，而受煤仓的顶面标高是根据煤在井口加工的流程及其所用的机器设备来确定的。目前我国煤炭地面生产系统多采用利用煤的自重运输和在井口房中进行初步加工（筛分和破碎）的工艺流程。因此，在井口房中的不同高度上布置有各种加工设备，如振动筛、破碎机、洗煤机等。这样井口房各层的高度和平面尺寸根据设备布置及生产系统的特殊要求决定。图17-2为与筛分楼联建在一起的箕斗提升的井口房，煤在此经初步筛选后运往选煤厂或装车仓。

B　斜井井口房

斜井井口房的设置是由斜井的提升方式决定的。斜井的提升方式有三种型式，即矿

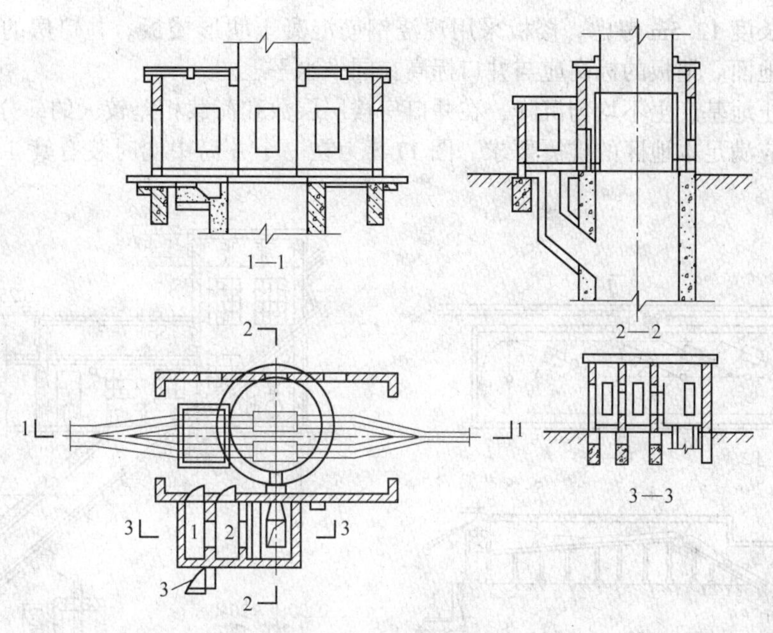

图 17-1　单屋建筑普通罐笼提升井口房

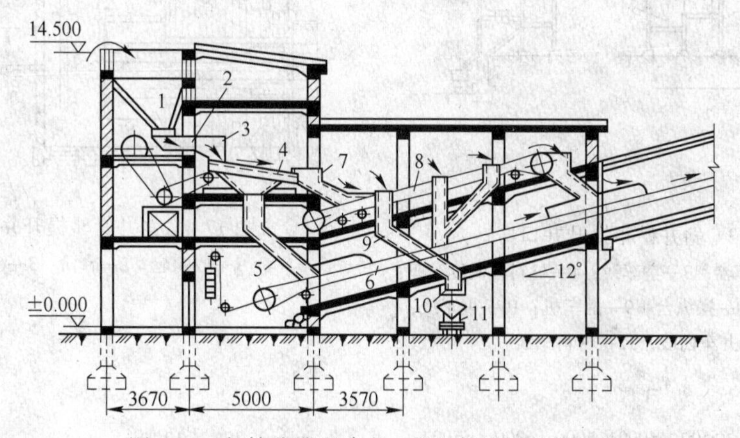

图 17-2　与筛分楼联建在一起的箕斗提升井口房

车、箕斗和胶带输送机。副井一般都采用矿车运输。主井的提升方式则根据井筒的倾角和矿井的产量来决定，一般采用箕斗或胶带输送机运输。

图 17-3 为采用矿车提升的斜井井口房。由井筒 1 沿轨道提升来的矿车，通过捞车器 2 摘钩后即自动滑行至阻车器 5。再由阻车器分别滑行至翻车机 9 翻转卸载。卸载后的空车分别沿空车线 3 滑行至阻车器 6 处。空车在挂钩后即沿铁道 11 送往井下。材料车及设备车由通往材料库和机修厂的材料车线 12 进入井口房。各项操作均由操纵台 8 进行远距离控制。图 17-4 为箕斗提升的井口房。箕斗在这里卸载，将煤卸入收煤仓，而后再装入矿车运出。

17. 2. 1. 3　井口房的建筑结构

井口房是矿井的咽喉，防火、防冻和抗震的要求均较高，必须用耐火材料修建并采取相应的抗震措施。同时，井口房内要设置消防设施。副井井口房由于是单层建筑，一般采用混合结构，砖墙承重，采用钢筋混凝土肋形屋面板，上面为隔热防水层。副井井口房的平面尺寸及高度除应满足设备布置要求外，必须考虑长材料下运入井的可能性。长材料一般都按钢轨长度12. 5m考虑。楼板采用现浇钢筋混凝土肋形楼板。井口房的底层地面为现浇混凝土地面。地板的标高应与井口标高在同一水平上。

为了防止地基产生不均匀沉降，在井口房楼层层数和荷载相差较大的部分应设置沉降缝。同时还应满足本地区的抗震要求。图17-5为在一个井筒中同时装有箕斗和罐笼的混合井井口房。

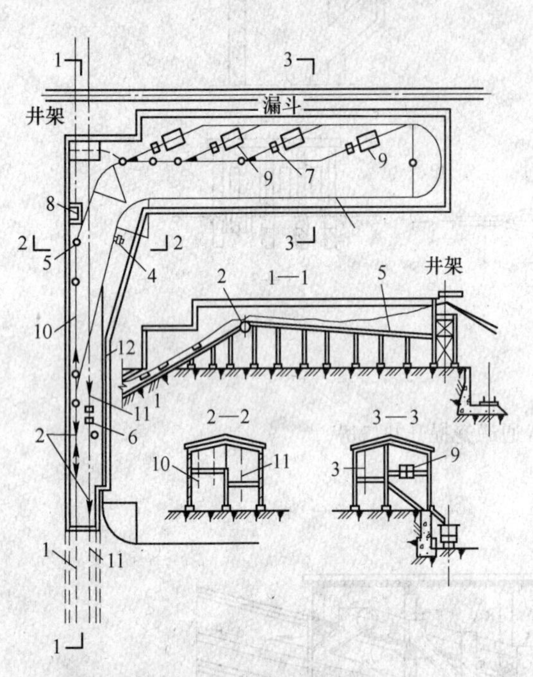

图17-3　斜井矿车提升井口房

1—井筒；2—捞车器；3—空车线；4—材料车调度绞车；5~7—阻车器；8—操纵台；9—翻车机；10—重车线；11—井车内线；12—材料车线

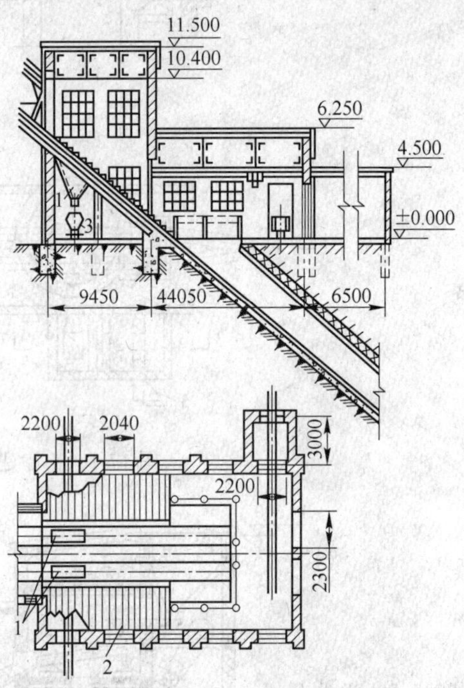

图17-4　斜井箕斗提升井口房

1—收煤仓；2—台阶；3—矿车

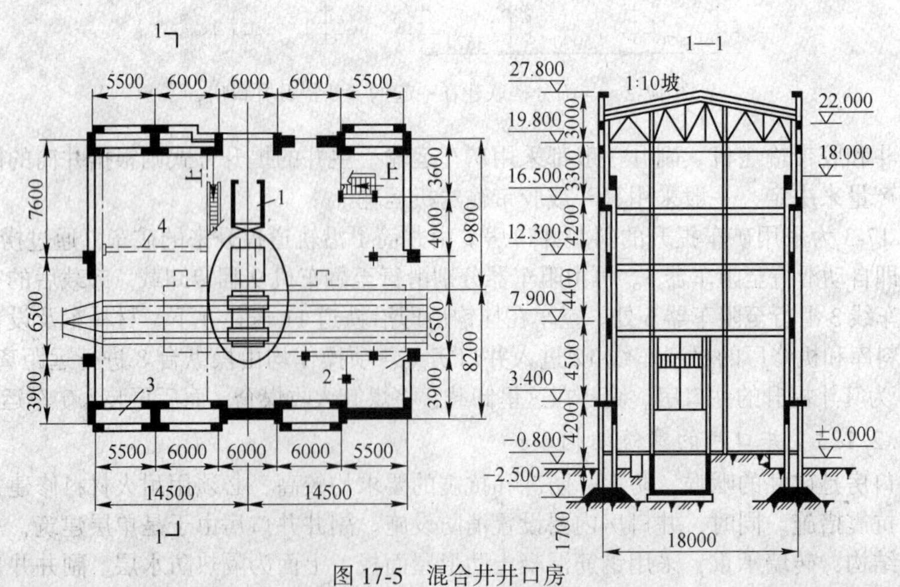

图17-5　混合井井口房

1—箕斗接收仓；2—控制室；3—加热气间；4—吊车梁

17.2.2　提升机房

采用单绳缠绕式提升系统和落地式多绳摩擦式提升系统的矿井，在矿井工业广场内设置提升机房。它的用途是在其内安装矿井提升设备及其附属机电设备。此处还装有信号器、深度指示器、操纵台及其他机电设备。

提升机房通常为单层建筑。采用漏台结构，砖墙承重，木屋架，瓦屋面，毛石基础，也有采用钢屋架（或梁）上铺预制板，卷材防水层或现浇梁板式屋盖的。提升机房的室内地坪，一般高出室外地坪0.8～1.2m，具体高差是由提升系统决定的。为了支持吊车梁，沿墙壁修筑有内侧壁柱，吊车的布置与提升中心线相平行，以便工作时不受提升钢丝绳的影响。

提升机房的屋架，一般与提升钢丝绳平行布置。以免屋架构件与提升钢丝绳相交叉。

提升机房采光用的窗户均设在建筑物的两侧和司机背后的墙上，以免阳光照射影响司机操作视线。司机对面的墙上只开有通过钢丝绳的窗口。

图17-6为一提升机房结构示意图。它设有地下室，也设有安装吊车，采用370mm承重墙，毛石基础，钢木屋架，上铺陶土瓦，油毡防水层和刨花板防寒层。

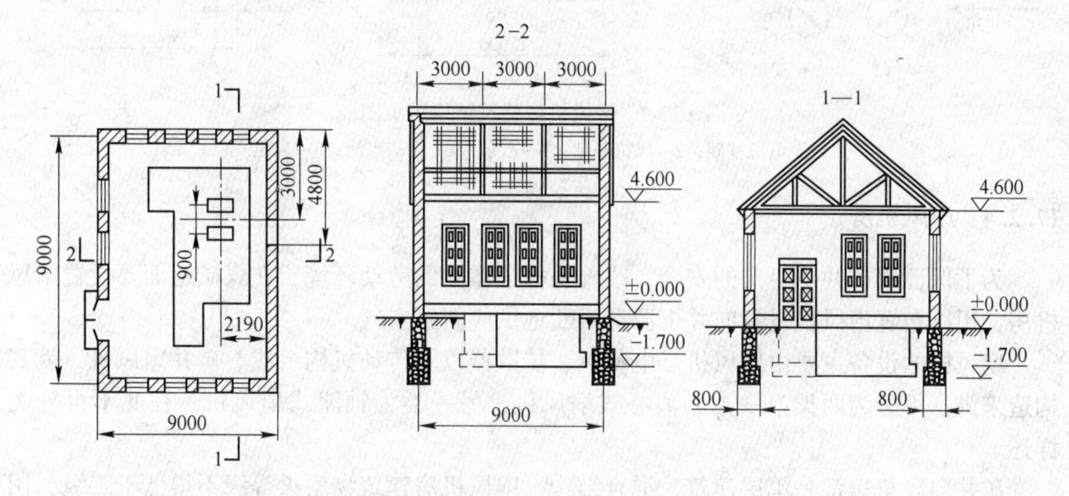

图17-6　提升机房结构示意图

17.2.3　压风机房

在煤矿地面上，通常要设置压风机房，用以布置压风设备，给风动设备供应压缩空气。空气压风机房的设备一般包括以下四部分：空气压缩机、拖动装置（包括电机和启动保护装置）、附属装置（包括风包，空气过滤器，冷却水系统）、压缩空气管网。

压风机房一般采用混合结构。建筑物要注意通风散热，防火保温及防尘。墙壁多采用砖或石材砌筑。采用毛石基础，基础埋深应不小于压风机基础的埋深，以免受风机振动的影响。顶盖采用木屋架盖瓦或钢筋混凝土屋顶结构并铺设卷材防水层。屋顶的承重结构（屋架或薄腹梁）支承在外墙上。屋顶应设保温层，以防因压风机工作时由于屋顶过冷，产生冷凝水。室内地板多为混凝土地面。地板下面设有许多管线沟道，沟槽上设有活动盖板，以便检修。

压风机靠风包一侧的墙壁上，一般不开窗洞，以免风包发生爆炸事故，影响室内安全。如必须开设窗洞，则应设在距地面 2.5m 以上处。压风机房振动较大，故门、窗洞口多用钢筋混凝土过梁。为了满足室内通风散热的要求，压风机房均设有通风孔或天窗。图 17-7 是一所布置有两台压缩机的压风机房建筑构造图。该压风机房为砖混结构，采用毛石基础，木屋架，四壁均开有窗户。

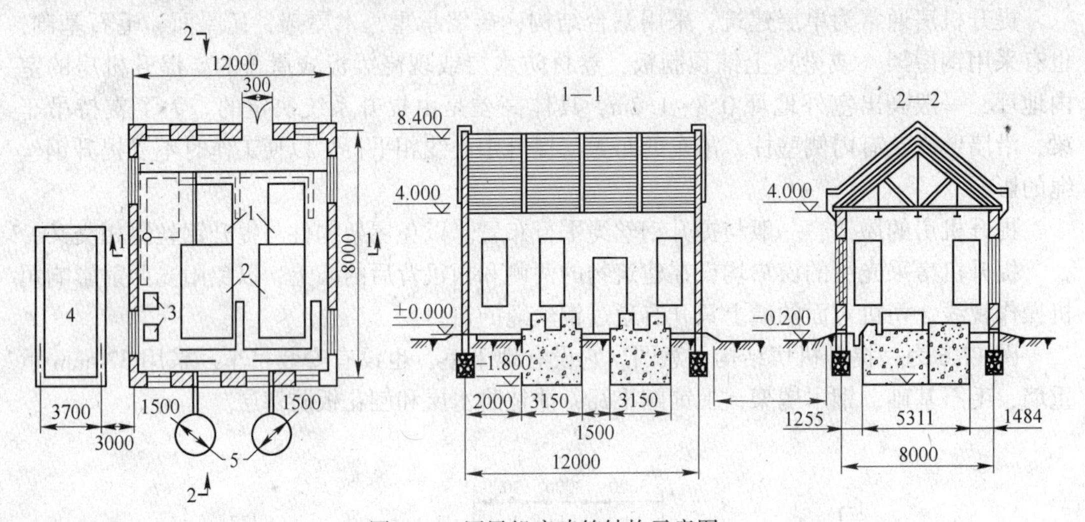

图 17-7　压风机房建筑结构示意图

1—电机基础；2—风机基础；3—水泵；4—冷却水池；5—风包

17.2.4　扇风机房

为了保证煤矿井下生产的安全，改善采掘工作面的劳动环境，在煤矿地面要设置扇风机房，用以布置扇风机设备向井下源源不断地供应新鲜空气。

扇风机的设备主要由扇风机、电动机、扩散器以及传动机构组成。矿井扇风机，就其构造来讲，可分为两类：一类为离心式扇风机，另一类为轴流式扇风机。在此不再分类详述。

矿井扇风机房都是单层建筑，混合结构。扇风机房建筑物耐火等级不得低于二级，用耐火材料或半耐火材料修筑而成。墙壁厚为 370mm，承重砖墙，安有起重梁时，可加修壁柱支承。扇风机房的基础采用毛石条形基础。门窗洞口的过梁根据洞口尺寸的大小不同，可选用钢筋混凝土过梁或钢筋砖过梁。顶盖多采用钢筋混凝土梁及预制钢筋混凝土肋形屋面板。板上铺矿渣防寒层，并做防水层。轴流式扇风机房的细部构造如图 17-8 所示。

有风道经过处的扇风机房的基础，应加深到风道基底的水平。扇风机房的地面一般为混凝土地面。窗户为双层窗框，不能打开，为此均设有气窗。扇风机房内的暖气由广场内的锅炉房供应。

风道常用混凝土和钢筋混凝土修筑，风道的墙壁亦可采用砖石砌筑。但风道的顶盖须用钢筋混凝土浇筑。有地下水时，须设置沥青油毡防水层。风道的内部应修整平滑，拐弯应圆滑，混凝土墙面要抹光，以减小通风阻力。风道应倾向井筒有 1∶100 的坡向，以便排水，从而保持风道的干燥。风道结构如图 17-9 所示。

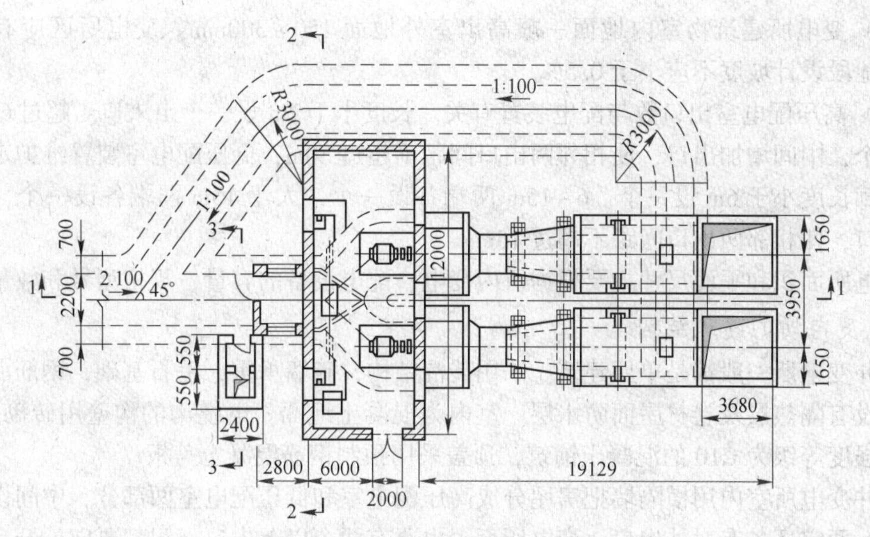

图 17-8 轴流式扇风机房的细部构造

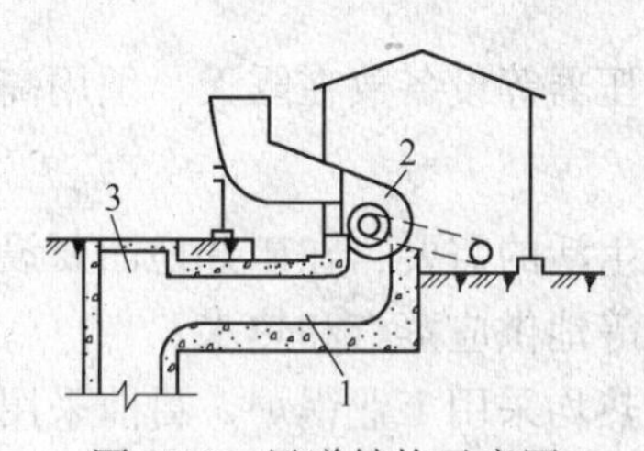

图 17-9 风道结构示意图

1—风道；2—风机；3—风井

17.3 通用性工业建筑物

17.3.1 变电所及锅炉房

17.3.1.1 变电所

A 变电所的设置

矿井工业广场一般都要设置 35/6kV 的矿井总变电所。用以将电网电压降至 6kV，然后再对井上下变电站及各车间和各用电负荷处进行配备。这类变电所一般分室内及室外两部分。室外部分设置 35kV 高压配电装置、主变压器、隔离开关、油断路器、避雷、熔断器及传动装置等。而 6kV 的配电装置，采用室内布置。室内部分根据变电所的作用分别设高压配电室、低压配电室、控制室、电容室、值班室等。

设置变电所时主要应注意：

（1）建筑物耐火等级：控制室、配电室、电容器室等为二级，变压器室为一级。

（2）变电所中一般采用砂箱和化学灭火装置。附近有消防管道的，可设消火栓。

（3）控制室、值班室、辅助间一律采用热水或蒸汽采暖。没有条件时允许用火墙或电炉取暖。蓄电池室不应采用明火采暖。室内采暖散热器应用焊接钢管，不应有法兰或螺纹接头和阀门等。室内地面下不应设置采暖通风管道。配电装置室一律不采暖。

(4) 变电所建筑物室内地面一般高出室外地面150～300mm。变电所区应有排水措施，各地段设计坡度不应小于0.5%。

(5) 高压配电室出口数与配电装置有关。长度小于7m设一个出入口。超过60m两端各设一个，中间增加出口，使相邻两出口间距不超过30m；低压配电室装置维护走廊出口数，走廊长度小于6m设一个，6～15m两端各设一个，大于15m两端各设一个，中间增加一出口，使相邻两出口间距不超过15m。

变电所面积和平面尺寸主要根据所内变电、配电设备的容量、规格型号和数量而定。

B　变电所的建筑结构

矿井变电所一般都是单层建筑。采用砖混结构，砖墙承重，毛石基础，钢筋混凝土屋面板并设有隔热层及卷材屋面防水层。室内为混凝土地面。电缆沟的沟壁用砖砌筑而成，沟底用强度等级为C10的混凝土铺筑，顶盖采用预制钢筋混凝土盖板。

矿井变电所室内用横隔墙把房屋分成高压配电室和低压配电室两部分，中间设有一个连通门，两室还各有对外出口。变电所至少也要有两个以上出口，门都要向外开启。高压配电室的门内侧须包铁皮。

矿井变电所室外部分的变压器等设备放在露天，须用高1.7～2.2m的围墙防护。

17.3.1.2　锅炉房

为了满足矿井生产和工人生活的需要，在矿井地面要设置锅炉房，给空气加热室、办公室、生产车间，浴室和食堂等地供应蒸汽和热水。

矿井、车间及生活采暖供热均采用工业锅炉。目前采用的锅炉类型有：立式火管锅炉（LH），也称考克兰锅炉；立式水管锅炉（LS）；卧式内燃回火管锅炉（WN）；单筒纵置式水管锅炉（DZ）和快装锅炉（KZ）五种。锅炉本体是锅炉房的主要设备，它的作用是将水加热成热水或蒸汽。

根据建筑要求，锅炉房应为一、二级耐火等级建筑，单独建造。锅炉房的尺寸既要符合土建的工艺要求，又要符合土建的通用模数。锅炉房应留有能通过最大设备的安装洞，安装洞可与门窗结合考虑，利用门窗上面的过梁作为预留洞的过梁，待到安装完毕后，再封闭预留洞。锅炉房的门应向外开，锅炉房内休息间或工作间的门应向锅炉间开。锅炉房内应有足够的光线和良好的通风。在炎热地区应有降温措施。在寒冷地区应有防寒措施。

在锅炉房的背面或侧面设置有烟囱，烟囱的底座有烟道与锅炉燃烧室相通。

A　锅炉房的建筑结构

单层建筑的锅炉房，一般采用混合结构。砖墙承重，毛石基础。屋顶应当是轻型结构，锅炉一旦发生爆炸事故，气流能冲开屋顶而减弱爆炸的威力。所以屋顶一般是木结构或钢筋混凝土屋盖。多层建筑的锅炉房，其结构形式多为钢筋混凝土框架结构。锅炉房的基础应低于锅炉基础。外墙为清水墙，室内墙面1.2m高以下抹水泥砂浆墙裙，上部原浆钩缝，用白灰水刷白，室内为混凝土地面。图17-10和图17-11分别为三台考克兰锅炉设备布置图和两台快装锅炉的锅炉房平面布置图。

B　烟囱的建筑结构及要求

锅炉房的烟囱通常用砖砌筑。砖砌烟囱由烟道、基础、筒身、筒座和顶部组成。烟囱的断面一般为圆形，其高度为25～40m。烟道从墙壁底部穿过，连通锅炉燃烧室和烟囱。

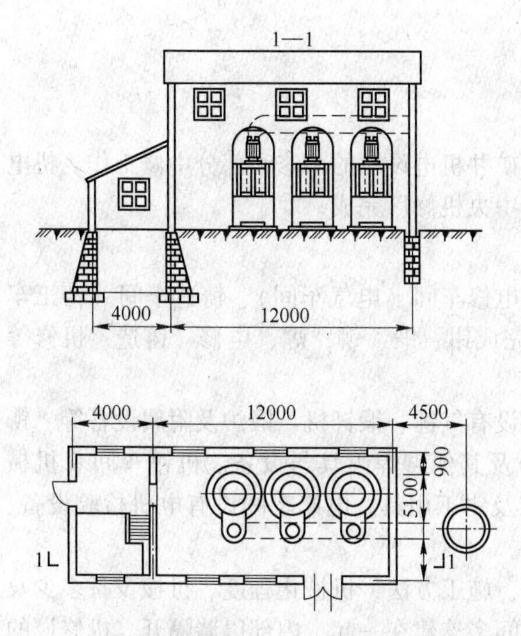

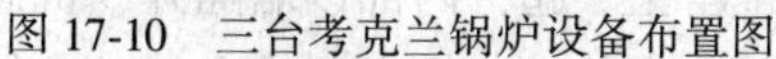

图 17-10　三台考克兰锅炉设备布置图

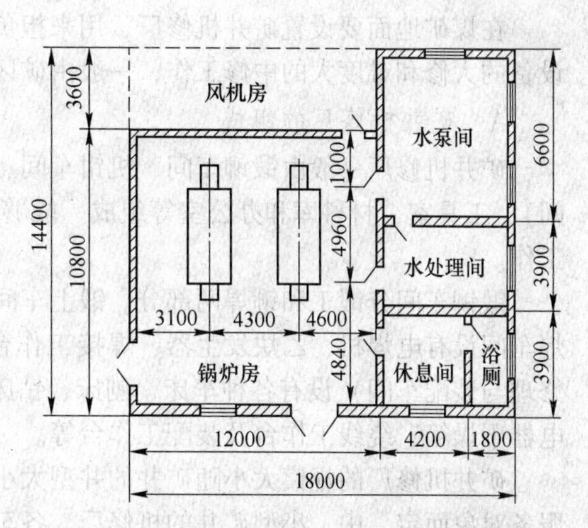

图 17-11　两台快装锅炉的锅炉房平面布置图

并应在基础底板边缘处设沉降缝。烟道断面为拱形，外壁用普通黏土砖砌筑，内壁用耐火砖衬砌。烟囱的基础用素混凝土浇筑，其强度等级不得低于 C15。基础以上 4m 为筒座，中间部分即为筒身。做有挑檐的最高部分称为烟囱的顶部。烟囱自筒座向上断面逐渐收小，烟囱筒壁成截顶圆锥形；筒壁坡度，厚度和分节高度应符合下列规定：

（1）筒壁坡度宜采用 2%~3%；

（2）当筒身顶口内径小于或等于 3m 时，筒壁最小厚度应为 240mm；当筒身顶口内径大于 3m 时，筒壁最小厚度应为 370mm；

（3）筒壁厚度可随分节高度自下而上减薄，但同一节厚度应相同。每节高度不宜超过 15m；

（4）筒壁顶部应向外侧加厚，加厚厚度以 180mm 为宜，并应以阶梯形向外挑出，每阶挑出不超过 60mm。

砖烟囱内衬的最小高度应为砖烟囱最小高度的一半。当烟气温度大于 400℃时，内衬应沿全高设置，当烟气温度不大于 400℃时，内衬可在烟囱下部局部设置。但其最低设置高度应超过烟道孔顶，超出高度不应小于 1/2 孔高。

砖烟囱的内衬厚度由温度计算确定。一般筒座部分衬砌一砖厚耐火砖，其他部分衬砌半砖厚普通黏土砖。

在烟囱的内衬与外壁之间应设置隔热层，以免外壁受热开裂。当烟气温度小于 150℃时，采用空气隔热层。隔热层厚度宜采用 50mm，当烟气温度大于 150℃时，宜采用无机填充材料作为隔热层。填料厚度宜采用 80~200mm。

烟囱的顶部应装有防雷设施。在筒身的外面离地面 2. 5m 处敷设有爬梯。在烟囱的底部应设置清灰孔。

17.3.2　矿井机修厂及仓库

17.3.2.1　矿井机修厂

在煤矿地面要设置矿井机修厂，用来担负矿井机电设备的小修和部分中修工作。机电设备的大修和难度大的中修工作，一般由矿区中央机修厂完成。

A　矿井机修厂的组成

矿井机修厂一般由锻铆车间、机钳车间、电修车间（电气车间）、铸造车间（铸工车间）、工具室、材料库和办公室等组成。能够完成钳、锻、铆，焊、电修、铸造、机修等工作。

锻铆车间分锻工和铆焊两部分。锻上车间设有气锤、锻钎机、锻炉及附属设备等。铆焊车间设有电焊机、乙炔发生器、焊接工作台及其他铆焊工具与设备。机钳车间（机械修理与装配车间）设有各种车床、刨床、钻床及钳工用具。电修车间设有电机检验设备、电器干燥箱、绕线工作台及装配工作台等。

矿井机修厂的规模大小随矿井的井型大小，施工方法，机械化程度、机械设备多少及服务对象而定。中、小型矿井的机修厂，各车间多连建在一起，内部以墙隔开。机修厂的总平面呈长方形。厂房的面积可参考表17-1。

表17-1　矿井机修厂厂房面积

矿井设计年产量/万吨	9~15	21	30~45	60	90	120~150	180	240~300
建筑面积/m^2	160	200	270	470	640	850	1000	1260

注：敞棚面积未计算在内。

厂内的布置一般是把铆、锻、焊车间布置在厂房的一端，与其他车间之间必须有防火隔墙。电机修理车间布置在厂房的另一端，中间为机钳车间。各车间不仅有互相连通的通口，而且还有各自的出口，出口的大门都应向外开启。各车间分别有窄轨铁道与广场内的窄轨铁路相连接，室内纵向敷设窄轨铁道连通各车间，供检修的矿车和设备平板车出入运行。

大型矿井的机修厂，各车间可以单独建筑。

中型以上的矿井机修厂，在机钳车间及电修车间内直接安设吊车，用以起吊大型设备。机修厂的房屋净高（吊车轨面以下），设有吊车设备时不得低于4.5m；无吊车设备时不得低于3.5m。

锻铆车间因工作时会产生大量烟气，室内温度也较高，故须开设天窗或在屋顶加设通风帽。屋顶可以不设防寒层。

B　矿井机修厂的建筑结构

矿井机修厂房的结构多为单层排架结构和混合结构。对有吊车设备的机钳车间和电修车间一般采用单层排架结构。锻铆焊车间多采用混合结构。排架结构为排架柱和砖墙共同承重。混合结构为砖墙承重。采用毛石基础，在基础之上和屋架之下均设置有钢筋混凝土圈梁。屋顶可采用木屋架或钢筋混凝土结构。室内隔墙均采用240mm厚砖墙。

室内地面，对铆、锻、焊车间因受锻锤冲击，并有耐火要求，应夯实井铺设灰土地面。其他车间均采用混凝土地面。

17.3.2.2 仓库和油脂库

A 仓库

矿井仓库是存放生产必需的材料、设备、器材工具、劳保用品等的建筑物。它一般包括水泥库、材料库、设备库、劳保库等。

这些仓库的设置应满足各种材料、设备存放的不同要求。仓库的面积主要取决于存放材料设备的类型、数量及所用装卸设备的类型。同时要考虑材料验收、分类、发放场地、办公室及运输或人行通道、设置的纵、横道路的面积。

仓库的建筑物耐火等级不能低于三级，并应有消防设施。建筑结构应能适应防潮、通风等要求。设备库内部高度应满足起重设备运行的要求。岸房门的宽度、高度要满足存放的最大设备或拆装的量大部件和各种车辆通行的需要。所有库房均设高窗，窗台高度不低于1.5m，并装有铁栏杆。

为了合理地利用库房的有效面积，提高管理水平，保证材料设备的质量，库房内可根据需要设置货架。货架之间留人行通道。如果搬运的材料、设备不需太宽时，行人通道可采用0.9~1.0m。

库房一般都是单层建筑，混合结构，砖墙承重，毛石基础。尾顶为木屋架或钢筋混凝土组合屋架。仓库的外墙面为清水墙，室内可用水泥砂浆抹1.2m高的墙裙。库房内一般采用混凝土地面。室内外地面标高不同时，出入口应设坡道。

B 油脂库

矿井油脂库是矿井存放油料的建筑物。油脂库一般分地下式、地上式及半地下式三种，常用地上式。油脂库设置时应注意：耐火等级不得低于二级。建筑物主要部件应采用难燃烧体材料和非燃烧体材料。油脂库内外应设有消防灭火设施，油脂库应有良好的通风隔热措施；寒冷地区地上式的油脂库，冬季室内应设保温装置，防止油脂冻结。一般采用热风或采热器采暖，严禁用火炉或其他明火采暖；油脂库内人工照明应采用防爆及外露式照明。

油脂库的面积主要根据储油量进行确定。

油脂库一般是单层建筑，砖混结构，砖墙承重，采用毛石基础。屋顶为钢筋混凝土屋面并设有隔热防水层。室内地面一般为混凝土制成。为了防止铁桶与地面摩擦产生火花，可在地面上铺一层细砂或在混凝土垫层上铺盖20mm厚的沥青。

17.4 非生产性建筑物

矿井非生产性建筑物是指服务于煤炭生产的一些民用建筑物。包括行政福利建筑和居住区建筑。

17.4.1 行政福利建筑

行政福利建筑是矿井为生产人员和经营生产提供服务的建筑。可供计划、调度、生产、安全、检验、统计、供销、财务、党团、工妇、教育、宣传等部门使用。它包括行政管理办公室、技术业务办公室、任务交待室（候班和班会室）、矿灯房、医务室、浴室、更衣室、井口食堂及礼堂、会议室等。它是矿井地面建筑的重要组成部分。这类建筑的造价约占整个矿井工业建筑造价的10%~20%。

矿井地面行政福利建筑，通常都布置在工业广场的厂前区内，修建成1~3所包括各种不同用途房间的建筑物。目前，大、中型矿井多采用联合建筑的型式。形成“行政福利大楼”。这种形式的联合建筑是把行政福利建筑组合在一起，这样既可缩小占地面积，又便于管理，但建筑费用较高。在小型矿井中，为降低建筑标准，多把行政福利建筑分建成两三所建筑物。行政办公室建成一所；任务交待室、区队所在地建成一所；灯房、浴室组合为一所。这些建筑都可修成平房，而且造价较低，且可充分利用地形条件。

各房室组合、布局的原则是使用方便。因此需将行政办公室和嘈杂的灯房、浴室分开；将区队长的办公室和任务交待室连接在一起；灯房、浴室连接在一起。方便工人上下班需要。班前、更衣、浴室、灯房等用房，都应以暖廊或地下通道与副井井口房相连，作为人行专用道。

17.4.2　居住区建筑

煤矿设计规范规定：职工的居住、休息和业余娱乐活动的建筑设施需离开矿井一定的距离（一般不超过2~3km)。单独建筑在一个区域内，这个区域习惯上叫做生活区。在生活区内修建有各种类型的住宅和公共事业建筑，筑有公路与矿井及市镇相通，并有各种卫生、体育和文化娱乐设施。生活区的设计原则就是要给劳动者创造一个舒适、完善，环境优美的生活和居住环境。

矿井生活区要根据“全面规划、分期兴建”的原则，分期分批的按整体规划建设，且规划出必要的绿化区、公园、道路、上下水道、输电网、广播站等。同时还要考虑扩建的可能。矿井生活区的建筑面积的规模取决于矿井的规模大小及矿井所在地区省市的有关规定。矿井行政及公共建筑面积指标如表17-2所示。

表17-2　矿井行政及公共建筑面积指标

项目名称		单位	指标	备注
行政办公室		m^2/人	0.7~0.9	党、工、团、行政业务及电话室，包括区队办公室
任务交待室		m^2/人	0.55~0.66	
浴室	更衣室	m^2/人	$0.5\times n$	n为不均匀系数，大型矿井$n=1.2$；中型矿井$n=1.25$；小型矿井$n=1.3$
	浴　室	m^2/人	$0.3\times n$	
	其　他	m^2/人	$0.25\times n$	
矿灯房		m^2/人	0.3	
食　堂		m^2/人	0.65	
招待所		m^2/人	0.2	
保健站（急救）	60万吨以下	m^2	40~60	
	90万~150万吨	m^2	100~120	
	180万吨以上	m^2	180~200	
简易俱乐部	21万吨以下	m^2	800	
	30万~60万吨	m^2	1300	
	90万~150万吨	m^2	1500	
	180万吨以上	m^2	1800	

续表 17-2

项目名称		单位	指标	备注
图书	21万吨以下	m^2	100	
	30万~60万吨	m^2	140	
	90万~150万吨	m^2	180	
游艺室	180万吨以上	m^2	240	
	60万吨以下	m^2	40	
小卖部	90万~150万吨	m^2	60	
	180万吨以上	m^2	100	
门卫室		m^2	20~30	
自行车棚		m^2/人	0.15~0.20	
公厕		m^2/人	0.2	

注：全部人数以矿井原煤生产的籍人数计算。

17.5　矿井井架和井塔

矿井井架和井塔是立井提升工艺中的重要构筑物。它是完成提升原煤、排除矸石，供应设备和材料，以及升降人员等工艺过程所必需的重要工程构筑物。

井架的主要功能是支承天轮。天轮则是提升钢丝绳的转向大滑轮。钢丝绳经过天轮转向后，缠绕在地面提升机的滚筒上，依靠提升机的动力，完成升降的提升动作。随着开采深度的不断加深，提升荷载的不断加大，井架结构也进行着适应性的改革。目前已开始出现多绳摩擦式提升机，井架的形式便也逐渐演变为井塔。

井塔是安装多绳摩擦式提升机的高耸结构。它集井口房、提升机房于一体，不需另建井口房和提升机房。从20世纪70年代开始，随着矿井深度的不断增加，提升机摩擦轮直径不断加大，对抗震的分析不断加强等，又出现了落地式多绳摩擦式提升机，这样便又需要建造安装天轮的井架了。

17.5.1　矿井井架

矿井井架的设置是由矿井的提升系统决定的，矿井的提升系统视提升机的类型而定。目前国内生产和使用的提升机可分为两大类：一类是单绳缠绕式提升机，有单滚筒和双滚筒两种，相应土建结构是井架及地面提升机房；另一类是多绳摩擦式提升机，有塔式多绳摩擦式提升机和落地式多绳摩擦式提升机，相应的土建结构是井塔（或塔式井架）和落地式井架及地面提升机房。我们把支承天轮并承受各种提升荷载、卸载设备和进行提升和卸载工作，并起维护作用的矿山工程构筑物称为矿井井架。

17.5.1.1　井架的用途和类型

A　井架的用途

矿井井架是用来支承天轮的构筑物。同时用它安装井筒以上部分的罐道、卸载曲轨、防坠钢丝绳及受煤仓等。它和提升机一起共同担负提升煤炭、矸石和升降人员、材料设备的任务。井架由于承受着巨大的提升荷载，因此必须保证它有足够的坚固性、稳定性和刚性。

B　井架的类型

井架的类型很多，一般按以下几个方面进行分类：

（1）按提升机种类不同，可分为：

1）单绳缠绕式井架，简称单绳井架，相应提升机为单绳缠绕式提升机。

2）落地式绳摩擦式井架，简称多绳井架，相应提升机为落地式多绳摩擦轮提升机。

（2）按井架的用途不同，可分为：

1）生产井架也称开采井架或永久井架。它主要服务于煤炭生产时期的矿井提升。

2）凿井井架也称临时井架。它是矿井建设时期最主要的构筑物，主要用于建井期间井筒施工和巷道施工时的提升矸石、运送人员和材料及悬吊各种掘进井筒用设备。这种井架一般有木结构和钢结构。

（3）按矿井开拓方式的不同，井架又可分为：

1）立井井架，建造于立井井口位置。

2）斜井井架亦称斜井天轮架，建造于斜井井口与提升机房之间。

（4）按制作井架所用材料的不同，井架又可分为：

1）钢井架，它是用型钢或钢管通过焊接、铆接及螺栓连接而成的构筑物。它的特点是强度和刚度大，结构性能良好，抗震性能强，制作方便，可利用机械化施工且不受季节的限制，维修方便，安全可靠性强。目前在国内外的矿井建设及生产中应用较为普遍，是一种比较理想的矿井提升建筑结构。

2）钢筋混凝土井架，具有耐久性和耐火性强、可节约大量钢材、不需经常维修、成本较低等优点。但其自重较大且受土壤沉陷的影响也较大。基础稍有不均匀沉降，即产生很大的附加应力。这种井架在我国应用也较为普遍。

3）砖井架，它是用砖砌体建造的构筑物。特点是成本低，材料来源广，易于施工。但因其重量较大，砌体的抗拉强度和抗剪强度低，在地震区不宜建造。

4）木井架，木井架因其制作简单，施工容易，初期投资少，所以过去适用于临时性凿井井架或服务年限较短的地方小型煤矿的生产井架。但由于要消耗大量的优质木材，同时木材易腐易燃，强度低。目前在产量较大及服务年限较长的矿井中已很少采用。

17.5.1.2　金属井架

按照井架的用途及服务期限，金属井架可分为凿井用金属井架和生产用金属井架两种类型。

A　凿井用金属井架

目前使用的金属凿井井架多是亭式的。这种井架的特点是：在四个方向外力的作用下具有相同的稳定性。天轮布置灵活，天轮平台可以四面出绳。地面提绞设备布置在井架四周。这样不仅能够满足施工的要求，而且有较好的工作性能。其外貌如图17-12所示。

亭式井架采用装配式结构。其优点是井架坚固耐用，承载力大，防火性能好，重复使用率高，一般不需要更换构件。井架每个构件重量不大，安装、拆卸、运输都比较方便，所以被广泛应用于大、中、小型矿井。根据井筒深度和直径的大小，为了统一规格，便于使用和节省施工时间，目前我国煤矿建井采用的亭式金属凿井井架，原有Ⅰ、Ⅱ、Ⅲ、Ⅳ

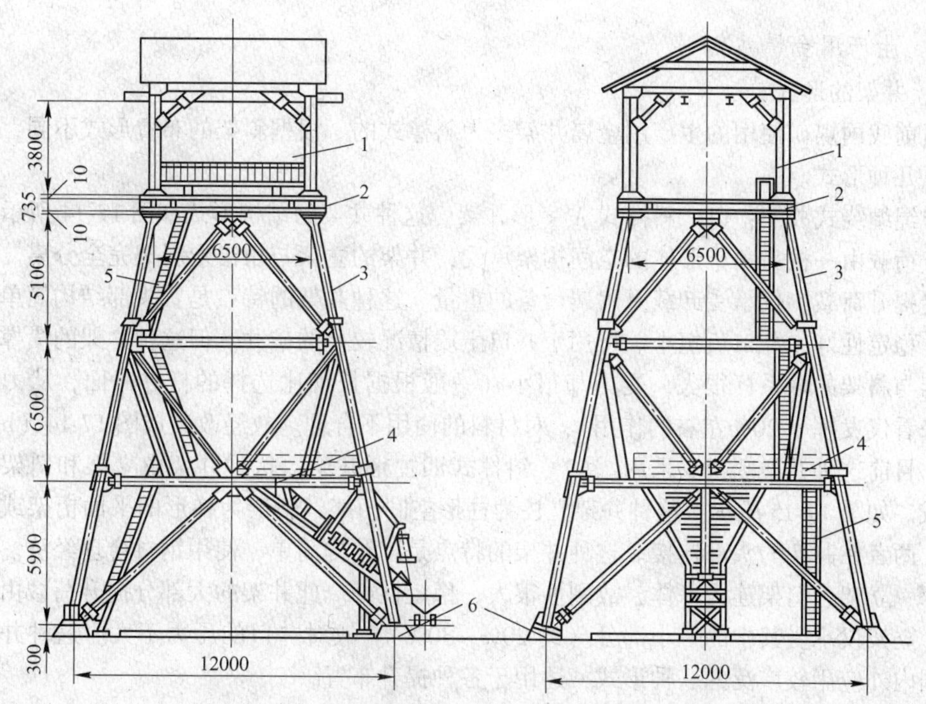

图 17-12　亭式金属凿井井架（Ⅰ、Ⅱ、Ⅲ，Ⅳ型）

1—天轮房；2—天轮平台；3—主体架；4—卸矸台；5—扶梯；6—基础

共四个型号。除Ⅳ型只有钢管井架外，其他三个型号各有钢管井架和槽钢井架两种。

随着煤炭工业的飞速发展，井筒深度的增加，井型加大，凿井设备的更新以及施工机械化程度的提高。原有的井架已不能满足施工的要求。目前又新设计了新Ⅳ型和Ⅴ型凿井井架。其外貌特征如图 17-13 所示。

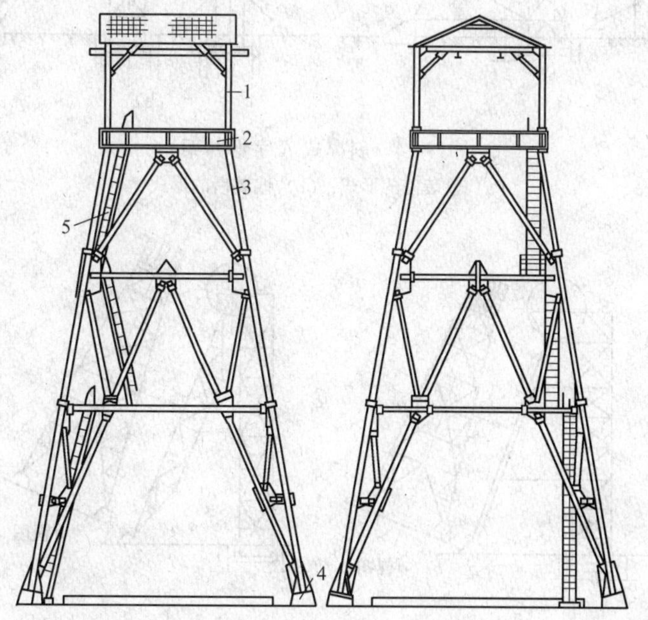

图 17-13　Ⅴ型金属凿井井架

1—天轮房；2—天轮平台；3—主体架；4—基础；5—扶梯

B　生产用金属井架

a　井架的形式

目前我国煤矿使用的生产用金属井架多为斜撑式的。根据斜架的布置形式不同，它们有以下几种形式。

单绳缠绕式井架：(1) 斜撑式A字形井架。这种井架的结构形式如图17-14所示。它的提升荷载由一截头角锥形体的空间构架承受，井架的立架与角锥形斜架完全分离。立架不承受提升荷载，仅承受卸载及附属设备的重量。这种井架的特点是：头部结构简单，刚性大，稳定性好，井口负担小。可用于井口土质情况较差的矿井。但这种井架的横撑和连接立架与斜架的联系杆很大，受力却很小（一般根据长细比选择的杆件截面，从力学的观点来看仅发挥了20%左右的作用)，对材料的使用不合理。故经改装成图17-14（b）的形式。目前这种井架已很少采用。(2) 斜撑式四柱形井架。这种井架由立架和斜架两部分组成。如图17-15所示。这种井架立柱为柱形空间桁架，斜架为梯形的平面桁架或空间构架，两者在井架的头部连接。这种井架的特点是：结构简单，使用钢材合理经济。井架的头部、立架、斜架连为一体，故刚性很大，稳定性好。此井架的大部分提升荷载由斜架承受，立架仅承受其中的一小部分（约20%~30%）。故对井口的压力不大。这种井架是目前国内外应用较广泛的一种形式，适用于各种提升布置。

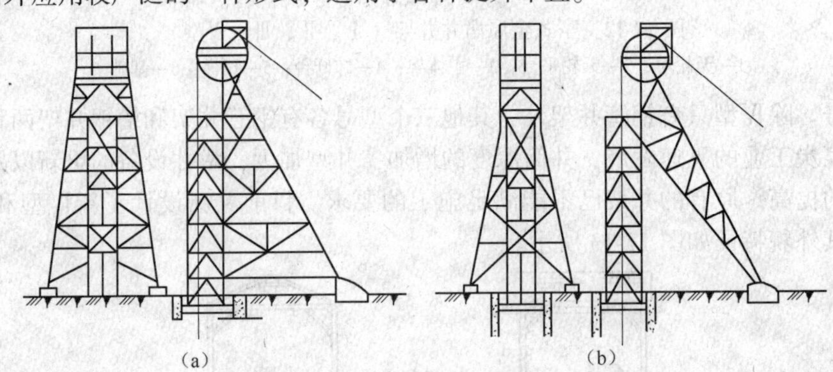

图17-14　斜撑式A字形井架

(a) 改装前的形式；(b) 改装后的形式

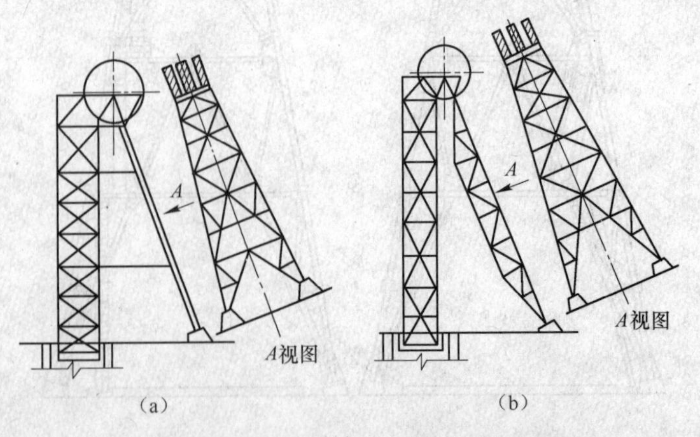

图17-15　斜撑式四柱形井架

(a) 斜架为平面桁架；(b) 斜架为空间构架

落地式多绳井架：落地式多绳井架与单绳缠绕式井架一样，提升机房及其设备（除天轮外）均不在井架上，所需平面尺寸较小，并且除了天轮平台及其他工作平台外，井架内不需设置楼板，井架的重量较轻，施工占用井口的时间短，对各类地基的适应性也较大，抗震性能好。目前我国已建的落地式多绳井架多为钢井架，主要有以下两种形式：

（1）橹式井架。橹式井架如图 17-16 所示。这种井架的立架各杆件一般由型钢或型钢组合截面组成，四个弦杆底端固定在井口支承梁上。斜架主要杆件为钢板焊接而成的箱形截面，通过牛腿铰接于立架顶部。天轮即安装在斜架上部的天轮梁上。此井架提升荷载几乎全部由斜架承担，井架传力简捷明确。钢丝绳合力与斜架基本趋于重合。头部结构简单，构件数量少，制作和安装方便，是目前落地式多绳井架中采用较多的一种形式。

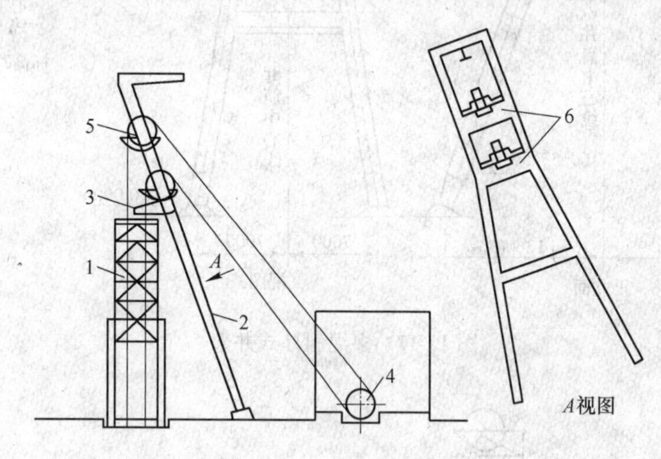

图 17-16　多绳橹式井架

1—立架；2—斜架；3—牛腿；4—摩擦轮；5—天轮；6—天轮梁

（2）斜柱式井架。目前国内已建的斜柱式井架均为四斜柱式的。如图 17-17 所示。井架主体是一空间框架。杆件截面为箱形，立架可悬吊于框架横梁或支承于井口支承梁上。它可做成两侧对称的空间构架，适用于两套提升机成 180°布置的情况。

b　生产井架的组成

金属生产井架由角钢、槽钢或钢板焊接或铆接而成。它由头部、立架、斜架和井口支座框架、斜架基础五部分组成。

（1）头部。它是井架的上部结构，位于立架架身之上。包括天轮托梁、托架支承梁、天轮平台、天轮起重梁及防护栏杆等。

（2）立架。它是井架直立的那一部分空间结构，如图 17-18 所示。立架是保证提升容器在上一段正常运行与卸载的井架部分，用来固定地面以上部分的罐道、卸载曲轨等，并承受头部下传的部分荷载。

（3）斜架。斜架是位于提升机一侧的倾斜构架，与立架成一定的角度。其结构形式如图 17-19 所示。斜架的作用是用来支持大部分的提升荷载，并保证井架的横向稳定性。

（4）井口支座框架。它是用来安装井架立架的构筑物（见图 17-20）。由型钢或组合工字钢截面梁所组成。并用螺栓固定在井口钢筋混凝土锁口盘上。用以支承立架，并将立架传来的荷载分配在锁口盘上。

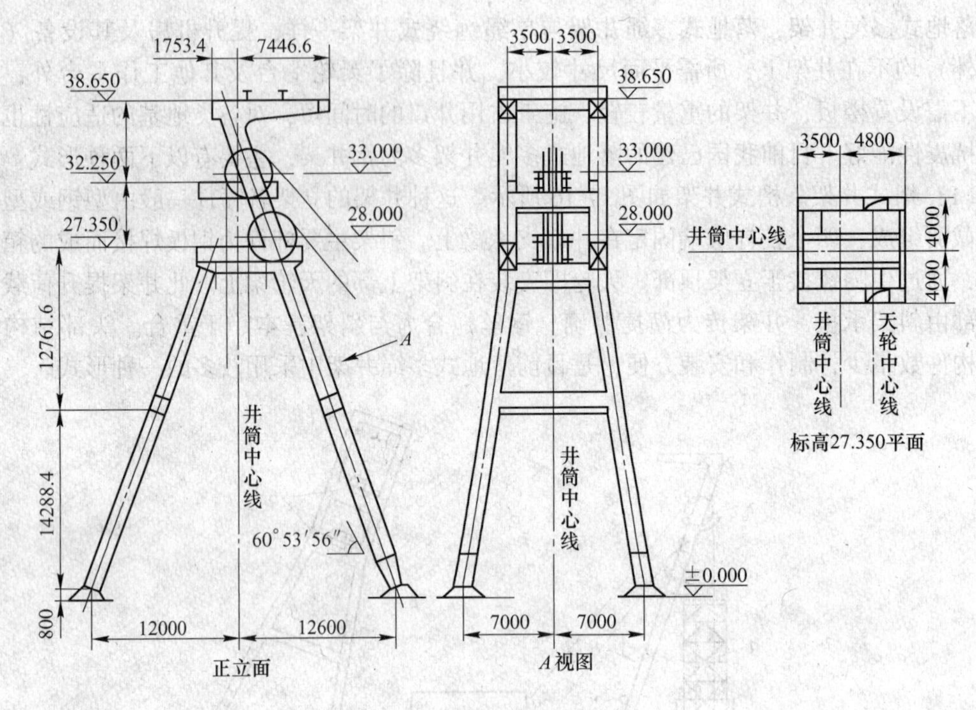

图 17-17　多绳斜柱式井架

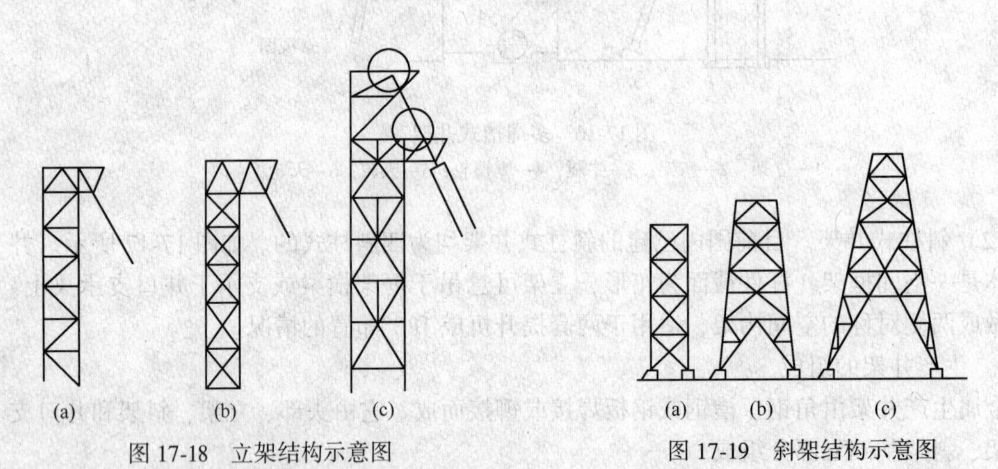

图 17-18　立架结构示意图

（a）斜杠腹杆；（b）双斜杠腹杆；（c）有附加杆腹杆

图 17-19　斜架结构示意图

（a）平行弦杆的斜架；（b），（c）支脚岔开的斜架

（5）斜架基础。斜架基础的作用是将斜架承担的荷载全部传给地基。

C　钢筋混凝土井架

钢筋混凝土井架的建筑结构形式很多，有整体装配式的，有框架式的；有矩形的，也有圆形的；有普通钢筋混凝土的，也有预应力钢筋混凝土的。目前我国使用的钢筋混凝土井架以六柱斜撑式（见图 17-21）和四柱悬臂式（见图 17-22）为主。

钢筋混凝土架一般是立架直接支承于锁口盘上。它的结构组成为：六柱斜撑式井架包括头部、立架、斜架及斜架基础四部分；四柱悬臂式井架包括头部及立架两部分。

D　砖井架

砖井架的形式也很多，图 17-23 为其中一种，称为直立式砖井架。

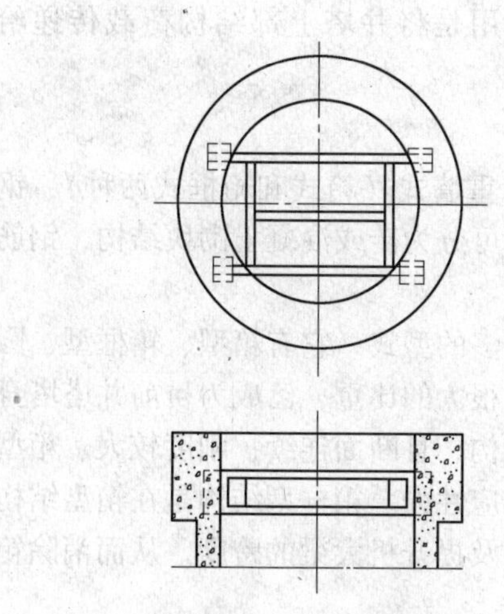

图 17-20 支座框架示意图

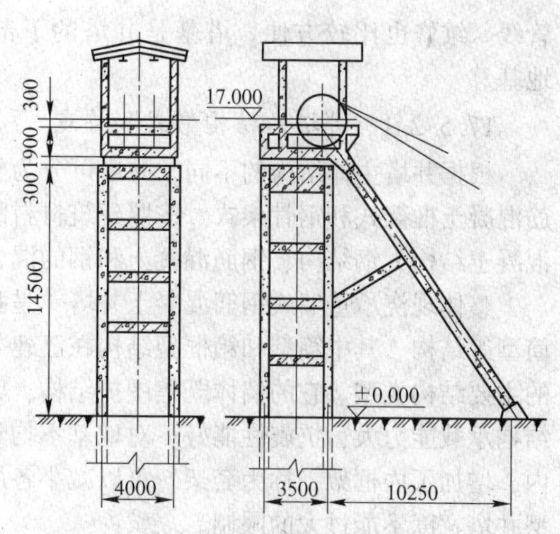

图 17-21 六柱斜撑式钢筋混凝土井架形式

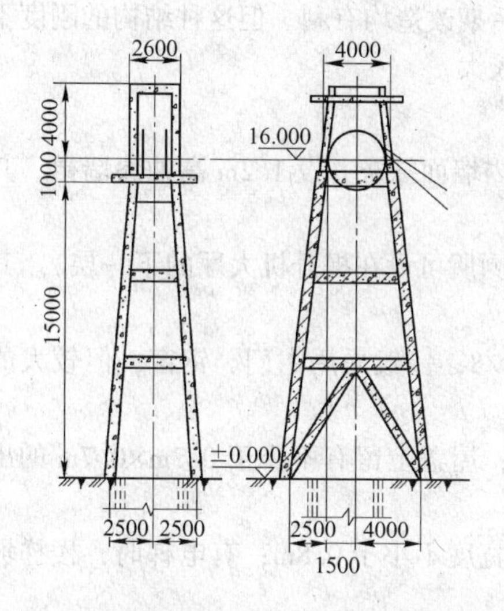

图 17-22 四柱悬臂式钢筋混凝土井架形式

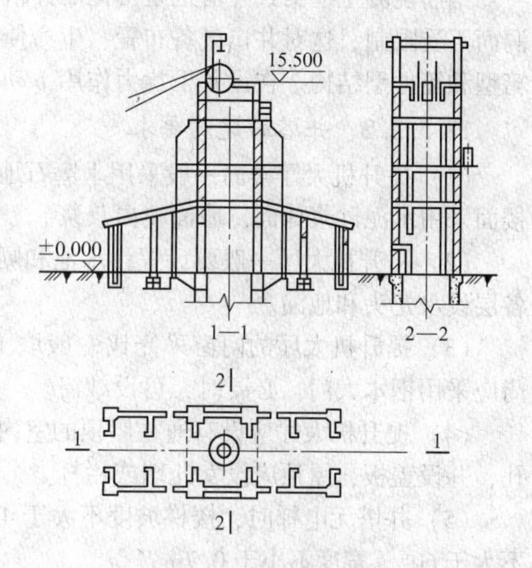

图 17-23 直立式砖井架

砖井架由头部、架身（相当于立架和斜架）及基础三部分组成。直立式砖井架以锁口盘为基础。

17.5.2 井塔

井塔是随着矿井深度与矿井提升量的增加以及多绳摩擦式提升机的采用而发展起来的煤矿提升构筑物。它是集井架、井口房、提升机房为一体的煤矿地面工业建筑。

井塔按其功能构成分为提升大厅、塔身和塔基三部分。提升大厅位于井塔的顶端，主要用来安装多绳摩擦轮提升机和主电机。并设有主机检修间和司机操作室。塔身位于井塔中部。主要作用是提供生产工艺需要的提升高度。受煤仓就设在此部分。还要安装导向轮和防撞设施。另外还有一些辅助设备。除此之外，井塔尚有富余的空间，可考虑将小型变电所、空气加热室、井口办公室、接受煤仓及其装运设备、电动发电机组等设备设置在井塔各层平面上。这样既有效地利用了空间，又减少了投资和占用场地、降低损耗，节约了管线。维修也比较方便。塔基是井塔的下部结构，作用是将井塔上部结构荷载传递给地基。

17.5.2.1 井塔的结构形式和特点

根据井塔主体结构的不同，井塔可分为整体浇筑承重墙式（箱式和箱框式两种）、钢筋混凝土框架式和钢骨架式。按照建筑材料的不同，又可分为砖或混凝土砌块结构、钢筋混凝土结构、钢结构、钢筋混凝土和钢的混合结构。

整体现浇承重墙式钢筋混凝土井塔，是我国采用最多的型式。它有箱型、箱框型、圆筒型等结构。其中箱型和箱框型结构在已建井塔中占有很大的比重，已成为目前井塔塔身的主要结构类型。它的墙体既是围护结构，又是承重结构，且断面连续，刚度较大。箱型结构承载能力大，抗震性能好。对地基不均匀沉降的适应性强。箱框型结构是在箱型结构内，增加了内框架，称为套架。可以减小各层楼板梁以及提升机大梁的跨度。从而消除箱型井塔宽度不能过大的限制。

钢筋混凝土框架式井塔也是常见的井塔型式。由于围护结构不承重，墙面可以随意开洞而不受限制，这对井口设备布置、生产使用和后期改造均有利。但这种结构的刚度不如箱型和箱框型结构。在设备干扰力作用下动位移较大。

17.5.2.2 井塔的建筑要求

（1）提升机大厅楼面一般采用水磨石地面，内墙面抹灰并设1.2m高油漆墙裙。其他楼面采用水泥砂浆抹面，墙面喷白灰浆。

（2）提升机大厅一般要设置污水池和厕所（厕所可设在提升机大厅的下一层）。其他各层设水龙头和地漏。

（3）提升机大厅的门窗采光比一般取1/6~1/8，一般采用木门、钢窗，但较大的外门应采用钢木大门，必要时，可设纱窗。

（4）提升机大厅应设有通往屋顶的室内爬梯；屋盖上留有不小于0.7m×0.7m的出入孔，并设盖板，屋顶应设女儿墙或栏杆。

（5）井塔无电梯时，楼梯坡度不大于45°，宽度不小于0.8m；有电梯时，楼梯坡度不大于60°，宽度不小于0.7m。

（6）在炎热地区塔内应设有隔热与通风设施，在寒冷地区应设有采暖设备与保温设施；在风沙大的地区应有防风沙设施。

（7）塔内各楼层的提升孔、吊装孔（设有盖板的除外）和裸露供电母线周围，应设置可拆装的保护栏杆或栏网。

（8）井塔内应设避雷装置。井应在塔顶设安全信号标志灯。

17.6 煤 仓

煤矿生产出来的煤，经常需要暂时储存起来，以便调节产、洗、运、销之间的不平衡，也便于集中装车，快速外运。因此，煤矿一般都建有储装构筑物——煤仓。

17.6.1 煤仓的类型与选型

根据煤仓用途的不同，煤仓可分为受煤仓、储煤仓、装车仓和矸石仓。受煤仓是用来接收井下输送上来的煤炭的煤仓；储煤仓是用来暂时储存煤炭的煤仓；装车仓是供装车用的煤仓；矸石仓是用来暂时储存矸石的筒仓。

根据建筑材料的不同，煤仓可分为砖石煤仓、钢筋混凝土煤仓和钢结构煤仓。

根据建筑体型的不同，煤仓又可分为圆形煤仓和矩形煤仓。

根据煤仓的深浅不同，又可分为深仓和浅仓两种。

17.6.2　煤仓的结构组成及作用

煤仓结构一般由仓上建筑、仓顶、仓壁、仓底、仓下支承结构（筒壁或柱）及基础六部分组成。如图 17-24 所示。

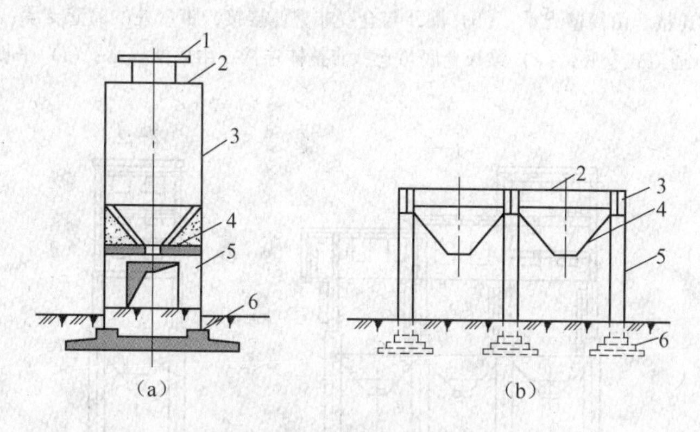

图 17-24　煤仓结构示意图

(a) 深仓；(b) 浅仓

1—仓上建筑物；2—仓顶；3—仓壁；4—仓底；5—仓下支承结构（筒壁或柱）；6—基础

(1) 仓上建筑物。仓上建筑物是指仓顶以上的建筑物。多为安装配煤输送机之用。有的还在仓上建筑物中设有筛分设备。仓上建筑可采用砖石结构、钢筋混凝土和钢结构。当仓上建筑物设有筛分设备时，其楼面、屋面结构宜支承在与仓壁等厚的钢筋混凝土圆形壁上。地震区的仓上建筑物宜选用钢筋混凝土框架结构或钢结构。围护结构宜选用轻质材料。

(2) 仓顶。仓顶即煤仓的顶板。一般采用钢筋混凝土梁板结构。当煤仓直径不小于 15m 时，也可采用钢筋混凝土正截锥壳、正截球壳等结构。

(3) 仓壁。仓壁一般都采用整体刚度较大的现浇钢筋混凝土结构。当储仓容积较大且较高时，优先采用圆筒结构。

(4) 仓底结构。煤仓仓底结构如图 17-25 所示。有吊挂锥形漏斗结构（见图 17-25 (a)、(b)），一般运用于直径小于 9m 的煤仓。有梁板带漏斗局部填料的仓底结构（见图 17-25 (e)），此结构布置灵活，适应性广，利于施工，是目前煤仓（直径 10~15m）设计中采用较多的仓底结构。还有平板加填料漏斗结构（见图 17-25 (c)），通道式仓底结构（见图 17-25 (d)）和平板仓底结构（见图 17-25 (f)），均是常用的仓底结构类型。此外，还有正倒锥组合壳仓底，加设内支承后可适用于较大直径的煤仓（18~21m）。矩形煤仓仓底均为角锥形漏斗。图 17-26 所示为一钢筋混凝土矩形装车仓结构示意图。

煤仓的底部一般都设有保护层（通常铺设铸石板或钢板）以防止仓底被煤磨坏和减

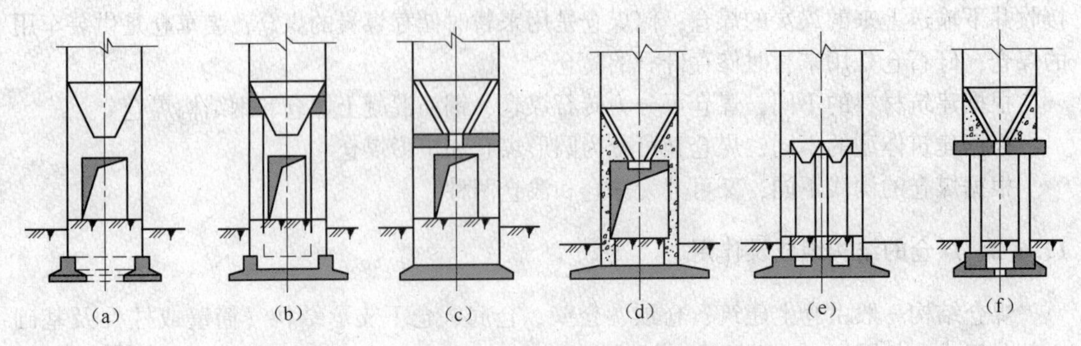

图 17-25　常用筒仓仓底和仓下支承结构示意图

(a) 裙斗与仓壁整体连接，由筒壁支承；(b) 漏斗与仓壁非整体连接，带壁柱的筒壁支承；(c) 平板加填料斗，由筒壁支承；(d) 通道式仓底；(e) 梁板仓底与仓壁非整体连接，由筒壁支承；(f) 平板仓底，由柱支承

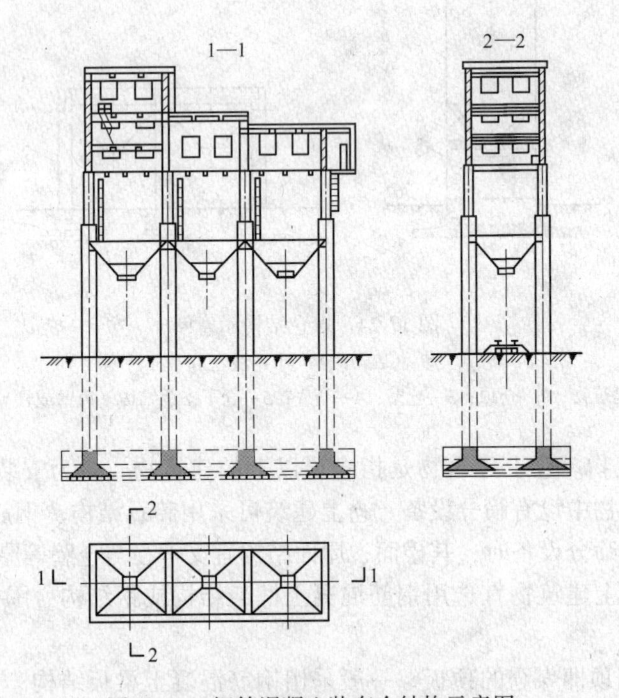

图 17-26　钢筋混凝土装车仓结构示意图

小煤与仓壁的摩擦力。

(5) 仓下支承结构。仓下支承结构一般有柱支承、筒壁支承，筒壁与内柱共同支承等形式。

仓下支承结构的选型，应根据仓底形式、基础类别和工艺要求分析确定。

当采用滑模施工工艺时，宜采用筒壁支承的形式。当煤仓容积较大（直径不小于12m）时，宜采用筒壁与内柱共同支承的形式。一般仓壁和仓下支承结构应尽可能采用整体连接的方式，这样施工比较方便，结构的整体性好，刚度较大。

(6) 基础。煤仓的基础，应根据地基条件、上部荷载和上部结构形式按一般工业与民用建筑地基基础处理。当设置沉降缝时，沉降缝应做成连通式，将基础断开。沉降缝的缝宽应满足设计要求。

17.7 栈　　桥

按照煤炭生产工艺流程的要求，煤炭提升至地面后，要从一个枢纽输往另一个枢纽，或从一个水平转运到另一个水平。因此，需要在某些生产建筑物之间建设一种构筑物，用以安装和支撑其间的运输设备。这种构成高架运输并供人员通行的构筑物就叫栈桥。

为了防风避雷，保护设备，通常在桥面上修有墙壁和顶盖，称之为走廊。安装胶带输送机的称为胶带输送机走廊。铺设轨道的称为矿车运输走廊。专供人员通行的称为人行走廊。

17.7.1　钢筋混凝土栈桥

钢筋混凝土栈桥具有耐火、耐久性强、刚度较大，节约钢材等优点。因而在我国被广泛采用。钢筋混凝土栈桥有梁式、桁架式和薄臂型三种结构形式。根据其施工方法可现浇亦可预制装配。根据构件中钢筋的受力情况有普通钢筋混凝土结构和预应力钢筋混凝土结构。图 17-27 所示为钢筋混凝土梁式栈桥。它由纵梁、横梁、支架和桥面板等承重结构及墙壁、顶盖等防护结构组成。

（1）支架。钢筋混凝土栈桥的支架通常为钢筋混凝土多层框架。图 17-28 所示为支架的两种形式。支架底部与基础相连。基础多采用独立基础。当荷重较大或地基不均匀时，可采用十字交叉基础。支架上端与纵梁固结，形成整体。支架高度一般为 6～17m，按 0.5m 分级。

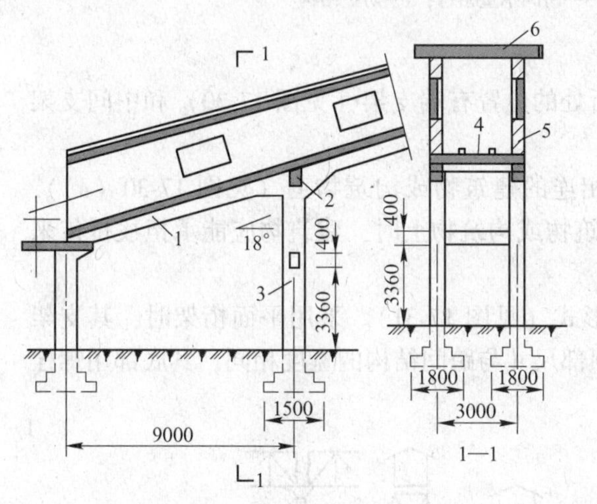

图 17-27　钢筋混凝土梁式栈桥
1—纵梁；2—横梁；3—支架；4—桥面板；
5—墙壁；6—顶盖

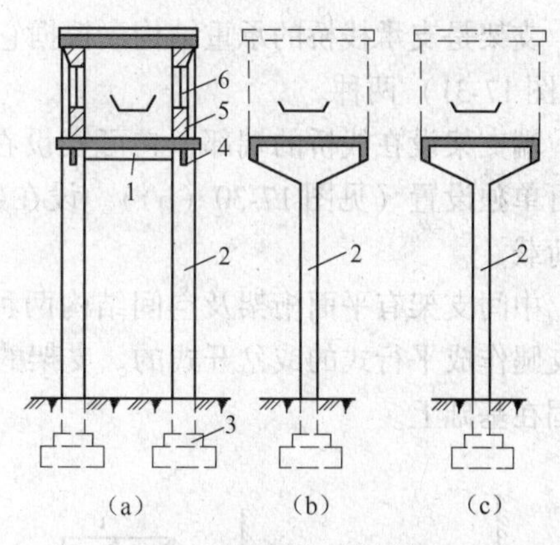

图 17-28　钢筋混凝土栈桥支架形式
(a) 口型框架支架；(b)，(c) T 字形单柱支架
1—横梁；2—支架；3—基础；4—纵梁；5—墙；6—窗

（2）跨间承重结构。跨间承重结构由钢筋混凝土纵梁、横梁及桥面板组成。当桥宽为 3m 时，跨间可不设横梁。承重梁与支柱做成刚性连接。横梁的间距为 3～5m。

（3）桥面板。桥面板为现浇或预制的钢筋混凝土板。其厚度一般为 80～100mm。在桥面板的设计和施工时，应预埋安装胶带输送机的地脚螺栓。

（4）防护结构。钢筋混凝土栈桥走廊的墙壁通常是采用240mm厚的砖墙。墙壁直接砌筑在纵梁上。外墙勾缝内墙抹灰喷白浆。屋顶多采用平顶或双向坡顶的钢筋混凝土预制板，并设卷材防水层，也可采用木制顶棚，上铺石棉水泥瓦屋面。

17.7.2　钢栈桥

钢栈桥由支架、跨间承重结构及防护结构三部分组成。支架为支柱及连杆组成的平面架。跨间承重结构由主桁架、上弦支撑桁架、下弦支撑桁架及门架组成。如图17-29所示。

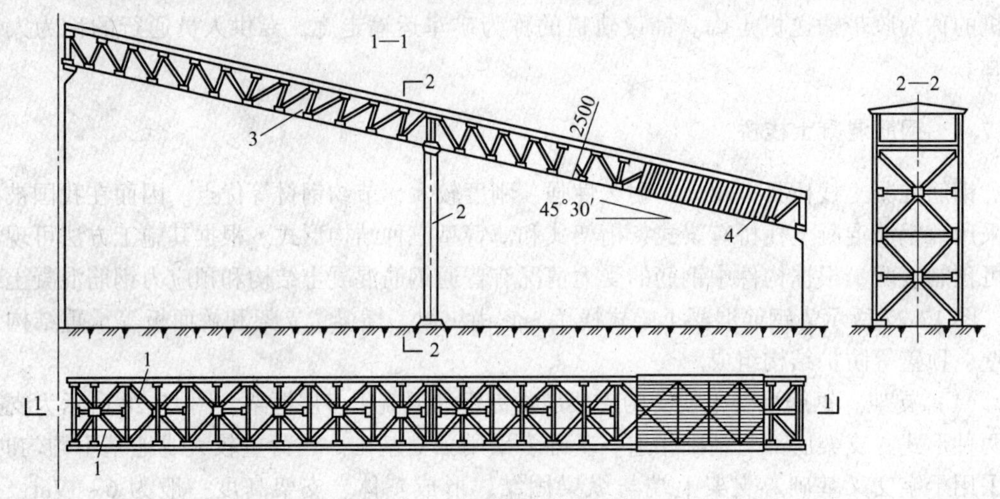

图17-29　钢桁架栈桥示意图

1—胶带中心线；2—支架；3—跨间承重结构；4—防护结构

17.7.2.1　支架

支架是支承栈桥的承重结构。根据它所处的位置有端支架（见图17-30）和中间支架（见图17-31）两种。

端支架设在栈桥的端部，它可安设在相连的建筑物或构筑物上（见图17-30（a）），亦可单独设置（见图17-30（b））。设在建筑物或构筑物上时，建筑物应能承担栈桥传来的荷载。

中间支架有平面桁架及空间结构两种形式（见图17-31）。采用平面桁架时，其支架两支腿作成平行式的或岔开式的。支架的顶部尺寸与跨间结构的宽度相同，其底部用螺栓锚固在基础上。

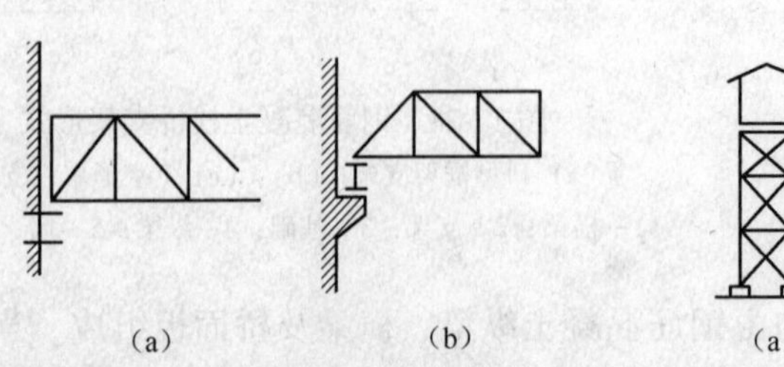

图17-30　端支架的型式图

（a）设在相连建筑物上的端支座；（b）单独设置的端支座

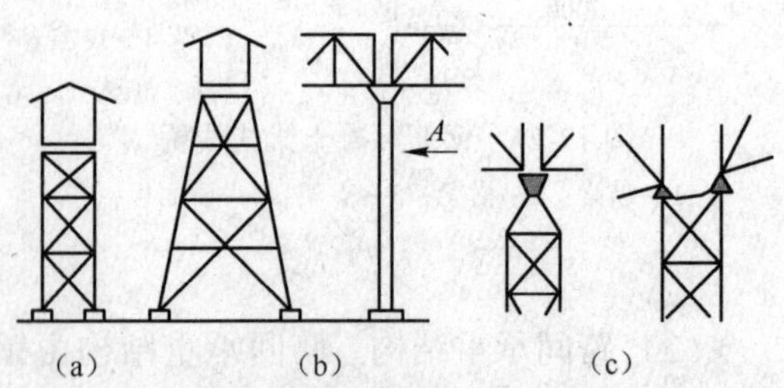

图17-31　中间支架的型式图

（a），（b）平面支架；（c）空间支架

17.7.2.2 跨间承重结构

跨间承重结构的主桁架是平行弦桁架，如图17-32所示。桁架的高度取决于栈桥走廊的高度、横梁及桥面板的厚度。因此，它的最小高度为2.5~3.0m。桁架最经济的高跨比为 H/L=1/10~1/12。由 H/L 可得最经济的跨度为25~35m，通常为30m。桁架节间的尺寸根据桥面板与顶棚结构的合理跨度，腹杆连接的方便及墙的重量来确定，通常取2.5~3.0m，腹杆的倾角为40°~50°。

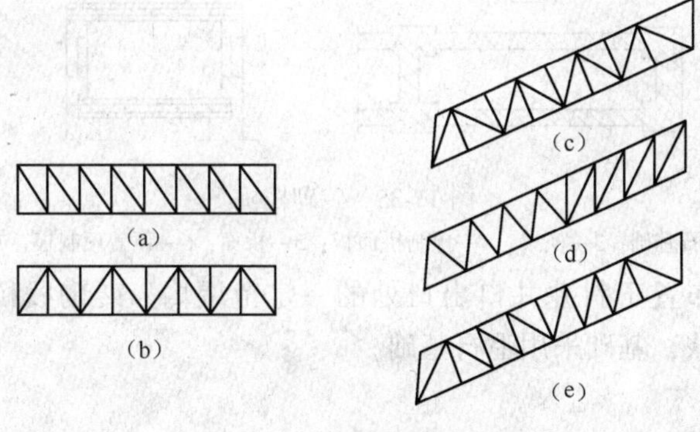

图17-32 钢栈桥跨间结构形式

为保证桁架结构的空间刚性和整体稳定性，在桁架上弦平面和下弦平面内应设置用以承受水平荷载的上弦支撑桁架和下弦支撑桁架。上弦支撑桁架和下弦支撑桁架是由两片正面桁架的上弦或下弦的弦杆及横梁和支撑腹杆构成的平面桁架，其形式如图17-33所示。它与正面桁架共间组成空间桁架，即栈桥的跨间承重结构。

门架（见图17-34）是由立柱与顶端横梁构成的门式支撑横梁。用来将水平荷载传到栈桥的支架上，并保证在水平荷载作用下的横向刚性。一般情况下栈桥的支点采用铰链的形式，水平荷载大的可采用固定的形式。

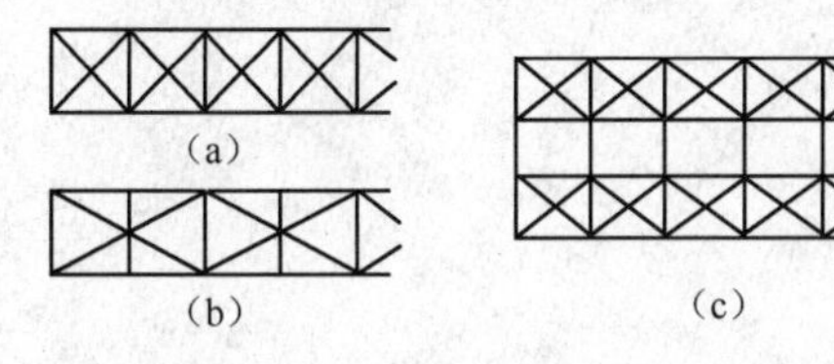

图17-33 上、下弦支撑布置形式

(a) 常用上、下弦支撑的布置；(b) 窄桥面上、下弦支撑布置；(c) 宽桥面上、下弦支撑布置

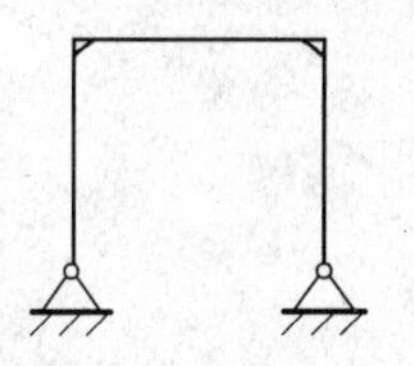

图17-34 门架示意图

17.7.2.3 防护结构

墙壁防护结构一般采用钢丝绳细石混凝土板、石棉水泥瓦、压形涂料钢板、铝合金板等直接安设在桁架杆件上。屋面板一般为预制钢筋混凝土槽形板，可支承在上弦的小横桁架或横梁上，上面铺设防水层。

17.7.3 砖石栈桥

目前不少地方仍在采用砖石栈桥。这种栈桥的支座采用拱形砖墩。纵向跨间结构采用砖砌拱形墙壁。围护墙壁为砖墙。桥面板和顶盖仍采用钢筋混凝土预制板，如图17-35所示。

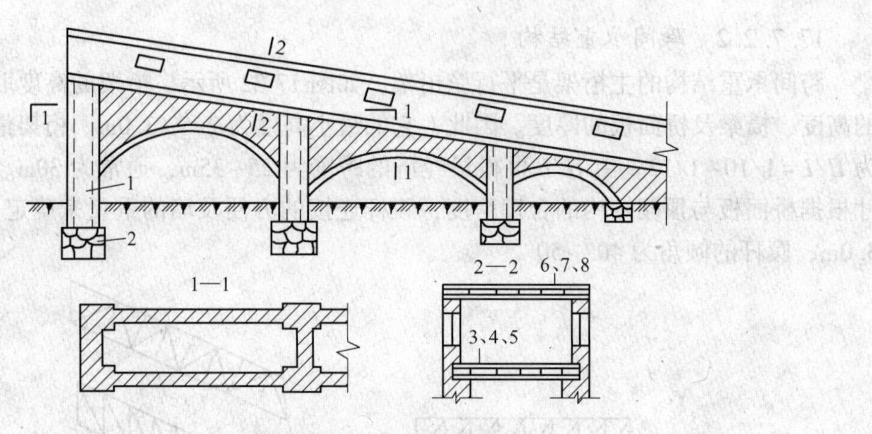

图 17-35　砖砌栈桥

1—拱形砖墩；2—毛石基础；3—横梁；4—预制桥面板；5—桥面；6—顶盖顶制板；7—抹面；8—防水层

砖石栈桥有时布置于斜井井口出口处的一定范围内。砖砌栈桥用 MU7.5 机制砖，M2.5～M5.0 水泥砂浆，基础采用毛石基础。

18 煤矿地面工业广场的总体布置

为保证正常的煤炭生产，在矿井地面上应修建一系列的建筑物和构筑物，敷设各种技术管线和进行必要的绿化和美化。所有这些建筑设施在地面上的合理布局，即称为煤矿地面工业广场的总体布置。

煤矿地面工业广场的总体布置是矿井设计中极其重要的部分，它不仅关系到基本建设的投资，而且也长期影响以后的煤炭生产。一个合理的总体布置，不仅应为将来的生产创造便利的条件，而且还应该满足生产成本和建筑造价低等要求，还要给人们创造一个良好的工作环境。只有这样才符合社会主义企业建设的要求。

影响矿井地面工业广场总体布置的因素很多，主要的有以下几个方面：

（1）煤层的开拓方式和开采方法（立井、斜井、平硐、普采、水采等）；

（2）矿井的提升方式（箕斗、罐笼、串车或输送机等）；

（3）煤的种类和性质；

（4）煤在地面上运输和加工的生产系统；

（5）矿井的年产量及服务年限；

（6）工业广场的工程水文地质、地形及气候条件；

（7）煤矿扩建的可能性和与邻近企业及城市的关系等。

在确定煤矿地面总体布置时，要根据矿井所在地的实际条件全面考虑以上诸因素，提出几个不同的方案，在技术上和经济上加以分析比较，而后从中选出最优的方案。

18.1 场址选择

煤矿地面工业广场场址的选择确定一般以有利于井筒位置的确定为原则。但是在确定井筒位置时，除应考虑井田的开拓、开采等因素外，还应考虑布置工业广场的可能。有时井筒的位置从井田的开拓和开采来看是合理的，但当井口坐标附近地质条件较差，对外运输联系又极不方便或地形复杂致使工业广场的布置与施工困难，且将耗费大量的资金和经营费用时，就需根据技术上和经济上的分析将井筒的位置作适当的改变。广场位置选择的原则：

（1）广场位置应根据矿井地面生产系统的特点和密切配合井下生产系统进行选择。

（2）场址的选择应考虑生产期和建井期的动力供应、水源、材料资源和劳动力的来源以及施工期间的材料设备运输和施工机械的条件等。

（3）广场应尽量选在交通方便或便于铁路支线和附近国家铁路车站或专用线相连接的地区，以便节省建设铁路支线的基建投资，减少运输费用。此外还要考虑矿井对外和对工人村的公路交通运输问题。

（4）广场应选在地形平整或具有缓地的地区，以减少土石方工程量、节约基建投资，便于敷设场内的运输线路，便于建筑物的布置。如地形具有被利用的起伏时，也应予以充分的考虑。例如：可以利用山坡来修筑半壁式滑坡煤仓，利用地形坡度来促进生产和运输的自溜流程。

广场应尽量避免选在洼地或陡坡上。四周高中心低的地势以及平地突起的地势均不适宜做场址，否则将造成广场内积水或使铁路线的引入发生困难。在山区选择场址时，应傍山绕谷，寻找坡度小而且有台阶的山坡。在这种情况下铁路支线引入的可能性是决定场址的重要问题，同时应注意大雨和山洪冲灌的危险。靠近河流的矿井，在选择场址时，必须查明最高洪水位，广场应布置在最高洪水位以上，井口标高一般应高于百年周期洪水位2m，必要时可修筑防洪堤或将场址垫高。

(5) 广场的土质应适合做建筑物的地基，地下水位应低于地下室、地道及其他构筑物的埋置深度。

(6) 广场应尽量布置在采区之外，例如煤层的露头附近，如必须把广场布置在煤层之上时，也应设法使所留的安全煤柱最小，以便最大限度地将煤炭开采出来。

除上述几点外，还要考虑居住区的位置、广场将来扩建的可能性等问题。

我国幅员辽阔，煤炭资源遍布全国，在矿井建设中会遇到各种不同的地质地形情况，因此，应根据实际的具体条件来进行分析，最后选择出合理的工业广场位置。

18.2 地面工业广场的总平面布置

煤矿地面工业广场的布置，主要取决于地面生产系统，而在确定地面生产系统时，就要同时考虑地面布置的可能性，二者互相联系。在进行煤矿地面工业广场布置时，通常以主、副井井筒及铁路车站三个部分为主体，其他建筑物与构筑物按其主要生产工艺要求以及防火、卫生、地形状况等条件分别布置在三个主体附近。

煤矿地面工业广场平面布置的要求是：除必须与地面生产系统相适应，保证其使用合理及方便外还应当尽量缩小占地面积，合理利用地形以减少土石方工程量，缩短运输距离及技术管线等，以便尽可能地降低基本建设费用和经济管理费用。

在进行工业广场平面布置时，应有实测的场地地形图和必要的工程地质及水文地质资料。地形图的比例尺根据地形条件、企业规模和工程性质采用1∶500或1∶1000。

18.2.1 广场总平面布置的原则

(1) 应结合地形、地物、工程地所条件及工艺要求，做到有利生产、方便生活、节约用地、减少煤柱。

(2) 根据建筑物和构筑物的不同功能，因地制宜地适当分区布置，即把生产性质相同或相近的建筑物和构筑物布置在同一区域内。在具体布置时，通常以铁路装车站为轴线，把广场划分为内、外两侧。外侧位于下风方向（按全年温暖季节中的主导风向确定），把容易散发灰尘及有害气体的矸石场、储煤场及煤泥沉淀池等布置在这里，成为脏污区域。把主要生产建筑物、行政办公室及福利建筑物布置在内侧，成为清洁区，以保证良好的劳动卫生条件。此外，还应尽可能地将声音嘈杂的机器（如扇风机房和压风机房）和需要安静的房屋（如办公室、提升机房等）离开一定的距离。

（3）铁路线及装车站应沿工业广场的长边布置，并尽可能地做到和地形等高线平行。这样不仅可以大大减少土石方工程量，而且可以缩短主井和装车站之间的距离，使输送机走廊的长度缩短。此外，铁路线和装站应尽量沿煤层走向并靠上山一侧布置，这样可以少留地下安全煤柱。铁路装车站是矿井运输的枢纽，向外运出的煤在这里装车，运入矿井的材料设备在这里卸车，装车站沿长边布置可使其发挥最大效能。

（4）尽量采用先进技术，根据生产使用、防火卫生、安全等要求，设计多层和联合建筑，逐步发展以主、副井为中心的联合建筑体系。

（5）建筑物及构筑物、道路及各种工程管线的布置应紧凑合理、整齐美观。在具体布置中，通常将场内各建筑物按直线布置，避免斜向排列（各建筑物排列方向互相平行或垂直）。场内的运输道路尽可能避免和减少各运输线路之间以及运输线路和人行道之间的交叉。如必须交叉时，可修筑人行栈桥或地道，以保证人员行走的安全，道路网必须布置匀称、整齐，呈格网状，避免造成斜向布置和弯曲过多。

（6）充分利用地形，妥善处理建筑物和构筑物的位置与风向、朝向的关系，使建筑物有良好的采光、通风和卫生条件。为此，各建筑物之间的距离必须符合防火、卫生的要求，且要最大限度地利用场地。

（7）主要建筑物和构筑物应布置在工程地质条件较好的地段。

（8）改、扩建企业，应充分利用已有建筑物和构筑物及设施。

（9）工业广场的入口最好面向居住区，并应在经济、实用的前提下尽可能具有美观的外观。关于这一点，应根据减少非生产性建设及其造价的方针，利用行政，福利联合建筑物的建筑艺术来表现。另外，在广场入口处还应设置绿篱花坛及草坪等来满足这一要求。为了联络方便以及发生火灾时的安全，工业广场最好有两条出口。

（10）工业广场的布置要留有扩建的余地。煤矿地面工业广场的布置，对煤炭生产是否方便及经济合理有极大影响，因此在布置时应认真考虑分析，设计出几个方案并进行比较后确定。

18.2.2　广场内建筑物及设施位置的确定

（1）有关煤的提升、运输和加工的建筑物与构筑物，如主井井架、主井井口房、主井提升机房、输送机栈桥等应布置在主井附近；有关矸石、材料提升、运输的建筑物，如副井井口房、副井井架、副井提升机房、矸石地道或架空索道的起点站及与副井联系密切的其他建筑物，应布置在副井附近。关于煤的加工建筑物与构筑物，如选煤厂、筛分楼、破碎机房等的布置，应注意和主井、储煤场、矸石场、装车站密切联系，把这些煤的加工建筑物与装车站组成一个整体，使煤和矸石转运方便。另外，矿灯房、井口浴室、任务交待室等建筑物应按人流路线靠近升降人员的井口。且井口房、矿灯房、井口浴室之间宜设置人行走廊或地道。矿办公室应布置在场区前面内外联系方便的地方，并应与其他建筑物互相协调。

（2）为井下服务的建筑物，如扇风机房、压风机房、空气加热室等，应分别布置在主、副井附近。

（3）扇风机房的布置与通风方式有关。抽出式通风时，扇风机房应布置在出风井附近，扇风机房通过风道与出风井相连，且扇风机房周围20m以内不得布置有明火的建筑物和设施。考虑到噪声与排除乏风对周围的影响，扇风机房与提升机房、变电所、矿办公室的距离不宜小于30m，与进风井口、空气压缩机房的距离在低瓦斯矿井不得小于30m，在高瓦斯矿井不得小于50m。

（4）压风机房应布置在全年主导风向的上风方向，选在空气清洁、受粉尘废气（包括可燃性气体）污染最小的地点。吸气口与粉尘源（翻车机房、装车仓、受煤坑、储煤场等）的距离不宜小于30m；在不利风向位置时，不宜小于50m。且储气罐（风包）宜放在阴凉处。

（5）储煤场、煤泥沉淀池应位于全年主导风向的下风方向，选在对工业广场污染最小的地点。与进风井口、压风机房、提升机房、机修厂、矿办公室的距离，均不宜小于30m，在不利风向位置时，不宜小于50m。储煤场应尽量布置在铁路线的外侧，如受地形限制，也可在站线的内侧。煤泥沉淀池要有晾干、储存煤泥的场地，并应便于煤泥水的自流和煤泥外运。

（6）锅炉房的位置，应便于供煤、排灰和回水，尽量靠近供热的中心，并应根据全年主导风向，尽量布置在对进风井口、压风机房、变电所、矿办公室污染最小的地点，其距离不宜小于30m。

（7）变电所应尽量布置在靠近用电负荷中心，便于进出高压输电线的地方，并根据全年主导风向，尽量避免受粉尘的污染。室外变配电装置与粉尘源（翻车机房、装车仓、受煤坑、储煤场等）的距离不宜小于30m，在不利风向位置时不宜小于50m。

（8）坑木场（包括其他支护材料场）应位于工业广场的一端；一般靠近车站的材料线布置。坑木场内应有消防通路。当受地形条件限制，设置通路确有困难时，应加强消防设施。

（9）机械厂及材料库应靠近车站的卸货线布置，以减少运距。

18.2.3　工业广场总平面布置的方式

煤矿地面工业广场总平面布置的方式基本上分为以下两类。

18.2.3.1　分散式布置方式

这种布置方式的特点是各建筑物与构筑物基本上都是单独修建和分散布置的。建筑物的体积较小，而数目较多，一般为20~50幢或者更多。图18-1为这种布置方式的原则示意图。它用铁路装车线将广场划分为脏污区（矸石场、储煤场等）及清洁区两个部分，并按用途及生产工艺要求将各建筑物与设施分别布置在各个适当的地点。行政福利办公大楼面向居住区及广场的入口。

这种分散式布置方式适合于地形复杂的地区。这种布置方式对建筑物的结构要求不高，施工比较简单，故适合于机械化程度不高的中、小型矿井采用。这种布置方式也有缺点，主要表现在：广场占地面积大、地面运输线路、技术管线以及连接构筑物的长度增大；且由于建筑物的类型和数目较多不便于设计的标准化及施工的机械化及基建费用较高；同时与高度机械化生产不相适应，管理不便等。

18.2.3.2　综合式布置方式

这种布置方式的特点是把工业广场内的建筑物和构筑物组合成大型综合建筑物，各建筑物与构筑物的组合原则是最大限度地适合生产工艺过程的要求，缩短运输距离，并使建

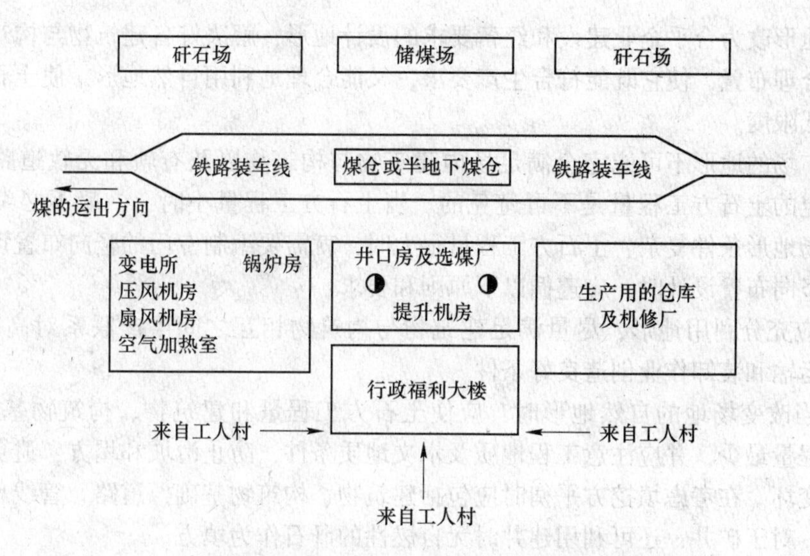

图 18-1 分散式工业广场平面布置原则示意图

筑结构尽量简单。

根据矿井年产量的不同和地形条件，可将建筑物与构筑物组合成两个同体建筑物（主井同体及副井同体建筑物）或三个同体建筑物（主井、副井及行政办公福利设施联合建筑物）。有些建筑物（如扇风机房、压风机房、油脂库等）因声音嘈杂或具有危险而不便和其他建筑物联建在一起，可单独布置。

主井同体建筑物中各个单元都是与主井生产有联系的车间，如主井井口房、锅炉房、变电所及主井提升机房。副井同体建筑物都是与副井生产系统有关的车间，如副井井口房、副井提升机房、空气加热室、机修厂、材料库等。行政办公和福利设施联合建筑是由办公室、会议室、浴室及灯房等组成。

采用综合式布置可以克服分散式布置的缺点，能使建筑物与构筑物高度集中。工业广场的面积大为缩小，地下管道网、广场内公路以及窄轨轻便铁路的长度都可以减小，并使它们的布置简单化；综合性布置不仅为生产过程的机械化和自动化、管理集中化、建筑物构件标准化及建筑施工的机械化创造了条件，同时还可以减少地面工人的数量。因而对大型矿井应优先考虑采用这种布置方式。

除上述两种布置方式外，还有采用上述两者之间的半综合性布置。它的特点是将一部分生产上联系密切的建筑物布置在一起，形成一所综合性建筑，在一定程度上克服了分散布置的缺点，使建筑物的数目和占地面积缩小。这种使部分建筑物综合在一起的办法机动性较大，可以根据生产的要求、建筑上的要求及地形情况灵活掌握。比如可将服务于主井的建筑物综合布置在一起，或者将服务于副井的部分建筑物综合布置在一起。

18.3 工业广场的竖向布置

18.3.1 竖向布置的原则

矿井地面的天然地形，很难完全符合工业广场总平面设计的要求。竖向布置的目的就是把天然地形改为合乎企业建设和经营要求的设计地形，解决好各建筑物与构筑物在垂直方向上的合理布置，使它既能符合生产要求，又能合理地利用自然地形，使土石方工程量减少到最低限度。

由于广场的地形不可能完全满足场内建筑物与构筑物以及有轨和无轨道路的布置要求，有一定的土石方工程量是不可避免的。当土石方工程量小时，一般不必编制竖向设计。当广场地形条件复杂、土石方工程量很大时，就需要编制专门的竖向布置设计。

编制竖向布置设计时，应遵循以下原则和要求：

(1) 应充分利用地形，尽量满足建筑物与构筑物相互之间生产联系对高程的要求，为场内外运输和装卸作业创造良好条件。

(2) 当改变场地的自然地形时，应使土石方工程量和建筑物、构筑物基础、挡墙、护坡等工程量最少，并应注意工程地质及水文地质条件，防止滑坡和塌方，避免使场地的地基条件变坏。在考虑填挖方平衡时应包括建筑物、构筑物基础、道路、管线地沟等土石方工程量。对于矿井，还可利用建井时无自燃性的矸石作为填方。

(3) 取土与弃土应尽量与改地造田及与当地的水利规划相配合。

(4) 场内地面水的排除，一般都采用明沟排除系统。在地形平坦、场地面积大、地下管线多、卫生条件要求高以及设置明沟排水有困难的地段，亦可采用管道和明沟与管道混合的排水系统。排水明沟一般要进行铺砌，在车辆通过和经常行人的地段应加盖板。

(5) 场内管道的布置应与铁路、公路相配合，尽量使水流循最短途径排入场外的河沟或雨水管道。

(6) 场内排水设计应符合《室外排水设计规范》的要求。

18.3.2 竖向布置方式及合理标高的确定

18.3.2.1　竖向布置方式

工业广场竖向布置的方式根据矿井地面的地形条件大体上有三种：

(1) 当地形平坦或坡度很小时，可按平均标高将广场布置在一个稍有坡度的水平上（坡度不大于4‰）。带坡的目的是方便地面排水。

(2) 当地形有单面陡坡时（坡度在6‰以上）可将广场布置成台阶式，目的是减少土石方工程量。

(3) 当地形具有多面坡度或具有几个不同水平的平面时，广场布置可分为若干区段，各区段可具有不同的斜坡或不同的水平。这是地形崎岖的地形上工业广场所特有的布置方式。此时设计工作相当复杂，变坡处很多，且联系管理不便，故在具体工作中尽量避免采用这种布置方式。

工业广场分区布置在几个不同水平时，应根据生产和运输联系的可能性及便利条件进行广场各厂房与构筑物的分组布置。按照矿井地面生产系统的特征，一般可将铁路车站布置在一个水平；储煤场布置在另一个水平；主井生产系统的建筑布置在一个水平；副井生产厂房及其有运输联系的坑木场、机修厂、材料库等布置在一个水平，行政办公建筑布置在一个水平。

18.3.2.2　广场合理标高的确定

评定竖向布置的合理性，除生产经营方便外，另一项主要技术经济指标就是土石方工程量的多少。土石方工程量的计算，需根据广场的设计标高进行。设计标高（合理标高）的确定原则是争取挖方和填方相平衡，最大限度地减少总土石方工程量。

18.4　场内地下技术管线及运输道路的布置

18.4.1　场内地下工程技术管线的布置

为满足煤矿地面生产及生活的需要，场内需埋设给水、排水、采暖、动力及照明等工程技术管线网。这些管线的相互布置以及总平面图中的建筑物、道路及各项设备的布置与配合，是一项综合而复杂的工作。

场内地下管线的布置应根据下列原则进行：

（1）在满足生产和生活要求的前提下使总管线最短且转弯最少，尽量减少管线与管路、管路与道路的交叉，而且要尽可能与主要建筑物或道路平行或垂直。

（2）尽量布置在房屋与道路之间的草坪或空地下面，以免修理管道时破坏场内公路的行车道部分、铁路的路基及建筑物的基础。

（3）沿建物线向外布置管线应按由浅而深的顺序进行。常用管线的布置顺序为：弱电缆、通信电缆、动力电缆、热力管道和压缩空气管道、上水道、下水道。

（4）管道的立面布置要根据小管让大管、有压让自流、临时让永久、新建让已建的原则。

（5）按照《煤矿安全规程》的规定，确定管线与建筑物等的最小距离，使它既不多占土地，又便于检修。

（6）管沟与基础的距离需符合相关规定。

18.4.2　铁路

铁路运输是煤矿运输的主要方式。煤矿地面上的铁路分为专用线及场内线两种，场内线是指工业广场内各生产部门之间的运输线路，通常采用窄轨铁路，轨距为600mm及900mm；专用线是指从矿井装车站到铁路干线之间的运输线，采用宽轨铁路。我国宽轨铁路的轨距为1435mm，称为标准轨距。

标准轨距工业专用线按运输量的不同可分为三级：

Ⅰ级专用线——年货用量大于400万吨，最大坡度为12‰；

Ⅱ级专用线——年货用量为150万~400万吨，最大坡度为20‰；

Ⅲ级专用线——年货甩量小于150万吨，最大坡度为30‰。

一个煤田的开采，常常需建设许多对矿井。矿井之间的距离由煤的储存情况确定，一般情况下多为数千米。因此，通常是设置一条总专业线，而后再用支线将各矿连起来。总专用线采用Ⅰ级线，支线根据货用量的大小决定其线路等级。如条件许可应尽可能在施工准备期内将专用线修好，以便为矿井建设服务。

服务子煤矿的专用线路的布置方式有尽头式及环行式两种：

尽头式布置方式（见图18-2（a））的特点是线路布置简单，所需的基建投资较少，且能适合各种地形，但运输时行车效率低，货用量也较小。如有可能敷设双轨时，即可避免上述缺点。

环行式布置方式（见图18-2（b））的特点是货运能力较大，车辆调度方便，但占地面积大，基建投资大，且受地形条件的限制，使用较少。

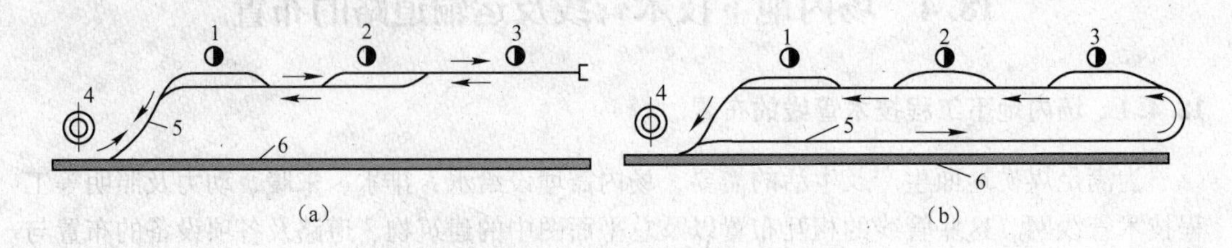

图18-2　铁路专用线布置方式

（a）尽头式布置方式；（b）环行布置方式

1~3—矿井；4—煤的集配站；5—铁路专用线；6—铁路干线

铁路专用线上的车站有：

（1）连接站：它的作用是连接支线和干线，一个连接站可为整个矿区服务。

（2）集配站：各矿井向外部运输的火车和由外部向矿井运输的材料、设备及空车，先集中在这里进行编组分配，然后驶往目的地。集配站附近常设有服务于整个矿区的总材料库、总机修厂及总坑木场等。根据具体条件和需要，集配站有时和连接站或装车站台拼在一起，以简化矿井专用线的布置。

（3）装车站：为了将煤装入铁路车辆和卸下运往矿井的材料和设备，在矿井工业广场都设有装车站。车站由若干股站线组成，站内修建有装车仓及调车设备。站线数目及长度根据运输要求确定，通常为3~5股，由到发线、装车线、回车线、材料线及牵出线组成。

车站最简单的布置方式是三股平行线路（见图18-3（a）），即一股到发线、一股装车线和一股材料线。装煤量大时可采用两股装车线，其中一股有时作为储煤场的单独装车线（见图18-3（b））。图18-3（c）为设有回车线的装车站的站线布置。

装车站站线之间的中心距、各线的长度、站线的坡度，可参照设计规范确定。

18.4.3　公路

公路是连接各生产部门、仓库、专用场地、居住区及市镇的交通系统。在矿区中，公路运输占有相当重要的地位，特别是在矿井建设初期，铁路尚未修通以前，公路运输是主要的运输方式。

18.4.3.1　场内公路的种类

场内公路按其使用要求可分为：

（1）一般场内公路，供车辆通行，货物的机械搬运及人员通行之用。

（2）专供行人的便道，通往各车间的人行通道及行政办公建筑至附近公路和专用场地的人行便道。

（3）专供消防车通行的道路，指通往消防水源的消防车道。消防车道在一般情况下不单独设置，而是与其他道路合用。

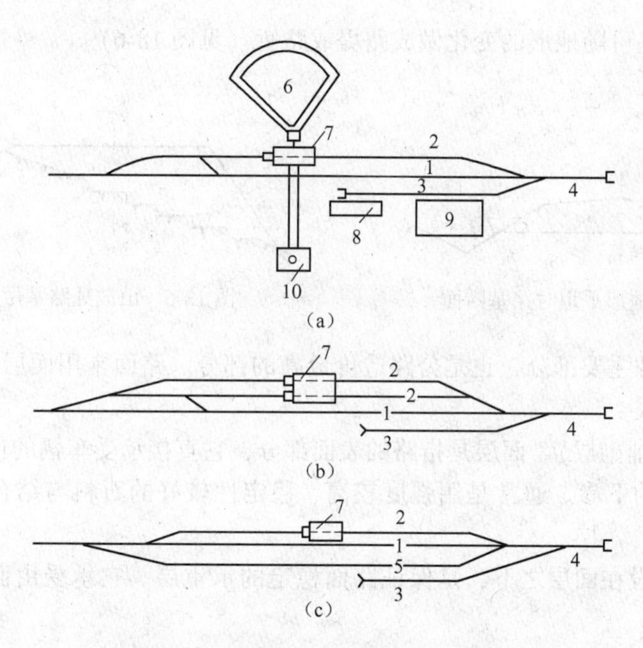

图 18-3 铁路装车站线路布置示意图

（a）最简单的装车站线路布置；（b）设有两股装车线的站线布置；（c）设有回车线的站线布置

1—到发线；2—装车线；3—材料线；4—牵出线；5—回车线；6—储煤场；

7—装车仓；8—机修厂及材料仓库；9—坑木场；10—井口房

18.4.3.2 公路的横断面组成及形式

公路的横断面组成如图 18-4 所示。它由车行道、路肩及边沟三部分组成。为了增强道路的稳定性，减少行车阻力，并防止路基受到大气和水的侵蚀，行车道需覆盖路面，路面结构的选择，取决于交通密度及运输工具的载重量。车行道的两侧为路肩，路肩的作用在于阻止车行道横向移动，并作为人行道以及公路修整期间堆放材料之用。

公路的横断面形式有两种，即郊外式与街道式。郊外式公路用地较宽，但修筑比较简单。场内专用公路都采用郊外式。郊外式公路路面仅铺砌行车道部分，两侧为路肩作为人行道。

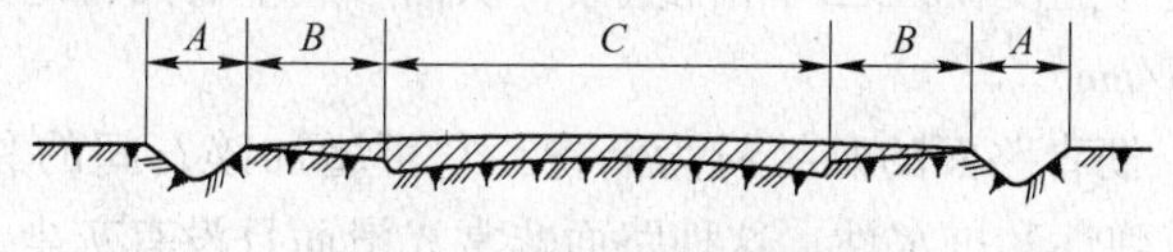

图 18-4 公路的横断面组成

A—边沟；*B*—人行道；*C*—车行道

在建筑物较密的地区，由于用地受到限制通常采用街道式断面。街道式断面的特点是路面覆盖全部路基表面，两侧为路拦，无路肩，人行道分设两侧并高出路面（一般与路拦平）。雨水由路面及路拦所形成的排水槽排至地下排水沟或低洼地。

18.4.3.3 公路的结构及分类

公路由路基和路面两部分组成。路基构成路面的基层，它的边沟用以排除雨水。路基的形式决定于地形。地形平坦时，路基与地面相平行，并稍高于地面（见图 18-5）。地形起伏不平时，路基可随地形的变化做成路堤或路堑（见图18-6）。

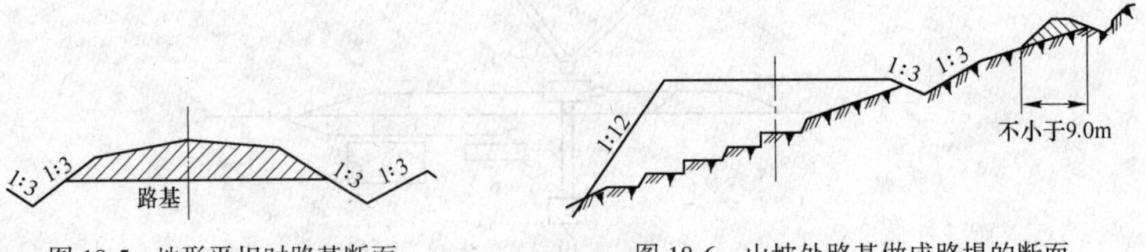

图18-5　地形平坦时路基断面

图18-6　山坡处路基做成路堤的断面

路面是公路的主要部分，也是公路造价最高的部分。路面常用面层（铺砌层）、垫层及基层三部分组成。

（1）面层（铺砌层）。面层是指路的表面部分，它直接承受车辆的作用和抵抗气候作用的影响及雨水的下渗。通常是用强度较高、稳定性较好的石料与结合料组成的混合料铺成。

（2）基层。设在面层之下，是保证路面稳定的承重层。它承受由面层传来的荷载并传给路基。

（3）垫层。垫层设在路基与基层之间。其作用是承受和分布由基层传下来的压力并使基层不至于产生有害变形，保证基层强度。垫层是由当地廉价材料筑成的。如果有相当可靠、坚实均一的天然路基土壤时，也可不做垫层。垫层的材料通常采用砂、砾石、矿碴、碎砖，也可改善土壤。

上述路面结构的分层，并不完全包括所有类型的路面，有些路面就很难划分层次。如混凝土路面、块料路面等。煤矿地面工业广场内常用的路面有以下几种：

（1）改善土壤路面。它是根据当地土壤的性质，人工掺入某些材料以改善其物理机械性质，使之强度增高、结合力及抗水性均有所改善的路面。掺入材料根据土壤的性质决定，对于松散缺乏黏结力的砂质土壤及砂砾土壤，可掺入水泥、石灰、沥青等，以增加其结合力，对黏土质土壤，为增加其强度，可掺入砂、炉碴、碎砖、碎石等。

（2）碎石路面。碎石路面由面层和基层组成。基层可用砂垫层或改善土壤筑成，其厚度为200~500mm；面层用块度为2~75mm的碎石筑成，厚度一般为150~200mm。碎石最好是有棱角的，这样能使颗粒之间相互嵌紧，从而形成坚韧而稳定的路面。块石的抗压强度应不低于300kN/cm^2。

（3）沥青路面。沥青路面的黏结料为沥青，它可增加碎石间的黏结力和路面的承载能力，并使路面富有弹性和抗水性。这种路面非常光滑而且没有灰尘。所以它是城镇建设中广泛采用的一种高级路面，但造价较高。

（4）混凝土路面。路面一般为2~3层，面层用C20~C25的混凝土，厚160~220mm。当面层分为两层时，通常第一层为150mm，第二层（面层）为50mm。面层的下面为砂垫层，再下面是天然级配的碎石、炉碴及土等。

18.5　建井期地面工业广场的布置

建井期是指从矿井破土开工到建成移交生产的这段时间。为服务于矿井建设，在矿井地面上必须修建相当数量的建筑物和构筑物，这些临时建筑物在建井结束移交生产前必须拆除或由永久建筑代替。临时建筑物及构筑物包括生产性工业建筑（如井口棚、提升机房、压风机房、锅炉房及机修厂等）和非生产性建筑（如办公室、浴室、食堂等）；此外，还有各种运输线路、上下水道及压风管路等。这些建筑物的面积与矿井建设的规模有关，具体数值根据有关规定计算确定。

由于这些建筑的服务期限不长，应力求结构简单、就地取材、因地制宜和降低造价；但是必须具备一定的防火、防寒和防雨的性能。另外，我国现场在利用永久建筑为建井服务方面曾取得了不少成功的经验，因而在条件具备时要尽可能地利用永久建筑以减少基建费用。

建井期临时地面工业广场的布置是将为建井服务的建筑物、构筑物及设施，以便利生产和促进生产为原则，合理地、全面地进行规划和布置。这是一项较复杂的工作，布置的合理与否，将直接决定着施工是否能够顺利开展。为此，在施工总平面图中，应把建井各阶段所需要的一切临时建筑物及构筑物详细列出。为了对照和使用方便，通常都把临时建筑物和构筑物及设施布置在永久地面工业广场的图纸上。

有时，为了更完善地说明施工工艺，除施工总平面图外，还应附有大型项目的单项工程施工总平面图，在图上详细标明这一项目的施工组织及施工机械化程度等问题。

18.5.1　布置的要求及依据

(1) 布置的要求：

1) 尽量缩小广场的占地面积；

2) 要留有足够堆放材料、设备的场地；

3) 保证运输方便及工作上互不干扰；

4) 在建井第二阶段工作最繁忙（井巷、土建、机电安装工程同时进行）时，广场能满足运输量及工人成倍增长的要求。

(2) 布置的依据：

在进行临时工业广场布置时，应根据下列有关资料进行通盘考虑和安排：

1) 矿井永久地面工业广场的布置图；

2) 广场内永久建筑物和构筑物的施工年度计划及主要施工方案；

3) 广场的地形图和有关地质地形、工程地质及场地平整资料；

4) 各种器材的供应、运输、存放以及库房、加工厂房设置资料；

5) 矿井施工前期工程（水、电、通信、交通、排水）的安排和落实资料。

18.5.2　布置的原则

(1) 在保证永久工程顺利施工的前提下，尽量不再购地或租施工用地，以节约用地，少占农田。

(2) 临时建筑的布置要符合施工工艺流程的要求，临时工业建筑，凡为井口服务的设施，均应布置在井口周围。动力设施靠近负荷中心。木材、钢筋、机修厂房，靠近器材仓库和堆放场地。

(3) 创造条件利用永久建筑，并尽可能减少大临时工程，以简化广场布置和节省投资。大临时工程的布置应避开永久建筑的位置或使其交替，避免临时工程的拆迁。临时建筑的室内标高，应参照永久场地标高适当布置。

(4) 符合环境保护、劳动保护及防火要求。统一考虑临时火药库、油脂库、加油站、加工厂、矸石山的布置及防火距离和环保要求（或利用永久设施）。

(5) 场内窄轨铁路、道路布置应满足施工要求，并尽量避免与人流线路的交叉；场区最好有两个出入口。

(6) 保证临时建筑物及构筑物之间相互联系方便，运输距离最短。

(7) 平整场地要根据永久标高进行。地下的永久管道在平整场地时即应修好，以免影响永久建筑工程的进行。

临时工业广场的布置和永久工业广场的布置一样，应根据具体情况制定出几个方案，经技术和经济指标比较后，选出最优方案。一个合理的布置方案必须是：能保证工程的顺利进行，材料运输的吨公里数最少，而且没有过多的倒运手续；临时建筑量最少，总的造价要低。

18.5.3 永久建筑物及设备在建井中的应用

18.5.3.1 利用永久建筑及设备的意义

在矿井建设中尽量提前利用永久建筑及设备是加快建井速度的主要途径之一。利用永久建筑和设备建井的主要优点有以下几方面：

(1) 节省人力、物力和财力。在建井期间利用永久建筑和设备进行施工，不仅可节约临时建筑及安装工程所需要的材料、设备，而且还节省了修建和安装这些临时建筑和设备的劳力及费用，减少了其他基本建设项目内的大型临时工程费用，节约了总投资。

(2) 简化了工业场地施工总平面布置。由于大型临时工程减少，相应地减少了占地面积，因而可以大大简化工业广场施工总平面布置，既简化了技术准备内容，又可使场地布置整洁、宽敞，有利于永久工程施工、环境美化和安全施工。

(3) 有利于加快建井速度缩短建设工期。利用永久建筑和设施为建井施工服务，减少了临时工程施工及拆除时间，以及临时工程向永久工程过渡的复杂工序和时间，同时，还能节省临时设备加工、安装、拆除时间，从而缩短了建井工期。

(4) 减少了收尾工程量。矿井建设进入投产前一段时间，井上、下三类工程（井巷、土建、机电安装）要同时施工，如果临时建筑工程过多，往往占用了永久工程的位置而影响施工。矿井移交生产时，由于临时工程多，又有大量拆除的尾工。然而利用永久建筑和设备凿井时，就可克服以上的矛盾，各生产系统形成后，就可拆除少量临时设施，而不留尾工，有利于矿井干净、利索地移交生产。

(5) 改善了建井职工的生活条件。因为永久建筑和设施的标准都高于临时工程，设备也较完善，建井职工住上永久建筑，利用永久食堂、仓库、俱乐部等，改善了职工的工作、生活和文化娱乐条件，从而可提高职工的劳动热情。

18.5.3.2 建井期可利用的永久建筑及设施

(1) 场外工程。场外工程可利用的有：场外公路、供水、排水、通信，6kW 以上输、变电工程和排矸场等。但是利用这些永久建筑和设施，需要设计单位配合，提前给出施工图，建设单位提前安排基建计划；施工单位提前做好施工准备。一般情况下，都可以在矿井建设施工准备期内或稍后建成，供建井使用。

（2）永久建筑物。宿舍、办公室、食堂、俱乐部、油脂库、材料库、木材加工房、汽车库、机修厂、压风机房等。

（3）永久构筑物。上、下水管道、水塔或蓄水池、围墙大门、井塔（或井架）、场内照明、动力线网等。

（4）永久设备。地面上的输、变电设备、压风机、提升机、井下供电设备、主排水设备及井下提升机等。

（5）井下工程。变电所、水泵房、水仓、提升机房、火药库等。对井下永久设备可利用的井下硐室工程，应合理安排，提前使用。

18.5.3.3　利用永久建筑和设施的措施及注意事项

（1）施工设计图纸和设备的供应。施工设计图纸和设备的供应，必须满足施工进度的要求。为此，要求将必要的设计图纸提前交出。这就需要设计部门及材料供应部门共同配合、密切协作，以便为最大限度地利用永久建筑和设备创造良好的条件。另外，永久建筑和设备的结构特征（受力情况、承载能力等），技术性能（设备的容量、能力及速度等）与施工需要不尽一致时，就得事先采取必要的加固改造措施，防止永久建筑和设备超负荷运行造成损坏，或低负荷运行造成浪费。因此，施工单位应提前与建设单位、设计单位进行联系，共同协商，使这些工程的设计在结构性能方面尽可能兼顾施工需要。

（2）要鼓励施工单位利用永久建筑和设施进行建井施工。在利用永久建筑和设备进行凿井时，会遇到不少困难，但为了节约建设资金，降低矿井建设总投资，加快矿井建设速度，改善建井职工生产和生活条件，各级领导机关和建设单位，应鼓励和支持施工单位尽可能地利用永久建筑和设施，少建和不建不必要的大型临时工程。

（3）施工单位要保证永久工程的合理使用，有维护和保养的责任。永久建筑和设备主要是供矿井生产时使用的，为此，施工单位在使用中要加强对所利用的永久建筑和设备的维护、保养工作，避免发生损坏和非正常磨损，影响矿井移交生产后的正常使用和寿命。

综上所述，要想利用永久建筑和设备进行凿井，通常要求设计单位能在准备期前三个月交出较完整的设计图纸，且永久设备在施工前能及时供应，永久建筑及设备能符合施工条件的需要，永久供水、供电工程也必须提前施工等。

由于在建井期提前利用永久建筑和设备会带来很大的经济效果，故建设单位和施工单位应尽最大可能创造条件加以利用。

参考文献

[1] 陈维健，齐秀丽，肖林京，等．矿山运输与提升设备［M］．徐州：中国矿业大学出版社，2007.
[2] 庄严．矿山运输与提升［M］．徐州：中国矿业大学出版社，2008.
[3] 中国矿业学院．矿山运输机械［M］．北京：煤炭工业出版社，1985.
[4] 程居山．矿山机械［M］．徐州：中国矿业大学出版社，1997.
[5] 刘锡明．矿井通风与安全［M］．北京：冶金工业出版社，2013.
[6] 浑宝炬．矿井通风与除尘［M］．北京：冶金工业出版社，2007.
[7] 王德明．通风与安全［M］．徐州：中国矿业大学出版社，2007.
[8] 郑捷．矿山通信原理［M］．北京：煤炭工业出版社，1988.
[9] 刘荣玉．矿山照明信号与通讯［M］．徐州：中国矿业大学出版社，1993.
[10] 张绍增．煤矿地面建筑概论［M］．北京：煤炭工业出版社，1994.

冶金工业出版社部分图书推荐

书名	作者	定价(元)
现代金属矿床开采科学技术	古德生 等著	260.00
爆破手册	汪旭光 主编	180.00
采矿工程师手册（上、下册）	于润沧 主编	395.00
现代采矿手册（上、中、下册）	王运敏 主编	1000.00
我国金属矿山安全与环境科技发展前瞻研究	古德生 等著	45.00
深井开采岩爆灾害微震监测预警及控制技术	王春来 等著	29.00
露天矿山边坡和排土场灾害预警及控制技术	谢振华 著	38.00
尾砂固结排放技术	侯运炳 等著	59.00
地下金属矿山灾害防治技术	宋卫东 等著	75.00
采矿学（第2版）（国规教材）	王青 著	58.00
地质学（第5版）（国规教材）	徐九华 主编	48.00
工程爆破（第2版）（国规教材）	翁春林 等编	32.00
地下矿围岩压力分析与控制（本科教材）	杨宇江 主编	39.00
露天矿边坡稳定分析与控制（本科教材）	常来山 主编	30.00
高等硬岩采矿学（第2版）（本科教材）	杨鹏 编著	32.00
矿山充填力学基础（第2版）（本科教材）	蔡嗣经 编著	30.00
固体物料分选学（第3版）（本科教材）	魏德洲 主编	60.00
金属矿床露天开采（本科教材）	陈晓青 主编	28.00
矿井通风与除尘（本科教材）	浑宝炬 等编	25.00
矿产资源综合利用（本科教材）	张佶 主编	30.00
选矿厂设计（本科教材）	冯守本 主编	36.00
矿产资源开发利用与规划（本科教材）	邢立亭 等编	40.00
复合矿与二次资源综合利用（本科教材）	孟繁明 编	36.00
碎矿与磨矿（第3版）（本科教材）	段希祥 主编	35.00
现代充填理论与技术（本科教材）	蔡嗣经 等编	26.00
矿山岩石力学（第2版）（本科教材）	李俊平 主编	58.00
矿山企业管理（本科教材）	李国清 主编	49.00
矿山运输与提升（本科教材）	王进强 主编	39.00
矿山爆破（高职高专教材）	张敢生 主编	29.00
金属矿山环境保护与安全（高职高专教材）	孙文武 主编	35.00
井巷设计与施工（第2版）（职教国规教材）	李长权 主编	35.00
矿山提升与运输（高职高专教材）	陈国山 主编	39.00
露天矿开采技术（第2版）（高职高专教材）	夏建波 主编	35.00
矿山企业管理（第2版）（高职高专教材）	戚文革 等编	39.00
矿山地质技术（职业技能培训教材）	陈国山 主编	48.00
矿山爆破技术（职业技能培训教材）	戚文革 等编	38.00
矿山测量技术（职业技能培训教材）	陈步尚 主编	39.00
露天采矿技术（职业技能培训教材）	陈国山 主编	38.00

双峰检